Olaf Fenski
November 2000

Josef Wittmann · Physik in Wald und Flur

Josef Wittmann

Physik in Wald und Flur

Beobachtungen und Gedanken
eines Physikers in der freien Natur

 Aulis Verlag Deubner

Die Deutsche Bibliothek – CIP-Einheitsaufnahme

Wittmann, Josef:
Physik in Wald und Flur : Beobachtungen und Gedanken eines
Physikers in der freien Natur / Josef Wittmann. –
Köln : Aulis-Verl. Deubner, 1998
  ISBN 3-7614-2076-5 Gb.

Bestell-Nr. 6091
© Alle Rechte bei AULIS VERLAG DEUBNER & CO KG, Köln 1998
Einband- und Innengestaltung: *Sybille Hübener*
Druck: *Tiskarna DAN, Ljubljana / Slowenien*
ISBN 3-7614-2076-5

Aus dem Inhalt

Vorwort

Die eigentlichen Entdeckungsreisen
bestehen nicht im Kennenlernen neuer Landstriche,
sondern darin, etwas
mit anderen Augen zu sehen.
Marcel Proust

Physik in der Natur? Ist nicht Physik eine Wissenschaft, die man im Labor betreibt mit Versuchen und Experimenten, wo exakte Messungen gemacht werden, mit denen man gesetzmäßige Zusammenhänge zu finden und Theorien zu bestätigen versucht? Aber in der Natur, wo man es mit Erscheinungen zu tun hat, die sich solchen Untersuchungen entziehen, wo das Leben von Pflanzen und Tieren beobachtet und erforscht wird, was hat da die Physik zu tun?

Das Wort „Physik" hatte bei den alten Griechen die Bedeutung der „Erforschung der Dinge in der Natur", wie Regenbogen, Schnee oder Gewitter; aber auch Pflanzen, Steine, Meer und Gebirge waren Objekte dieser Erforschung. Für gewöhnlich denkt man bei einem Ausflug in die Berge, ins Moor oder in ein Flußtal am wenigsten an Physik, wie wir diese heute verstehen. Es gibt ja so viel anderes zu sehen und zu erleben; dennoch: Wenn wir die Erscheinungen in der Natur genauer betrachten, ihre Ursachen zu ergründen versuchen, so finden wir die Erklärungen meistens in der „Physik".

Hat man einmal angefangen, die Natur mit physikalischen Augen zu sehen, so findet man auf Schritt und Tritt ihre Spuren. Die Wunder der Natur werden dadurch nicht entzaubert, im Gegenteil, man erkennt mehr und mehr, auf welch wunderbare Weise die Gesetze der Natur zusammenwirken, damit alles so funktioniert, wie wir es sehen und erleben.

Es gibt nur wenige Grundgesetze, durch die alles gesteuert wird, was wir erleben; die ersten hat *Newton* gefunden: seine Bewegungsgesetze. Sie spielen bei dem, was wir beobachten, häufig eine Rolle. Auch die Gesetze der Elektrizität und des Magnetismus, die mit dem Namen *Maxwell* verknüpft sind, tauchen sehr oft auf, nicht nur bei der Erklärung des Gewitters, sondern bei allen Erscheinungen, die mit Licht zu tun haben. Die drei Hauptsätze der Thermodynamik sind mit mehreren Namen verbunden: *Julius R. Mayer, R. Clausius, W. Nernst*, um nur einige zu nennen.

Schließlich sind noch *Max Planck* und *Albert Einstein* zu nennen, die Begründer der Quantentheorie, also der Physik des atomaren und subatomaren Bereiches. Auch mit ihr werden wir uns bei unserem Streifzug durch die Natur gelegentlich befassen.

Wir gehen bei unseren Betrachtungen oft bis an die Grenze unseres Wissens. Um dies an einem Beispiel klar zu machen: Gewöhnlich gibt man sich damit zufrieden, die unterschiedliche Ausdehnung des Wassers dafür verantwortlich zu machen, daß z. B. ein See von der Oberfläche her zufriert. Auch im Schulunterricht fragt man nicht weiter. Der Physiker gibt sich jedoch damit nicht zufrieden, er sucht eine Erklärung dafür, daß Wasser bei vier Grad, im Gegensatz zu fast allen anderen Stoffen, die größte Dichte hat. Die Erklärung bietet sich ihm im atomaren und molekularen Bereich, und er ist erst zufrieden, wenn er diese, durch Berechnungen unter Anwendung der bekannten Gesetze, auch bestätigen kann. In einigen Fällen wollen wir auch diese Grenzen ausloten.

Geht man mit offenen Augen durch die Natur, so gewinnt man eine tiefere Einsicht in das Sein und Werden, und wie sich eins ins andere fügt, damit Leben auf der Erde entstehen konnte. Dabei fragt man sich unwillkürlich: Wurden die Naturgesetze so geschaffen, damit Leben möglich wurde, oder ist Leben entstanden, weil die Naturgesetze dies zufällig ermöglichten?

Dieses Buch soll als Anleitung dienen, die Natur mit neuen Augen zu sehen, und auch zum Nachdenken anregen über die uns umgebende Welt und ihre Wunder.

Was uns ein Wassertropfen erzählt

1 Die Oberflächenspannung

Wie ein kleines Säckchen sieht der Regentropfen aus, der da an der Spitze eines Rosenblattes hängt, ein Säckchen, das mit Wasser gefüllt ist. Aber ein Säckchen braucht doch eine äußere Hülle, um den Inhalt zusammenzuhalten, während doch Wasser durch und durch flüssig ist.

Natürlich ist es die Oberflächenspannung, die das Zusammenhalten des Tropfens bewirkt; aber was ist das eigentlich „Oberflächenspannung" und wie entsteht sie?

Eine Flüssigkeit unterscheidet sich von einem Gas dadurch, daß in ihr zwischen den Molekülen Anziehungskräfte wirken. Diese Kräfte sind vor allem elektrischer Natur, die, wie wir später sehen werden, vorhanden sind, obwohl jedes einzelne Molekül ungeladen ist. Auf ein Molekül im Innern des Wassertropfens wirkten diese Kräfte von allen Seiten her, so daß sie sich gegenseitig aufheben, genauso, wie wir ja auch den Luftdruck nicht spüren, der immerhin mit einer Kraft von mehr als zehn Tonnen auf unseren Körper wirkt. Ein Molekül an der Oberfläche des Tropfens erfährt diese Anziehungskraft jedoch nur in einer Richtung, in die Flüssigkeit hinein. Es wird also von der Flüssigkeit festgehalten, und das erzeugt in der Oberfläche eine Spannung, die man die Oberflächenspannung nennt. Man kann diese Oberflächenspannung leicht messen, indem man z. B. die Kraft bestimmt, die man aufwenden muß, um einen Drahtbügel bestimmter Länge aus der Flüssigkeitsoberfläche abzureißen (Abb. 1). Für Wasser erhält man so für die Oberflächenspannung den Wert $\sigma = 73 \cdot 10^{-3}$ N/m. Dieser Wert ist wichtig, und wir werden ihn später zur Erklärung mancher Erscheinungen noch benötigen.

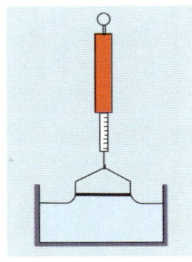

Abb. 1: Die Oberflächenspannung bewirkt, daß das Wasser mit einer meßbaren Kraft am Bügel zieht.

→Abb. 1

2 Der Kapillardruck

Auf dem Blatt sehen wir eine Anzahl von Regentropfen unterschiedlicher Größe. Worauf wir hier achten sollen, ist die Form der Tropfen: Die großen Tropfen sind flachgedrückt, etwa die Form eines Brotlaibs; je kleiner die Tropfen sind, umso mehr nähert sich ihre Gestalt der Form einer Kugel. Das ist uns so alltäglich, daß wir gewöhnlich nicht darauf achten; und doch sollten wir darüber nachdenken, denn das wird uns interessante Tatsachen offenbaren. Um uns das Denken etwas zu erleichtern, machen wir ein kleines Experiment: Wir suchen uns auf einem Blatt einen großen und einen benachbarten möglichst kleinen Tropfen aus und versuchen, die beiden Tropfen mit Hilfe eines Grashalmes miteinander in Verbindung zu bringen, indem wir zwischen beiden eine kleine „Wasserbrücke" herstellen. Was wird passieren?

Der kleine Tropfen verschwindet allmählich, er wird vom großen Tropfen aufgenommen. Der große Tropfen „verschlingt" den kleinen. Das ist eigentlich nichts Besonderes, und wir hatten das fast erwartet. Aber was bedeutet das physikalisch?

→ Abb. 2

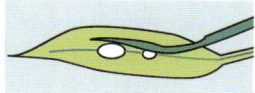

Abb. 2: Der kleine Tropfen wird vom großen Tropfen „verschluckt".

Das Wasser des kleinen Tropfens fließt über die Brücke zum großen. Um das Wasser aber in Bewegung zu setzen, muß eine Kraft wirken, eine Kraft vom kleinen zum großen Tropfen. Wir können uns das noch deutlicher klar machen, wenn wir einen Modellversuch durchführen: Anstelle der kleinen Wassertropfen verwenden wir zwei Kinderluftballons, die wir verschieden stark aufblasen und dann mit einem Röhrchen verbinden. Hier erscheint es nicht mehr so selbstverständlich, daß der kleine Ballon den großen aufbläst, doch es ist so (siehe Foto). Aber hier können wir einen einfachen Schluß aus dieser Tatsache ziehen: Der Luftdruck muß im kleinen Ballon größer sein als im großen. Das gleiche gilt für die Wassertropfen: In ihnen herrscht ebenfalls ein Flüssigkeitsdruck, und zwar wird dieser durch die Oberflächenspannung hervorgerufen. Genauso wie der Luftdruck in den Ballons durch die Spannung der Gummihaut. Und im kleinen Wassertropfen ist dieser Druck größer als im großen. Jetzt verstehen wir auch, warum die großen Tropfen mehr abgeplattet sind und die kleinen sich mehr der Kugelform nähern. Es wirken hier zwei Kräfte gegeneinander: das Gewicht der Tropfen, also die Schwerkraft, und dieser innere Flüssigkeitsdruck. Im schwerelosen Zustand ist jeder Tropfen kugelförmig, da jetzt dieser innere Druck nach allen Richtungen gleich stark wirken kann. Der Tropfen ist bestrebt, bei gegebenem Flüssigkeitsvolumen den Zustand möglichst geringer Energie anzunehmen; aus dem gleichen Grund fällt z. B. ein Apfel vom Baum und ein Atom sendet Lichtwellen aus.

Beim Wassertropfen versucht nun die Schwerkraft den Tropfen so weit wie möglich nach unten zu ziehen, im Extremfall also als dünne Wasserschicht auf der Unterlage auszubreiten. Die Oberflächen-

spannung und damit der im Tropfen herrschende Innendruck wirkt dem dagegen. Da nun im kleinen Tropfen, wie wir gesehen haben, dieser Druck größer ist als im großen, hat der kleine Tropfen mehr Erfolg dabei, der Verformung durch die Schwerkraft zu widerstehen. **Was uns jetzt interessieren könnte, ist**: Wie groß ist der Innendruck in einem Wassertropfen und wie hängt er von der Tropfengröße ab? Es ist leichter, sich die Vorgänge mit einem Luftballon vorzustellen, dann können wir das Ganze auf den Wassertropfen übertragen.

Wenn wir einen Luftballon aufblasen, müssen wir eine gewisse Arbeit verrichten; mechanische Arbeit wird berechnet als das Produkt aus Kraft und Weg. Die Kraft, die wir beim Aufblasen auf die Gummihaut des Ballons ausüben, ergibt sich aus dem Innendruck p, multipliziert mit der Oberfläche. Der Weg ist dabei die Verschiebung der Oberfläche, also die Zunahme Δr des Kugelradius r.   →Abb. 4

Der Druck hängt, wie wir gesehen haben, vom Radius des Tropfens ab. Damit der Druck möglichst konstant bleibt, wollen wir den Radius r des Ballons nur ganz wenig um Δr vergrößern, indem wir in den schon aufgeblasenen Ballon noch ein wenig Luft einblasen. Die   →Abb. 3
Oberfläche des Ballons ist $A = 4\pi r^2$ und der Druck auf diese Fläche p. Druck mal Fläche ergibt die Kraft, und Kraft mal Weg ist die Arbeit; wir nennen sie ΔW. Es ist also

$$\Delta W = p \cdot 4\pi r^2 \cdot \Delta r \tag{1}$$

Diese Arbeit kann aber noch auf einem anderen Weg berechnet werden: Aus der Dehnung der Oberfläche. Die gegen diese Dehnung wirkende Kraft ist die Oberflächenspannung σ. Die Oberfläche A vergrößert sich auf $A + \Delta A = 4\pi(r + \Delta r)^2$; die Oberflächenvergrößerung ist also $\Delta A = 4\pi(r + \Delta r)^2 - 4\pi r^2 = 4\pi(r^2 + 2r\Delta r + (\Delta r)^2) - 4\pi r^2 \approx 8\pi r\Delta r$; dabei haben wir das $(\Delta r)^2$ weggelassen, da es wegen seiner Kleinheit vernachlässigt werden kann (wenn z. B. Δr ein $\frac{1}{100}$ von r ist, dann ist das Quadrat davon nur noch $\frac{1}{10000}$). Die Arbeit, die durch diese Vergrößerung der Oberfläche des Ballons verrichtet wurde, ist damit

$$\Delta W = \sigma \cdot \Delta A = \sigma \cdot 8\pi r \cdot \Delta r. \tag{2}$$

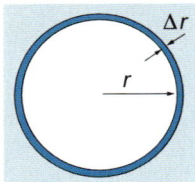

Abb. 3: Zur Berechnung des Drucks bestimmen wir, welche Arbeit verrichtet wird, wenn der Radius um Δr vergrößert wird.

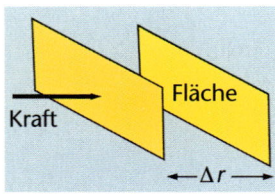

Abb. 4: Wird die Fläche mit der Kraft F um die Strecke Δr verschoben, so wird dabei die Arbeit $\Delta W = F \cdot \Delta r$ verrichtet.

4

→Abb. 9b durch sich der Gesamtdruck jetzt auf der linken Seite erhöht (Abb. 9b). **Nun zum den osmotischen Druck** π! Erst wenn eine Kraft auftritt, die dieser Bewegung des Lösungsmittels durch die halbdurchlässige Wand entgegenwirkt, z. B. der hydrostratische Druck der Wassersäule →Abb. 7 (Abb. 7), stellt sich ein Gleichgewichtszustand ein, und das Einströmen des Wassers hört auf. Von physikalischem Interesse ist hier, daß sich die Lösung genauso verhält wie ein ideales Gas.

Wenn man die Zahl n der im Volumen V gelösten Teilchen kennt, so kann man mit der gleichen Formel, mit der man den Druck eines Gases berechnet, auch den osmotischen Druck einer Lösung berechnen. Sie heißt $p = (n/V) \cdot RT$, wobei n angibt, wieviel Mol des Gases sich im Volumen V befinden; R ist die allgemeine Gaskonstante $R = 8{,}3143\ N \cdot m/K$ und T die absolute Temperatur. Löst man z. B. 10 g Zucker in einem Liter Wasser, so ist der osmotische Druck bei Zimmertemperatur $\pi = 660\ hPa\ (0{,}66\ at)$; bei 100 g sind es schon mehr als 6000 hPa und bei 300 g Zucker etwa 20000 hPa.

Die Zellwände der Pflanzenzellen enthalten eine für Wasser durchlässige, aber für die im Zellsaft gelösten Stoffe undurchlässige Membran. Deshalb herrscht in den Pflanzenzellen, zusätzlich zum Kohäsionsdruck, auch noch ein osmotischer Druck von mehreren Atmosphären.

Durch Auslösen chemischer Reaktionen in den Zellen können diese den in ihnen wirkenden osmotischen Druck verändern; darauf beruht z. B. die Bewegung von Schlingpflanzen oder die Drehung der Sonnenblume nach der Sonne.

Auch im menschlichen Körper spielt der osmotische Druck eine wesentliche Rolle. So beträgt der osmotische Druck in den Zellen des Blutes, den Blutkörperchen, bei normaler Körpertemperatur 7,7 at; den gleichen osmotischen Druck hat eine 0,95-prozentige Kochsalzlösung.

Diese kann daher als physiologische Kochsalzlösung ins Blut gebracht werden, ohne daß die Blutkörperchen dadurch geschädigt werden. Bei stärkerer Konzentration der Lösung würden sie schrumpfen, bei geringerer Konzentration aufquellen.

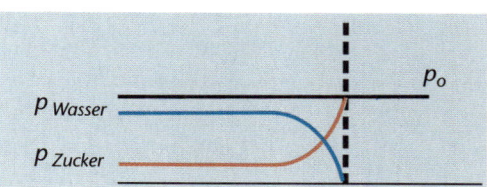

Abb. 9a: Zunächst ist der Druck auf beiden Seiten gleich groß (p_0); er ist auf der linken Seite gleich der Summe der Partialdrucke von Wasser und Zucker

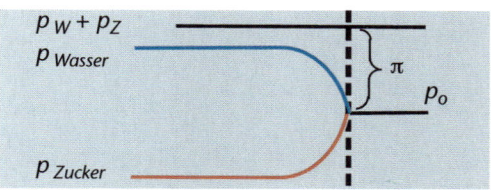

Abb. 9b: Diffundiert nun Wasser von rechts nach links, so steigt links der Partialdruck von Wasser an, während der von Zucker gleich bleibt. Der Gesamtdruck p ist dadurch links um π gestiegen.

Beobachtungen

Unser Streifzug durch die Natur kann uns die Wirkung des Druckes in den Pflanzenzellen noch in einer besonderen Weise vor Augen führen.

Sicher wird unser Weg einmal an einem Steinbruch vorbeiführen. Ein Steinbruch besonderer Art liegt in der Nähe von Rosenheim, bei Neubeuern am Inn.

Hier wurden noch vor 200 Jahren Mühlsteine aus der Felswand herausgebrochen, was heute noch an der Struktur dieser Wand deutlich zu erkennen ist. Was uns interessiert, ist die Art, wie diese schweren Steinplatten mit einem Durchmesser von 1,2 bis 1,5 m aus dem Fels herausgesprengt wurden. Das Verfahren, das man hier anwandte, kannten schon die alten Ägypter; es beginnt damit, daß die Hauer eine tiefe, runde Einkerbung in Größe des Mühlsteins in den Fels meißelten. Ein Steinhacker brauchte für einen zehn Zoll (25 cm) dicken Mühlstein dazu ungefähr zehn bis vierzehn Tage. In die Vertiefung wurden Keile aus Buchenholz getrieben und diese solange mit Wasser begossen, bis der Zelldruck des Wassers in den aufgequollenen Holzkeilen den Felsblock unter furchtbarem Getöse aus dem Gebirge sprengte. Natürlich mußte der Stein durch ein stabiles Holzgerüst abgefangen werden, damit er bei Herabstürzen nicht zerschellte.

Uns ist natürlich jetzt klar, wie das Quellen der Holzkeile und die dabei auftretende Kraft zu deuten sind. Daß die Zellen des Holzes nicht mehr so viel Wasser enthalten wie das frische Grün, ist leicht einzusehen, ebenso, daß diese „ausgetrockneten" Zellen gierig das Wasser aufnehmen, mit dem die Keile begossen werden. Es ist also der osmotische Druck, mit dem die zarten Pflanzenzellen sogar Steine brechen.

Spinnengewebe

1 Bau des Spinnennetzes

Spinnennetze sind es wert, genauer betrachtet zu werden, denn aus ihnen kann man eine Menge Physik herauslesen.

Zunächst ist ein Spinnenfaden allein schon ein seltsames Gebilde. Seine Reißfestigkeit ist erstaunlich, muß sie doch oft Kräfte aushalten, für die der dünne Faden fast nicht geeignet erscheint, wenn sich z. B. eine dicke Hummel im Netz verfängt.

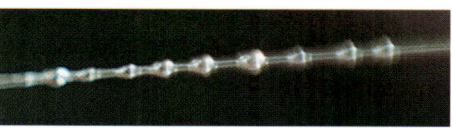

Verglichen mit einem gleich dicken Stahldraht hat ein Spinnwebfaden eine mehrfache Belastbarkeit; zudem ist er noch sehr biegsam und kann auf das Fünffache seiner Länge gedehnt werden. Wenn wir ein Spinnennetz wie das im obigen Foto betrachten, erkennen wir, daß es aus zwei verschiedenen Arten von Fäden besteht: Die „Speichen" des Rades sind dicker und steifer als die Verbindungsfäden, die wie eine Spirale umlaufen. Letztere sind zudem noch mit kleinen Leimtröpfchen versehen, an denen die Beutetiere kleben bleiben. Betrachtet man diese Leimtröpfchen unter dem Mikroskop, so fällt ihr fast gleichmäßiger Abstand auf. Für uns ist interessant, daß dieser gleichmäßige Abstand nicht von der Spinne „gewollt" so eingehalten wird, sondern sich auf Grund eines einfachen physikalischen Prinzips von selbst bildet.

Beim Spinnen dieser Spiralfäden (die Speichenfäden tragen keine Leimtröpfchen) werden diese Fäden durch eine besondere Drüse mit einer dünnen Leimschicht „ummantelt". Aber diese Ummantelung bleibt nicht bestehen, sondern aufgrund der Oberflächenspannung zieht sich die Leimschicht zu kleinen Tröpfchen zusammen; die Oberfläche sucht sich zu verkleinern und es bilden sich kleine Kügelchen entlang dem Spinnfaden; so nimmt die Leimschicht eine kleinstmögliche Oberfläche an, und damit erreicht die Oberflächenenergie einen minimalen Wert. Das gilt allgemein für Flüssigkeiten: Erreicht die Länge eines Flüssigkeitsfadens ein Vielfaches des Umfangs, dann wird der instabil und schnürt sich, je nach Länge, an mehreren Stellen ein und zerfällt schließlich in einzelne Tropfen. Die Einschnürung bildet ein sogenanntes Katenoid (das ist ein Körper, der sich durch Rotation einer Kettenlinie bildet), ehe er abreißt und in Tröpfchen zerfällt. Den gleichen Effekt kann man direkt beobachten, wenn man

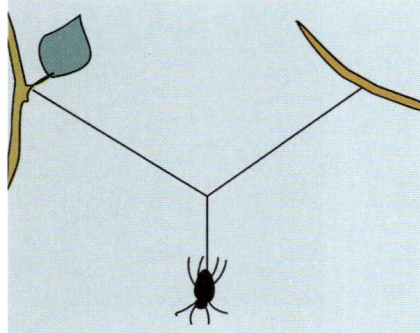

Abb. 10: Die drei ersten Speichen werden gebildet (a); die Hilfsspirale wird abgebaut, die mit Leimtröpfchen versehenen Fangfäden werden gleichzeitig gesponnen (b).

einen feinen Wasserstrahl aus dem Wasserhahn laufen läßt: Nach kurzer Fallzeit löst sich der Strahl in einzelne Tropfen auf.

Es ist noch interessant zu beobachten, warum zwar das Opfer von den Klebstoffkügelchen festgehalten wird, die Spinne aber darüber hinwegläuft, als ob sie nicht vorhanden wären. Die Spinne versteht es, beim Darüberlaufen die Berührung der Tröpfchen zu vermeiden oder benutzt dazu die Speichenfäden.

Interessant ist auch, wie die Spinne ihr Netz baut. Um das erste Halte„seil" aufzuspannen, braucht sie einen Helfer: den Wind! Sie spinnt einen langen Faden, der dann vom Wind verweht wird und sich mit seinem freien Ende irgendwo an einem Zweig verfängt. Mißlingt es, so versucht sie es an einer anderen Stelle nochmal. Wie sie dann vorgeht, ist völlig unerwartet; ein Statiker würde kaum auf diese Lösung kommen. Sie zerstört einen Teil dieses Faden wieder und ersetzt ihn durch einen neuen! Das hat aber seinen Sinn, denn sie gewinnt dadurch die ersten drei Speichen des Rades. Sie beißt also an einem Ende den eben aufgespannten Faden ab, hält ihn aber mit den Vorderbeinen fest; hinter sich spinnt sie einen neuen Faden, den sie mit den Hinterbeinen festhält. Den alten und den neuen Faden überbrückt sie mit ihrem Körper. Sie spinnt aber hinter sich einen längeren Faden, als sie vor sich einholt; der Faden ist jetzt ungefähr V-förmig. Hat sie etwa die Mitte erreicht, verbindet sie die beiden Fäden und spinnt weiter nach unten: Es haben sich die Y-förmig angeordneten drei ersten Speichen des Netzes gebildet (Abb. 10a). Weitere Speichen können nun leicht eingezogen werden, dann kommen die Sehnen. Aber das geht auch wieder in zwei Etappen; sie spinnt zuerst ein Hilfsnetz aus „ungeleimten" Fäden mit verhältnismäßig großem Abstand von innen nach außen. Auf diese stützt sie sich, wenn sie anschließend aus besonderen Drüsen die mit Klebstoff versehen Fangfäden entgegengesetzt von außen nach innen spinnt. Die Hilfsfäden werden gleichzeitig entfernt und abgeworfen. Manche Spinnen, die sich nicht in der Mitte des Rades auf die Lauer legen, sondern sich außerhalb des Netzes aufhalten,

→ Abb. 10

bauen sich eine „Fernmeldeeinrichtung". Sie legen eine Leitung, indem sie einen Signalfaden von der Mitte des Netzes zum Versteck spinnen. Wenn die Spinne in ihrem Versteck auf die Beute lauert, kann sie blitzschnell daraus hervorschießen, wenn ein Opfer ins Netz gerät. Dafür ist sie auch besonders ausgestattet: Ihre Hinterbeine werden an einem Gelenk nicht, wie es üblich ist, mit Muskeln zum Spurt gestreckt, sondern dies erfolgt mit einer hydraulischen Vorrichtung. Die Beinglieder sind mit einer Art Schlauch verbunden, der mit einer Flüssigkeit gefüllt ist. Wird der Flüssigkeitsdruck darin verstärkt, so streckt er sich und damit auch das Bein. Der Druck ändert sich blitzschnell und kann bis auf den zehnfachen Wert ansteigen.

Das Netz hat keine lange Lebensdauer, denn alle ein bis zwei Tage baut die Spinne ein neues Netz. Man braucht sich also nicht zu wundern, wenn bei den meisten Spinnennetzen die zugehörige Spinne nirgends zu finden ist; sie hat längst ein neues Netz gebaut.

2 Die Kettenlinie – ein altes physikalisches Problem

Man staunt immer wieder über die Festigkeit eines solchen Spinnwebfadens und mit welcher Präzision die Spinne ihr Netz baut. Hier soll uns aber etwas anderes beschäftigen, nämlich die Form der frei aufgespannten und zusätzlich von Tautropfen belasteten Fäden. Es muß nicht unbedingt ein Spinnwebfaden sein, an dem wir diese Form untersuchen, es können auch ein etwas locker ausgespannter Weidezaun oder die Drähte einer Stromleitung sein oder auch die Tragseile einer Bergbahn. Alle diese Objekte verhalten sich nach der gleichen Gesetzmäßigkeit, ob sie nun straff gespannt sind oder locker durchhängen. Man könnte auf Anhieb meinen, es handle sich hier um Parabelbögen; Parabeln treten ja in der Natur sehr häufig auf, z. B. ist die Flugbahn eines geworfenen Steines eine Parabel, oder das Wasser des aus der Felswand rauschenden Wasserfalls bewegt sich auf Parabelbögen. Die Linien, die die Spinnwebfäden bilden, sind viel interessanter; die Mathematiker nennen sie „Kettenlinien".

Was an der Kettenlinie so interessant ist, wollen wir im Folgenden ergründen. Die physikalische Gesetzmäßigkeit, die hier in Erscheinung tritt, haben wir an früheren Beispielen schon in etwas anderer Form kennengelernt: Es ist die „Wachstumsfunktion",

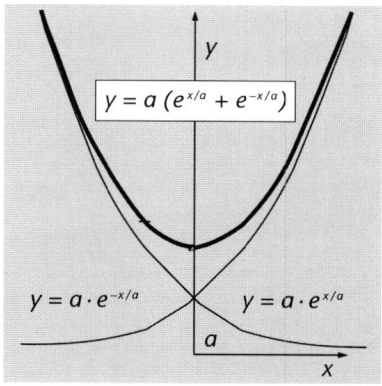

Abb. 11: Die Kettenlinie läßt sich zusammengesetzt denken aus zwei gegeneinanderlaufenden Exponentialkurven (Wachstumslinien)

13

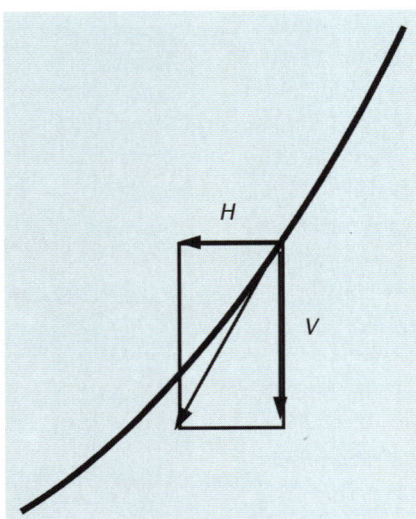

Abb. 12: Die Horizontalkomponente *H* der Fadenspannung bleibt im ganzen Fadenverlauf konstant; die Vertikalkomponente *V* ist zur Fadenlänge proportional.

die beschreibt, wie eine Größe anwächst, wenn sie sich in gleichen Zeitintervallen jeweils um den gleichen Faktor vergrößert. Die Kettenlinie ist aus zwei solchen gegeneinander laufenden Funktionskurven zusammengesetzt, die sich überlagern (Abb. 11). Hier spielen natürlich nicht Zeitintervalle eine Rolle; der Bogen ergibt sich durch das Eigengewicht des Spinnfadens (plus Tautropfen), das umso stärker an einem Punkt des Fadens zieht, je länger der jeweils untere Teil des Fadens ist. Dadurch wird der Faden nach oben hin immer mehr in die Senkrechte gezogen, ohne diese zu erreichen. Das Besondere des Fadenverlaufes ist, daß die Horizontalspannung *H* (Abb. 12) entlang des ganzen Fadens konstant ist, während die Vertikalspannung, und damit die Steigung des Fadens, gleichmäßig mit der Fadenlänge (gemessen vom tiefsten Punkt, dem Scheitel) zunimmt. Aus dieser Eigenschaft folgt der in Abbildung 11 angegebene mathematische Ausdruck für den Fadenverlauf.

→ Abb. 11

→ Abb. 12

→ Abb. 11

→ Abb. 13

Natürlich wirkt die Fadenspannung in jedem Punkt genau in Richtung des Fadens. Dies hat eine Anwendung in der Baustatik gefunden: Da dies auch für die umgedrehte Kettenlinie gilt, ist diese die ideale Form für den Bau eines Gewölbes; die Belastung erfolgt stets parallel zur Wand (Abb. 13). Bei anderen Gewölbeformen, z. B. dem Tonnengewölbe, wirkt ein seitlicher Druck auf die Grundmauern, was bei Kirchenbauten oft zu statischen Problemen

führt, die teure Sanierungsmaßnahmen nötig machen.

Das „Atom-Ei" in München-Garching ist ein Beispiel für die Anwendung der Kettenlinie.

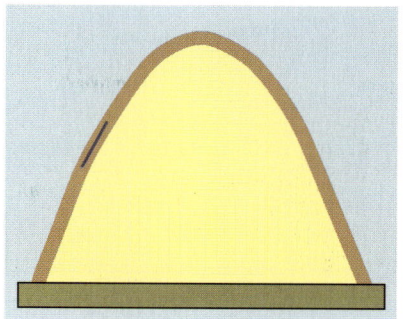

Abb. 13: Bei dieser Gewölbeform (umgekehrte Kettenlinie) treten keine seitlichen Kräfte auf das Mauerwerk auf.

Wachsende Steine auf dem Acker

Wem sind nicht schon oft auf frisch bestellten Feldern viele bis faustgroße Steine aufgefallen, die verstreut auf dem Acker herumlagen und den Eindruck erweckten, daß der Bauer, der das Feld bestellte, unordentlich und faul sei. Aber wahrscheinlich hatte er sogar im vergangenen Jahr die Steine gelesen, die Steinhaufen am Feldrain deuten jedenfalls darauf hin.

Woher kommen dann die vielen Steine? Können Steine wachsen? Natürlich nicht! Aber sie können etwas anderes, nämlich aus der Tiefe emporsteigen. Das können sie natürlich nicht allein, aber sie haben einen fleißigen Helfer, den Frost. Wenn die Steine nicht zu tief liegen, kann in einem strengen Winter der Boden bis unter die Steine gefrieren, d. h. es gefriert das Wasser im Boden. Dabei dehnt es sich aus und der darüberliegende Stein wird etwas angehoben. Man kennt dies von Frostaufbrüchen auf der Straße. Nun wird man denken, daß beim Auftauen des Bodens die Ausdehnung wieder zurückgeht und der Stein wieder absackt. So ist es jedoch nicht, denn es besteht ein Unterschied zwischen dem Gefrieren und dem Auftauen: Der Boden gefriert von oben her, während das Auftauen von unten her erfolgt, da ja der Boden in größeren Tiefen noch die Wärme des Sommers gespeichert hat. Das bedeutet, daß der Boden, der unter dem Stein auftaut, absackt, während der Stein von oben her noch festgefroren ist. Unter dem Stein entsteht dadurch ein Hohlraum, in den Erde und kleinere Steine von der Seite her hineinrutschen und ihn ausfüllen. Der Stein kann also nicht mehr in seine ursprüngliche Lage zurück, sondern ist etwas angehoben worden; „etwas", das heißt, daß er nach drei Wintern aus 20 Zentimeter Tiefe an die Oberfläche transportiert worden ist. Dies jedenfalls haben Untersuchungen gezeigt, bei denen Steine in verschiedenen Tiefen vergraben worden waren. Dem Bauern ist also kein Vorwurf zu machen, wenn sein Acker mit Steinen übersät ist; vielmehr ist dies ein Anzeichen dafür, daß der Acker auf einem Moränenhügel liegt, den die Gletscher der Eiszeit aus Geröll des Gebirges dort angehäuft haben.

Eine ähnliche Erscheinung ist die der sogenannten „Gletschertische", wobei aber die Deutung eine ganz andere ist. Unter Gletschertischen versteht man Felsplatten oder große Felsblöcke, die gleichsam auf einem Gletscher „schwimmen". Kleineres Gestein sinkt dagegen in den

Gletscher ein und verschwindet im Eis. Die Erklärung ist verhältnismäßig einfach: Die Erwärmung der Steine durch die Sonneneinstrahlung reicht zwar aus, das Eis unter den kleinen Steinbrocken zu schmelzen, so daß diese allmählich in das Eis einsinken; bei größeren Steinen
dringt jedoch die aufgenommene Wärme nicht bis zur Unterseite
durch, und so kann auch das Eis nicht geschmolzen werden.

Der Flug der Vögel und Insekten

Möven über dem See: Ein faszinierendes Schauspiel, wie sie mit einer Leichtigkeit die scheinbar schwierigsten Figuren fliegen, vom Wasser aus starten und im Sturzflug in das Wasser tauchen! Oder der Bussard hoch in den Lüften, der ohne Flügelschlag seine Kreise zieht und, die Thermik nutzend, höher und höher steigt.

Schon immer hat der Vogelflug die Menschen fasziniert, und es ist naheliegend, daß man ihn zum Vorbild für die Eroberung des Luftraums durch den Menschen genommen hat. So hat *von Lilienthal* genaue Studien über den Bau der Vogelschwingen angestellt und danach die Flügel seiner Segelflugzeuge konstruiert. Er hatte erkannt, daß die nach oben gewölbte Flügelform eine wesentliche Eigenschaft ist, die die Vogelschwingen auszeichnet und den Hauptanteil an den Flugleistungen der Vögel hat. Diese Flügelform bewirkt, daß die Luftströmung während des Fluges eine Kraft nach oben ausübt, und zwar einen Sog an der Flügeloberseite, der etwa ¾ dieser Kraft bewirkt, und einen Druck auf die Unterseite, der nur ¼ der Gesamtkraft liefert.

Warum diese Kräfte auftreten, läßt sich anhand der Strömungslinien der Luft entlang des Flügels erklären.

Wir betrachten des besseren Verständnisses wegen zunächst die Verhältnisse so, als bewegte sich die Luft gegen den ruhenden Flügel (Abb. 14); physikalisch bedeutet es keinen Unterschied, ob die Luft ruht und sich der Flügel bewegt oder der ruhende Flügel von der Luft angeströmt wird. Wegen der besonderen Form des Flügels verdichten sich die Strömungslinien an sei-

→ Abb. 14

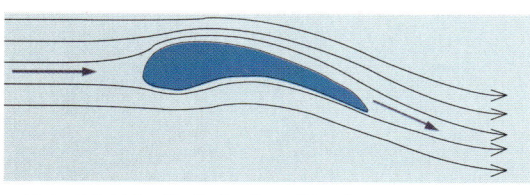

Abb. 14: Wie die Luft den Flügel umströmt

ner Oberseite; die Luft muß dort, um dieses Hindernis zu überwinden, schneller strömen, wie auch das Wasser, das gemächlich in einem breiten Fluß dahinfließt, eine Engstelle dagegen mit größerer Geschwindigkeit passiert. Um aber schneller zu fließen, muß die Luft oder das Wasser beschleunigt werden und dies erfolgt durch einen Druckunterschied, der von der geringeren zur größeren Geschwindigkeit besteht. Daraus ist zu erklären, daß an der Flügeloberseite ein Unterdruck vorhanden sein muß. Dies wird durch die *Bernoullische Gleichung* zum Ausdruck gebracht, die aussagt, daß der Luftdruck vom Quadrat der Strömungsgeschwindigkeit abhängt. Entsprechendes gilt für die Flügelunterseite: Da wegen der konkaven Wölbung die Strömungslinien

→ Abb. 15

dort einen größeren Abstand annehmen, fließt die Luft dort langsamer und erzeugt dadurch unter dem Flügel einen Überdruck.

→ Abb. 14 Aus Abb. 14 läßt sich auch eine andere Deutung des Auftriebs ablesen: Da die Luft vom Flügel nach unten abgelenkt wird, muß auch eine dieser ablenkenden Kraft entsprechende Gegenkraft auf den Flügel wirken, die nach oben gerichtet ist.

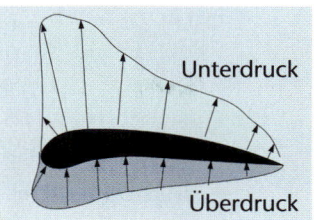

Abb. 15: Druckverteilung um den Flügel

Der Vorwärtsantrieb

Ein Flugzeug gewinnt seine Geschwindigkeit mit Hilfe des Propellers oder mit dem Düsenantrieb. Die Vögel gewinnen sie durch den Flügelschlag. Der Flügel eines Vogels besteht aus zwei Teilen mit unterschiedlicher Funktion: Das Gefieder, das der Unterarm trägt (Armschwingen) und das Gefieder an den stark verlängerten Handwurzel-, Mittelhand- und Fingerknochen (Handschwingen). Um die vorwärtstreibende Kraft zu erzeugen, muß der Flügel sich beim Auf- und Abschlagen verwinden. Abbildung 16 zeigt anschaulich, wie man sich diese Verwindung beim Abschlag vorzustellen hat und wie dabei die vorwärtstreibende Kraft entsteht. In Abbildung 17 ist der zeitliche Verlauf eines ganzer Flügelschlages dargestellt, wobei die auftretenden

→ Abb.16

→ Abb.17

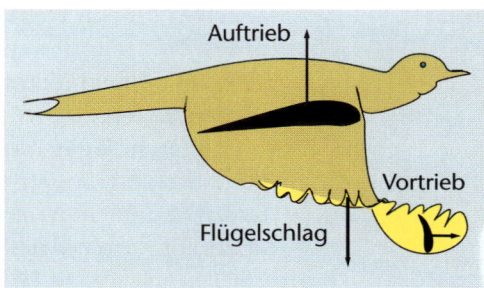

Abb. 16: Auftrieb und Vorwärtsantrieb beim Flügelschlag nach unten; die Handschwingen wirken dabei wie die Rotorblätter eines Propellers

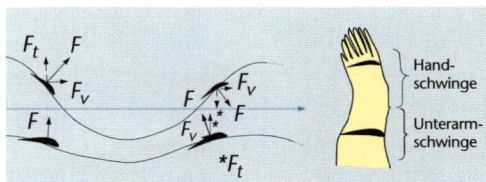

Abb. 17: Kräfte bei einem Flügelschlag

Kräfte, Auftrieb bei Armflügel und Vortrieb beim Handflügel, deutlich werden. F ist jeweils die durch die hydrodynamischen Strömungsverhältnisse sich ergebende Kraft, F_t die Tragkraft, die den Vogel in der Luft hält und F_v die vorwärts treibende Kraft. Man erkennt, daß die Armschwingen fast nur die Tragkraft erzeugen, während die Handschwingen durch ihre größere Verwindung fast allein für die Vorwärtsbewegung verantwortlich sind. Diese haben dabei die gleiche Funktion wie der Propeller eines Flugzeugs und wirken im Prinzip auch so. Die eingezeichneten Wellenlinien machen deutlich, wie sich die Flügelprofile jeweils gegen die Luft gewegt. Die aerodynamisch am

Flügel angreifende Kraft ist immer senkrecht zu dieser Bewegungslinie gerichtet. Beim „Auf"schlag der Armschwinge ergibt sich dabei allerdings eine leicht nach rückwärts gerichtete *v-Komponente*, also eine geringe Bremswirkung.

Der Langstreckenflug

Zugvögel vermögen nicht selten extrem große Entfernungen im „Non-stop-Flug" zurückzulegen. Reine Segler, wie etwa der Storch, brauchen hierfür verhältnismäßig wenig Energie, da sie Aufwindzellen in der Atmosphäre ausnutzen, um darin Höhe zu gewinnen und dann in sanftem Gleitflug die nächste Aufwindzelle ansteuern.
Andere Vögel dagegen, z. B. Wildgänse, Wildenten oder Tauben, sind aber nicht so gut für das Segeln ausgestattet und müssen durch eigene Kraft die Höhe halten und vorwärts fliegen. Es ist immer wieder erstaunlich, welche Arbeitsleistung diese Vögel dabei verrichten, und dies ist physikalisch deshalb sehr interessant, weil wir in etwa abschätzen können, welche Energie ein Vogel dabei verbraucht. Dies ist möglich, wenn wir dabei die Gesetze der Flugphysik anwenden. Zwei Kräfte sind für das Flugverhalten eines Flügels, sei es der eines Flugzeugs oder eines Vogels, von hauptsächlicher Bedeutung, der Luftwiderstand und der Auftrieb. Wir nennen diese Größen F_W und F_A. Beide Größen hängen außer von der Flügelgröße und der Fluggeschwindigkeit stark von der Flügelform, also von ihrem Querschnitt, und von der Stellung des Flügels zur Flugrichtung ab. Für ihre Berechnung spielen der Auftriebsbeiwert c_A und der Widerstandsbeiwert c_R eine wesentliche Rolle, die beide von der Flügelform und -stellung abhängen.

Luftwiderstand:

$$F_R = c_R \, \rho \, v_O^2 \, A/2 \qquad (1)$$

Auftrieb:

$$F_R = c_R \, \rho \, v_O^2 \, A/2 \qquad (2)$$

Dabei sind c_R und c_A Widerstands- und Auftriebsbeiwert des Flügels, die für ein bestimmtes Flügelprofil im Windkanal gemessen werden; ρ ist die Dichte des umgebenden Mediums (Luft), v_O die Strömungsgeschwindigkeit und A die Flügelfläche senkrecht zum jeweiligen F.

Beim Geradeausflug ist die Auftriebskraft gleich dem Gewicht des Vogels; für sie muß der Vogel jedoch keine Arbeit verrichten, da Kraft und Weg rechtwinklig zueinander stehen. Die Arbeit, die er durch den Flügelschlag aufwenden muß, ergibt sich allein aus dem Luftwiderstand und der zurückgelegten Flugstrecke. Der Luftwiderstand F_W setzt sich aus zwei Komponenten zusammen, dem eigentlichen Luftwiderstand F_R und dem induzierten Widerstand F_I, der durch die an den Flügelenden auftretenden Luftwirbel verursacht wird. Diese Wirbel kommen dadurch zustande, daß sich die Druckunterschiede an der Flügelober- und Unterseite auszugleichen versuchen. Die Luft strömt dabei über die Flügelenden von unten nach oben, kommt dabei in Rotation und wird dadurch verwirbelt. Dieser induzierte Widerstand hängt stark von der Fluggeschwindigkeit ab und wird umso geringer, je schneller der Vogel fliegt. Dies läßt sich leicht einsehen, da die Luft wegen ihrer Trägheit bei großen Geschwindigkeiten kaum Zeit hat, um das Flügelende herum zu strömen. Bei der „optimalen" Geschwindigkeit (siehe unten) sind F_R und F_I etwa gleich groß (Abb. 18). Es ist also

→ Abb. 18

$$F_W = F_R + F_I \sim 2\,F_R.$$

Die Verminderung des induzierten Widerstandes an den Flügelenden stellt für die Flugzeugbauer ein großes Problem dar. Die Vögel haben dieses Problem längst gelöst: Sie spreizen die Federn der Handschwingen auseinander, so daß anstelle eines einzigen großen Wirbels mehrere kleine Wirbel entstehen, die zusammen wesentlich weniger Energie verzehren als ein einziger Wirbel.

Widerstands- und Auftriebsbeiwert (c_W und c_A) lassen sich mit einem Vogelmodell experimentell im Windkanal bestimmen. Berechnet man daraus den Quotienten $c_W/c_A = 2c_R/c_A = C$, und setzt für F_A das Gewicht G des Vogels, so können wir den Luftwiderstand berechnen: $F_W/F_A = C$; und $F_W = C \cdot G$. Die Größe C, die von der Fluggeschwindigkeit abhängt und z. B. für den Storch den durchschnittlichen Wert bei 40 km/h hat, hat hier etwa den Wert 0,02; sein Gewicht ist etwa 40 N, so ergibt sich ein Luftwiderstand von 0,8 N. Für eine 100 km lange Luftreise braucht er damit eine Energie von 0,8 N · 100000 m = 80000 J. Dies entspricht einer Nahrungsaufnahme

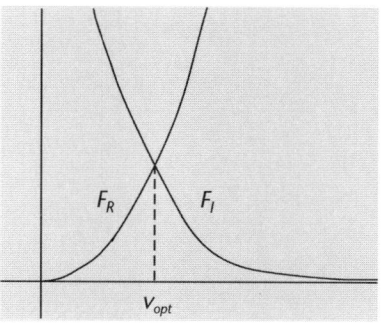

Abb. 18: Die optimale Fluggeschwindigkeit eines Vogels ist dann gegeben, wenn der Strömungswiderstand F_W und der induzierte Widerstand F_I gleich sind.

von ungefähr 20 Cal (kcal), was etwa einem halben Apfel entspricht. Ein Mittelklassewagen käme mit dieser Energie etwa 28 Meter weit. Bei einer Fluggeschwindigkeit von 40 km/h benötigt er für die 100 km 2,5 Stunden = 9000 Sekunden. Die Leistung, die der Storch für seinen Flug aufbringen muß, beträgt also rund neun Watt. Das ist natürlich nur eine grobe Abschätzung, abgesehen davon, daß durch die Flügelbewegungen die Muskeln sich stark erwärmen. Die Stoffwechselleistung ist etwa das Dreifache der Flugleistung.

Grundsätzliches zum Flugvermögen

Wir haben gesehen, daß ein Vogel durch die aufgebrachte Flugleistung in erster Linie den Luftwiderstand überwindet. Dieser Luftwiderstand setzt sich, wie wir sahen, aus zwei Komponenten zusammen: den reinen Strömungswiderstand F_W und den durch die Randwirbel verursachten Widerstand F_I. Wie sich aus Gleichung *(1)* ergibt, nimmt F_R mit steigender Geschwindigkeit zu (mit v^2), während F_I mit sinkender Geschwindigkeit zunimmt *(1/v^2)*. Daraus ergibt sich, daß es eine optimale Geschwindigkeit v_{opt} gibt, bei der die aufzubringende Leistung *($P_{opt} = FW \cdot v_{opt}$)* ein Minimum hat. Diese optimale Geschwindigkeit liegt z. B. bei einer Taube etwas über 40 km/h.

Gibt es nun einen Zusammenhang zwischen der Flugleistung und der Größe des Vogels? Wir wollen die Größe des Vogels durch seine Körperlänge *l* ausdrücken; das Körpervolumen und und damit auch die Körpermasse sind proportional zu l^3. Da die reine Flugleistung nur durch den Luftwiderstand (den direkten und den induzierten Widerstand) bestimmt wird und diese, wie eine ausführliche Rechnung ergibt, bei der optimalen Geschwindigkeit proportional zur Wurzel aus l^7 ($l^{7/2}$) ist, die Masse *m* des Vogels aber proportional zu l^3 ist, so folgt, daß die Flugleistung zu $m^{7/6}$ proportional ist. Die Leistung, die ein Vogel bei optimaler Geschwindigkeit aufbringen muß, nimmt also etwas stärker als seine Masse (und damit sein Gewicht) zu. Die Leistung, die ein Tier durch seinen Stoffwechsel aufbringen kann, nimmt aber etwas weniger als seine Masse zu, nämlich mit $m^{3/4}$. Daraus kann man eine Höchstgrenze der Masse berechnen, bis zu der ein Tier durch eigenen Antrieb noch fliegen kann; diese liegt bei etwa 15 kg.

Der Albatros, der dieser Höchstgrenze sehr nahe kommt, ist mit einer Flügelspannweite von 3,5 m zwar ein guter Segler, aber beim Start und Landeanflug erkennt man diese Grenze: Oft endet die Landung mit einem Purzelbaum. Er kann beim Landen seine Geschwindigkeit nicht genügend zurücknehmen, ohne direkt abzusacken.

Aus all dem ist zu ersehen, daß ein Mensch auch dann nicht durch eigene Körperkraft fliegen könnte, wenn er wie ein Vogel gebaut wäre.

Der Insektenflug

Wie wir gesehen haben, resultiert der Vorwärtstrieb beim Vogelflug durch eine Verwindung der Flügel beim Auf- und Abschlag. Besonders wichtig ist diese Fügeldrehung bei den Insektenflügeln, da diese aus dünnen Häutchen bestehen und daher das Profil des Vogelflügels

nicht besitzen. Bei ihnen muß also der gesamte Auftrieb durch eine Verwindung der Flügel beim Auf- und Abschlag erzeugt werden. Das gelingt dadurch, daß der Flügel sein Profil beim Aufschlag fast senkrecht stellt, dagegen beim Abschlag dieses

→ Abb. 19

nahezu horizontal richtet (Abb. 19), nicht ganz horizontal, weil ja auch ein Vortrieb erzeugt werden muß. Auf diese Weise können Insekten auch sehr gut auf der Stelle schwirren, wie etwa die Ligusterschwärmer oder manche Wespenarten und Hummeln. Manche Insekten haben zwei Flügelpaare (z. B. Libellen), wobei meistens das vordere für den Auftrieb, das hintere für den Vortrieb zuständig ist. Bei Käfern (Maikäfer) wirkt oft die beim Flug starre Flügeldecke als „Tragfläche". Je kleiner die Flügel sind, umso schneller müssen sie sich bewegen. Macht unser Storch ein bis zwei Flügelschläge pro Sekunde, so sind es bei einem Spatzen zwölf, bei einer Biene 200, und wie groß die Schlagfrequenz einer Mücke ist, kann man am Summton erkennen, wenn sie am Ohr vorbeifliegt (mehr als 1000 Hz).

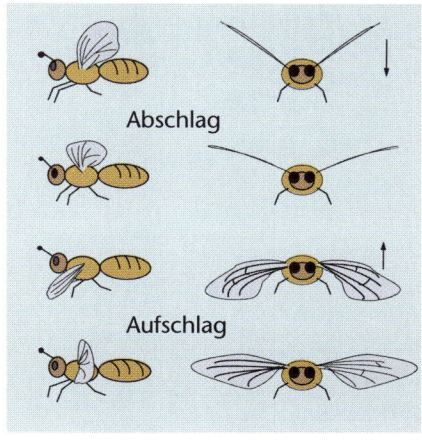

Abb. 19: Flügelschlag von Insekten: beim Abschlag sind die Flügel horizontal gestellt, beim Aufschlag senkrecht.

Der Schwirrflug der Vögel

Um in der Luft stehen zu bleiben, tun sich Vögel schon wesentlich schwerer als Insekten, denn der Auftrieb, wie er beim Horizontalflug gegeben ist, fehlt hier nahezu. Bei unseren heimischen Vögeln kann man dieses Flugverhalten manchmal beobachten, etwa bei der Balz, wo sie oft auch vom Boden aus einige Meter senkrecht nach oben steigen. Das ist natürlich sehr energieaufwendig, deshalb können die Vögel dies jeweils nur kurze Zeit durchhalten. Sie müssen dabei ihren Körper steil aufrichten, damit die beim Horizontalflug nach vorwärts gerichtete Kraft nach oben gelenkt wird. Die Flügel werden nun nicht auf und ab geschlagen, sondern entsprechend der Körperhaltung hin und her. Dabei zeigen beim Schlagen nach vorne die Flügeloberseiten nach oben, bei Zurückschlag dagegen die Flügelunterseiten. Die Gegenkraft hält den Vogel in der Luft. Die Flügelverwindung ist dabei wesentlich stärker als beim Geradeausflug, ebenso ist die Schlagfrequenz größer.

2. Kapitel

Im Wald

Sonnentaler

Ist es nicht auffallend, daß alle diese Lichtpunkte, die die Sonnenstrahlen auf den Waldboden zeichnen, gleich groß sind? Es ist doch unwahrscheinlich, daß die Öffnungen, die das Blätterdach für das Sonnenlicht freiläßt, alle die gleiche Größe haben. Ein Blick nach oben zeigt uns, daß dem nicht so ist. Trotzdem haben alle diese Lichtflecken gleiche Größe und (ovale) Form. Um diese Erscheinung zu erklären, brauchen wir nur etwas Strahlenoptik oder, besser gesagt, etwas Geometrie. In Abb. 20 sind einige Sonnenstrahlen dargestellt, wie sie die →Abb. 2
Sonnenflecken auf dem Waldboden erzeugen. Da die Sonne sehr weit von der Erde entfernt ist, fallen sie alle praktisch parallel zueinander ein. Trotzdem aber verläuft jedes einzelne Lichtbündel divergent; was ist wohl die Ursache dafür?

Ja, natürlich! Die Sonne ist ja kein Punkt, sondern hat eine gewisse Größe, und wie Abb. 21 nun (unmaßstäblich) zeigt, bildet sich die →Abb. 2
Sonne auf dem Waldboden ab: Wir sehen lauter kleine Sonnenbilder. Am schönsten sind sie unter Buchen zu sehen, da ihre Krone ein

gleichmäßig dichtes Blätterdach bildet mit nur wenigen kleinen Lücken. Jede der Öffnungen im Blätterdach stellt im Prinzip eine Lochkamera dar, durch die die Sonne auf den Waldboden abgebildet wird.

Diese „Sonnentaler" haben in der Geschichte der Physik eine nicht unbedeutende Rolle gespielt. Schon *Aristoteles* hat sich damit beschäftigt und er vermutete, daß die Lichtflecken immer die

Abb. 20: Auf dem Waldboden entstehen Lichtflecken

Form der Öffnung im Blätterdach haben, also rund sind, wenn diese Öffnung

ein Kreis ist und dreieckig, wenn diese Öffnung die Form eines Dreiecks hat. Diese Auffassung hat sich über Jahrhunderte nicht geändert und erst *Johannes Kepler* (1571–1630) hat die wahre Natur der Sonnentaler erkannt: Die Sonnentaler sind Abbildungen der Sonne! Ist das Loch im Blätterdach klein, so sind die Sonnentaler immer rund oder bei schrägem Einfall des Lichtes oval, je größer aber die Öffnung wird, umso mehr geht die Form des Lichtfleckes in die der Öffnung über. Diese Erkenntnis beinhaltet die geradlinige Ausbreitung des Lichtes, und damit hat *Kepler* die physikalische Strahlenoptik begründet. Wäre die Sonne punktförmig, würde sich immer die Form der Öffnung im Blätterdach abzeichnen. Die Sonne ist aber nicht punktförmig, sondern erscheint unserem Auge etwa so groß wie der Mond, und damit wird sie von den Öffnungen im Blätterdach wie von einer Lochkamera abgebildet.

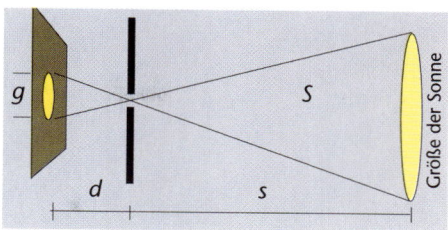

Abb. 21: Abbildung durch eine „Lochkamera"; die Größen von Abbildung und Original verhalten sich wie die Abstände von der Öffnung (*g/d = S/s*).

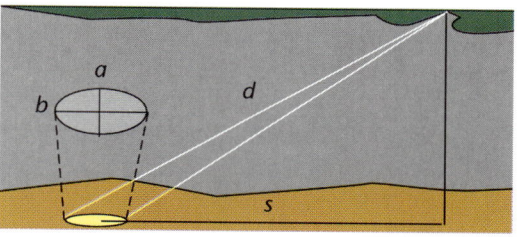

Abb. 22: Zur Berechnung des Sonnendurchmessers

Bei einer partiellen Sonnenfinsternis sind z. B. die Sonnentaler keine „Taler" mehr, sondern kleine Sicheln.

Aus der Größe und Form der Lichtflecken kann man nun einiges ablesen, z. B. läßt sich aus seiner Größe die Größe der Sonne bestimmen. Dazu bestimmt man zuerst die Entfernung des Blätterdaches von den beobachteten Sonnentalern. Das ist leicht, wenn die Sonne nicht zu hoch steht: Man braucht dann nur den Abstand zu dem betreffenden Baum abzuschreiten; bei bekannter Schrittlänge läßt sich diese Enfernung *s* leicht berechnen. Die Distanz *d* des Sonnentalers zum Blätterdach kann man dann aus der Form der Sonnentaler ermitteln (Abb. 22). Diese sind wegen des schrägen Lichteinfalls kleine Ellipsen, deren beide Durchmesser man bestimmt (*a* und *b*). Man mißt also diese Strecken und bildet ihr Verhältnis *v = a : b* (gleich kleiner Durchmesser zu großem Durchmesser). Für die gesuchte Distanz *d* gilt dann $d = s/\sqrt{1 - v^2}$.

► Abb. 22

Die Entfernung *e* Erde-Sonne kennt man aus verschiedenen astronomischen Messungen (z. B. aus der Länge des Jahres); sie beträgt *e = 149 598 000 km.* Ist z. B. der kleinere Durchmesser eines Lichtflecks 14,6 cm, der große Durchmesser 20 cm und die abgeschrittene

Eine Sonnenfinsternis kann man auch beobachten, ohne direkt in die Sonne zu schauen: Eine kleine Öffnung mit der Hand geformt, bildet die Sonne wie eine Lochkamera ab. Mit einem Blatt Papier, in das mit einem Aktenlocher Löcher gestanzt sind, erzeugt man gleich mehrere Bilder der teilweise vom Mond verdeckten Sonne.

Strecke $s = 10$ m, so ist die Distanz zum Blätterdach $d = 14,6$ m. Daraus läßt sich der Sonnendurchmesser aus einem einfachen Streckenverhältnis errechnen: Sonnendurchmesser: $e = a : d$. Das ergibt in unserem Beispiel 1370 000 km. Aus der Form der Sonnenflecken läßt sich aber auch die Sonnenhöhe bestimmen und daraus ohne weitere Hilfsmittel die Uhrzeit ermitteln. Mißt man Breite und Länge eines Lichtfleckes, (was natürlich nur ungenau möglich ist, weshalb unsere Zeitbestimmung nicht sehr zuverlässig ist) und dividiert die beiden Werte durch einander, so erhält man den Sinus des Höhenwinkels der Sonne. Daraus wiederum kann man die Uhrzeit berechnen, was allerdings die Anwendung von Formeln der sphärischen Trigonometrie verlangt. In diese gehen natürlich auch die geographische Breite des Ortes und die Jahreszeit ein (siehe Anhang).

Auch Samen können fliegen

Bei fliegenden Samen denkt man in erster Linie wohl an den Löwen-
zahn, dessen Samen, wie an kleinen Fallschirmen hängend, vom Winde verweht oder von uns weggeblasen, durch die Luft schweben. Da
steckt zwar auch ein wenig Physik darin, aber wir wollen uns inter-
essantere Objekte ansehen: die Ahorn-Samen.
Sie sind deshalb so interessant, weil sie wie kleine Hubschrauber zur
Erde wirbeln, und das mit nur einem Rotorflügel. Was uns die Natur
hier vormacht, ist technisch ein so großes Problem, daß man es noch
nicht einmal versucht hat, einen Hubschrauber mit nur einem Rotor-
blatt zu bauen. Der Samen ähnelt sehr stark einem Insektenflügel, obwohl seine Funktion eine ganz andere ist. Nicht durch Flügelschlag,
sondern durch Rotation soll er den Samen möglichst lange in der
Luft halten, damit der Wind ihn möglichst weit vom Baum wegweht. Dies ist für die Erhaltung und Vermehrung der Art wichtig, da
eine Jungpflanze im Schatten des Mutterbaumes wenig Aussicht hätte, sich zu entwickeln. Was uns hier interessiert, ist das Flugverhalten
dieser und einiger anderer „geflügelter" Samen. Betrachten wir einen
➤ Abb. 23 solchen Samen genau: Der Samen selber befindet sich in der Ver-
dickung an einem Ende des Flugkörpers, er beinhaltet den größten
Teil der Masse. Von ihm aus geht ein verstärkter „Holm", der dem

Verschiedene „fliegende Samen: **1** Ahorn, **2** Linde, **3** Esche, **4** Hainbuche, **5** Fichte und Tanne

29

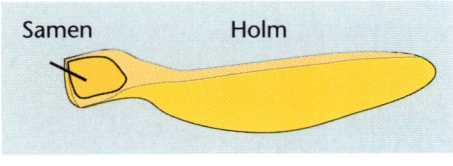

Abb. 23: Ahornsamen

eigentlichen Flügel einer dünnen, papierartigen Folie den nötigen Halt gibt. Läßt man den Samen einfach fallen, so fällt er zunächst, Samenkörper voran und den Flügel hinter sich herziehend, zu Boden. Durch eine leichte Verwindung des Flügels beginnt er jedoch, sich um eine Längsachse zu drehen. Diese Drehachse ist jedoch nicht stabil, denn es wirken nun verschiedene Kräfte auf den „Flugkörper": Zunächst einmal die Luftströmung, die die Rotation bewirkt, dann der Luftwiderstand, durch den der fallende Samen leicht abgebremst wird, und schließlich eine Zentrifugalkraft auf Grund der Rotation. Die letztere ist es, die den Samen dazu bringt, sich mehr und mehr in die Horizontale zu drehen, wobei die Rotation nicht nur beibehalten wird, sondern sich sogar noch verstärkt. Der Flügel erhält nämlich nun eine leicht Schräglage, in der

→ Abb. 2

er durch die Luftströmung angetrieben wird. Das Erstaunliche ist, daß diese Rotationslage sehr stabil ist; warum, das wollen wir jetzt herauszufinden versuchen.

Betrachten wir nochmal die Kräfte, die an dem Samenflügel angreifen. Zunächst wirken auf den Flügel zwei Kräfte einander entgegen: Die Zentrifugalkraft F_Z, die den Flügel in die horizontale Lage zu drehen versucht, und die Kraft F_L, die das entgegengesetzte Drehmoment erzeugt. Es stellt sich schließlich ein Winkel α ein, bei dem sich die beiden Drehmomente aufheben (Abb. 25). Damit der Samenflügel seine Rotation erhält, muß natürlich eine Antriebskraft wirken. Diese ergibt sich durch das Abwärtsgleiten und aus einer leichten Schrägstellung des Flügels. Abbildung 26 zeigt einen Querschnitt durch einen Flügel und die Kräfte, die an ihm aufgrund des Abwärtsgleitens und der Rotation wirken. Die beiden Luftströmungen addieren sich zu einer Gesamtströmung R, die den Flügel etwas schräg von unten trifft. Dadurch erfährt der Flügel eine Auftriebskraft F_N (rechtwinklig zur Flügelfläche), die sich in die beiden Komponenten F_W und F_R zerlegen läßt.

→ Abb. 25

→ Abb. 26

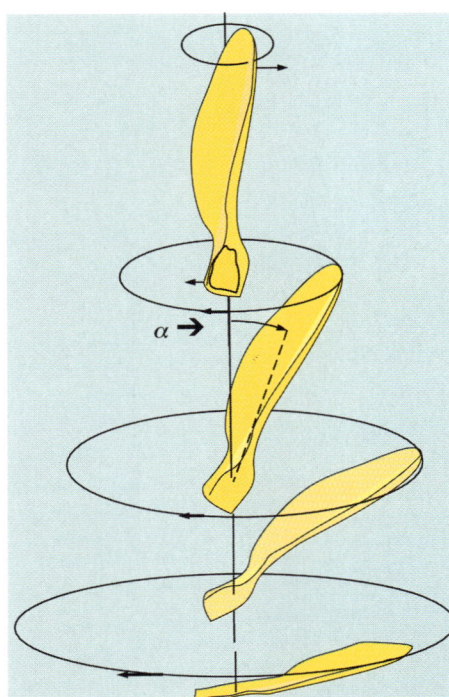

Abb. 24: Da der Samenflügel etwas verwunden ist, beginnt er beim Fall zu rotieren; die Zentrifugalkraft zieht ihn dann in die fast horizontale Lage.

F_W wirkt dem Gewicht des Samens entgegen, bremst ihn also im freien Fall, F_R wirkt im Sinne der Rotation und erhält diese aufrecht. Die Rotation ist es auch, die die Stabilität dieser Bewegung gewährleistet, vergleichbar mit einem Kreisel, der auch seine Rotationsachse beibehält.

Beobachten wir mehrere Ahornsamen bei ihrem Flug, so stellen wir fest, daß nicht alle in der gleichen Weise fliegen. Die meisten werden wohl gleichmäßig gerade zu Boden gleiten. Bei einigen jedoch stellen wir fest, daß sie auf einer Schraubenlinie segeln oder auch in ihrer Fallbewegung hin und her pendeln. Man kann den Samen vorher nicht ansehen, wie sie sich verhalten werden; eine Erklärung dieses unterschiedlichen Verhaltens ist also schwer möglich.

➤ Abb. 27

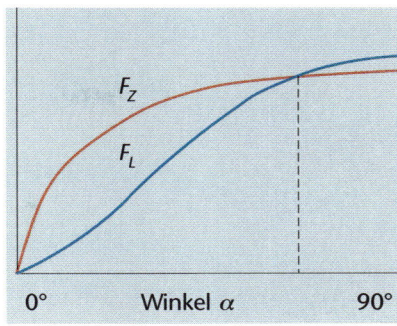

Abb. 25: Die Schrägstellung des Samens ergibt sich aus der Gleichheit von F_Z und F_L.

Wenn wir uns auf unserem Spaziergang etwas umschauen, finden wir noch andere Pflanzenarten mit in dieser Weise „fliegenden" Samen: Hainbuche, Esche, Linde, Ulme; auch die Samen von Nadelbäumen haben kleine Flügelanhängsel, die ihnen ein längeres Verweilen in der Luft ermöglichen.

Während Hainbuchen- und Eschensamen ähnlich wie Ahornsamen gebaut sind und auch so funktionieren, ist das Flugprinzip des Lindensamens ein ganz anderes. Ein oder mehrere Samen hängen am Tragflügel wie ein Gleitschirmflieger am Fallschirm. Ein wesentlicher Unterschied zu diesem besteht aber doch: Der Lindensamen rotiert wie der Ahornsamen. Die Flugstabilität ist hier durch die Bauart von selbst gegeben, da die tiefhängenden Samen diese erzwingen. Die Rotation ergibt sich wie beim Ahorn, wobei die Schrägstellung (Verwindung) des Rotorblattes von Natur aus gegeben ist. Manche Lindensamen fallen, ohne zu rotieren, zur Erde; man kann so leicht erkennen, welche Bedeutung die Rotation hat, wenn man die Fallgeschwindigkeit mit und ohne Rotation mißt.

➤ Abb. 28

Abb. 26: Durch die Rotation des Samens erhält er einen Auftrieb; das Absinken hält die Rotation aufrecht.

31

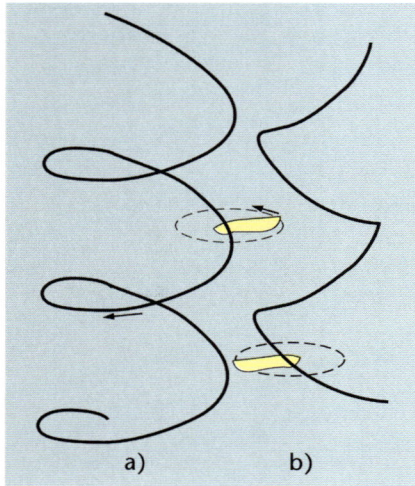

Abb. 27: Ahornsamen können in Spiralen oder in Taumelbewegungen zur Erde gleiten.

So durchfällt ein nicht rotierender Lindensamen eine Strecke von einem Meter in durchschnittlich einer Sekunde, während der rotierende Samen dazu mehr als drei Sekunden braucht und damit mehr Chancen hat, vom Wind weit vom Mutterbaum weggetragen zu werden.

Man kann diese Verweildauer in der Luft als Merkmal für die Flugeigenschaften der Samen betrachten; so gesehen sind die Samen der Hainbuche bessere Flieger als die des Ahorn. Die Eschensamen sind schlechte Flieger, während die Samen der Linde etwa den Ahornsamen gleichkommen. Die besten Flieger sind die Samen der Fichte und Tanne, was aber nicht verwunderlich ist, da sie sehr klein und leicht sind. Trotzdem ist es beeindruckend, ihnen zuzusehen, wie sie zu Boden schwirren.

Abb. 28: Der Lindensamen ist ein rotierender Gleitschirm.

Tannenzapfen
oder: die Selbstorganisation in der Natur

Ein Tannenzapfen auf dem Waldweg! Nichts Besonderes, wie es scheint. Und welche Rolle spielt dabei gar die Sonnenblume auf dem
Foto? Botanisch haben Sonnenblume und Tanne kaum etwas miteinander zu tun; und doch haben
sie etwas gemeinsam, nämlich einen Winkel von 137,5 Grad. Was
es mit diesem Winkel für eine Be-
wandtnis hat, wollen wir im Folgenden sehen.
Betrachten wir uns den Tannenzapfen einmal genauer: Die Anordnung der Schuppen ist doch
von eigenartiger Gleichmäßigkeit,
ja von einer eigenartigen geome-

trischen Struktur. Sie winden sich gleichsam um den Zapfen herum
wie langgezogene Windungen einer Schraube! Haben sie auch den
gleichen Windungssinn wie eine Schraube?
Wenn wir genau darauf achten, erkennen wir, daß sie sich in beiden
Richtungen winden; gleichzeitig eine Links- und eine Rechtsspirale.
Noch deutlicher ist diese Spiralstruktur an der Samenanlage der Sonnenblume zu erkennen. Aber es wird noch interessanter, wenn wir
die Windungen dieser Zapfenschrauben zählen. Nicht, wie oft sie
sich herumwinden, sondern wieviel Windungen nebeneinander liegen. Markieren wir eine Schuppe und zählen wir die Windungen
einmal links und dann rechts herum, bis wir wieder auf die markier-
te Schuppe treffen! Ich kann Ihnen jetzt schon sagen, wieviel es sind:
Linksherum sind es fünf und rechtsherum acht Windungen. Linksherum läßt sich sogar noch eine andere, steilere Windung erkennen
mit dreizehn Spiralwindungen. Diese Besonderheit kann man noch
an vielen anderen Pflanzen beobachten; vielleicht finden Sie noch
einen Kiefernzapfen; an ihm kann man die Spiralbögen besonders
schön erkennen, mit einem Blick abzählen: acht und dreizehn sind
es hier. Bei der Sonnenblume sind es gar 34 und 55 Spiralbögen.
Spielen die Zahlen, die hier auftreten, eine besondere Rolle? Fünf,
Acht, Dreizehn? Es fällt auf, daß Dreizehn gerade die Summe aus
Fünf und Acht ist. Zufall?

Wie wir sehen werden, nein! Man nennt die Zahlenreihe, in der jede Zahl die Summe der beiden vorausgehenden ist (man beginnt mit 0 und 1) die *Fibonacci-Zahlen.* Die Reihe geht also so weiter:

1 (= 0 + 1), 2 (= 1 + 1), 3 (= 1 + 2), 5, 8, 13, 21, 34, 55, 89, …; aber mit so großen Zahlen werden wir es bei Pflanzen wohl nicht zu tun haben?

Weit gefehlt! Die Blüten der meisten Korbblütler, seien es Gänseblümchen, Margeriten oder Skambiosen, weisen ein ähnliches Spiralmuster auf. Ein besonders eindrucksvolles Beispiel für diese Gesetzmäßigkeit in der Natur ist die Sonnenblume. Wenn die Samen ausgereift sind, können wir die Spiralbögen, in denen die Sonnenblumenkerne angeordnet sind, besonders gut erkennen und abzählen. Je nach Sorte und Größe können wir tatsächlich 34 und 55 Spiralbögen zählen, jedenfalls immer zwei aufeinanderfolgende *Fibonacci-Zahlen.*

Diese Zahlenreihe hat ihren Namen von *Leonardo Pisano,* den seine Freunde *Fibonacci (Filius Bonaccii, Sohn des Bonacci, also kurz Fibonacci)* nannten. Er lebte 1170 bis 1230 in Pisa und wurde als Sohn eines Handelskaufmanns von diesem nach Algier geschickt, um dort Arabisch zu lernen. Er lernte aber nicht nur Arabisch, sondern auch die für ihn völlig neue Art, Zahlen zu schreiben, von der er sofort erkannte, daß sie dem damals in Europa gebräuchlichen (römischen) Zahlensystem weit überlegen war. 1202 veröffentlichte er ein Buch, in dem er den Gebrauch dieser Zahlen erklärte. Die Einführung der Null war dabei das wichtigste Element dieser „Dezimalschreibweise". Bis sie sich allerdings in Europa durchgesetzt hatte, vergingen noch mehr als 300 Jahre; *Adam Ries(e)* lebte 1492 bis 1559.

Auf die nach ihm benannte Zahlenreihe kam *Fibonacci* durch eine Aufgabe in einem seiner Rechenbücher, in der die Vermehrung von Tieren zu berechnen war: Ein erwachsenes Tier gebiert jährlich ein Junges, ein Jungtier, das erst im zweiten Jahr erwachsen wird, noch keins.

Wieviel Tiere sind es in zwei, drei, vier, fünf, … Jahren?

Aber zurück zu unseren Pflanzen!

Wir wollen natürlich wissen, ob man diese eigenartige „Zahlenmystik" irgendwie erklären kann. Durch Computersimulation ist es gelungen, auf eine ganz einfache Weise diese gleiche Spiralanordnung mit den *Fibonacci-Zahlen* zu erhalten. Was dazu notwendig war, war ein ganz bestimmter Winkel, nämlich ein Winkel von 137,5°. Ein eigenartiger Winkel, was hat der wohl mit der Natur zu tun? Nun, so eigenartig ist dieser Winkel auch wieder nicht, denn er ist genau 360° (3 − √5)/2. Wer sich in der Mathematik etwas auskennt, sieht sofort, daß der Faktor von 360 beim *Goldenen Schnitt* eine Rolle spielt; hier bedeutet das: Teilt man den Kreisumfang nach der Regel des Goldenen Schnittes*, so erhält man einen Winkel von 137,5°. Genau bei diesem Winkel ergibt die Computersimulation das „Sonnenblumenmuster". Weicht der Winkel nur ein wenig von diesem Wert ab, so ergibt sich nicht mehr dieses doppelte Spiralmuster mit den *Fibonacci-Zahlen,* sondern bestenfalls nur ein einfaches Spiralmuster (Abb. 29).

→ Abb. 29

Recht viel weiter sind wir durch diese Erkenntnis nicht gekommen, denn anstatt der Fibonaccizahlen haben wir jetzt das Problem mit dem „Goldenen Winkel". Wie kommen die Pflanzen zu ihm?

Der Goldene Winkel

Diesem Winkel begegnen wir bei unserem Streifzug durch Wald und Flur auf Schritt und Tritt, und wenn wir sein Zustandekommen auch nicht erklären können, so können wir es doch erahnen.

Zunächst: Wo finden wir diesen Winkel? Antwort: Bei fast allen Pflanzen, bei denen die Blätter nicht gegenständig oder quirlig angeordnet sind, also bei Pflanzen, bei denen am Stengel die Blätter gegeneinander versetzt angeordnet sind. Um einige solche Pflanzen zu nennen: Lauchkraut, Lungenkraut, Königskerze, verschiedene Glockenblumen, Wegdistel und andere Distelarten, Waldweidenröschen, Wiesensauerampfer, Wegraute, Wiesenraute und viele mehr. Natürlich drehen und neigen sich die Blätter nach dem Licht, man muß deshalb auf die Blattachseln achten, also die Stellen, an denen die Blätter aus den Stengeln herauswachsen. Durch unterschiedliche Wachtumsbedingungen während der Vegetationsperiode kann der Winkel, den zwei aufeinanderfolgende Blattstiele einschließen, manchmal etwas vom Goldenen Winkel abweichen; ganz sicher tut er das bei den ersten (untersten) drei oder vier Blättern. Diese Beobachtung läßt uns aber erahnen, warum gerade dieser Winkel von 137,5° bei den höher stehenden Blättern auftritt. Der „Vegetationskegel", der sich aus einer gewöhnlichen Zelle bildet und aus dem ein neues Blatt erwächst, entsteht immer dort, wo sich

---

* Wird eine Strecke so geteilt, daß sich der kleinere Abschnitt zum größeren so verhält, wie der größere Abschnitt zur ganzen Strecke, so nennt man diese Teilung den *Goldenen Schnitt.*

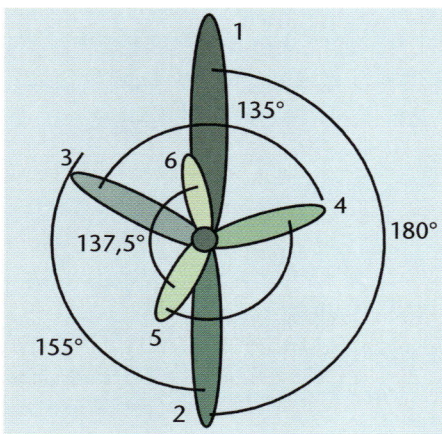

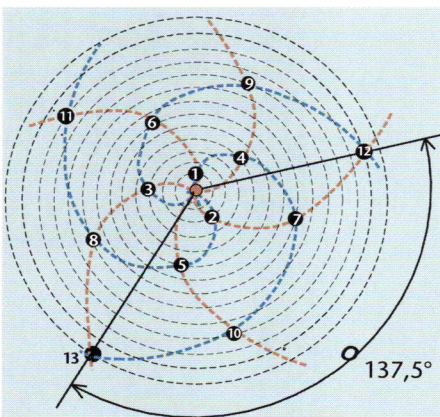

Abb. 29 und 30: Trägt man die Punkte von Innen nach Außen um einen Winkel von 137,5 Grad versetzt an, so liegen sie auf jeweils zwei rot und blau gezeichneten Spiralbögen. Die Zahl der Bögen sind zwei aufeinanderfolgende Fibonacci-Zahlen.

eine Zelle am besten entwickeln kann. Das ist in der Wachstumszone dort, wo sie von den zuvor gewachsenen Blättern am wenigsten beeinflußt wird (oder vielleicht auch diese beeinflußt, indem das neue Blatt den Vorgängern Sonnenlicht wegnimmt). Das dritte Blatt wird also, in der Höhe versetzt, nicht genau dem zweiten gegenüber entstehen, weil es dann genau über dem ersten liegen würde, sondern etwas nach der Seite ausweichen.

Zwar tritt hier noch nicht der Goldene Win-   →Abb. 29
kel auf, aber je mehr Blätter schon vorhanden sind, umso mehr nähert sich die Versetzung gegen das vorhergehende Blatt diesem Winkel an. Von welcher Art die Beeinflussung ist, die das neu entstehende Blatt von den Vorgängern erfährt, kann man nur vermuten (Entzug der Nährstoffe, Platzbedarf), aber dies ist auch gar nicht von Bedeutung, denn es läßt sich berechnen, daß die Stärke dieser Beeinflussung dabei keine Rolle spielt. Ob diese Beeinflussung proportional zum Abstand ist oder vom Quadrat des Abstandes, von der dritten Potenz oder sonstwie abhängt, der Winkel ist immer 137,5°.

Jetzt bleibt uns noch eine Frage zu klären: Was hat der Goldene Winkel mit den Spiralbögen am Tannen- oder Kiefernzapfen oder bei der Sonnenblume zu tun? Versucht man das Ganze zeichnerisch zu lösen, so kann man leicht sehen, daß dieses doppelte Spiralbogensystem nur bei diesem Winkel auftritt (eine Computersimulation geht natürlich noch schneller). Die obige Abbildung zeigt,   →Abb. 30
daß man bei 137,5° genau dieses System von Spiralbögen erhält, wie wir es am Kiefernzapfen gesehen haben. Wenn man nur um 1° von diesem Winkel abweicht, löst sich dieses doppelte Spiralsystem auf, und man erhält bestenfalls noch das einfache System. Es ist also ein mathematisches Gesetz, daß durch eine Anordnung, die diesen Goldenen Winkel benutzt, die Spiralbögen der beobachteten Art entste-

hen, und die Natur hat dieses Gesetz, lange bevor der Mensch auf den Plan trat, angewandt.

Aber was wir daraus lernen, ist etwas viel Bedeutenderes: Nicht alle Strukturen, die wir bei den Lebewesen vorfinden, sind in den Erbanlagen (DNS) fest vorgegeben. Der Bauplan einer Pflanze (oder verallgemeinert: eines Lebewesens) muß also nicht bis ins Detail in den Erbanlagen (DNS) festgelegt sein. Manche Strukturen bilden sich ganz von selbst aufgrund von physikalischen oder chemischen (oder mathematischen) Gesetzmäßigkeiten.

Nebenstehende Abbildung kann uns bestätigen, daß sich dieses Spiralsystem ganz von selbst bildet, wenn man nur den „goldnen" Winkel von 137,5° einhält.

Hier wurde eine Videokamera direkt mit dem Fernsehgerät verbunden und ihr Objektiv auf den Bildschirm gerichtet. Gleichzeitig wurde hinter der Kamera eine Lichtquelle aufgestellt, die sich als Lichtpunkt auf dem Bildschirm spiegelte. Neigte man nun die Kamera zur Seite, so vervielfältigte sich dieser Lichtpunkt, da er von der Kamera aufgenommen und wieder auf den Bildschirm übertragen wurde.

Bei einem Neigungswinkel von 137,5° und nur bei diesem entsteht auf dem Bildschirm

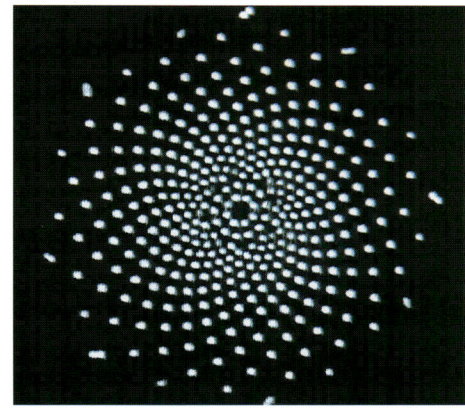

Mit Videokamera und Fernsehgerät simulierte Sonnenblume.

die abgebildete Struktur. Eine kleine Abweichung von diesem Winkel bewirkt bereits, daß das doppelte Spiralsystem in Unordnung gerät und höchstens noch in einer Windungsrichtung Spiralen auftreten.

Wie erreicht das Wasser den Wipfel eines Baumes?

1 Das Problem

Eigentlich hätten wir auf die Erscheinung, um die es jetzt geht, schon früher achten sollen, den sie hat im bisher Besprochenen schon mehrmals eine Rolle gespielt: Adhäsion. Darunter versteht man das Aneinanderhaften von zwei verschiedenartigen Körpern. Wenn wir uns ein Butterbrot streichen, so gelingt das nur, weil die Butter an der Brotscheibe haftet, und wenn wir mit Bleistift, Kugelschreiber oder Tinte auf Papier schreiben, so benutzen wir auch die Adhäsion dieser Stoffe. Der am Anfang des ersten Kapitels erwähnte Regentropfen hätte ohne diese Adhäsion nicht am Rosenblatt hängen können, und ein Wassertropfen könnte sich ohne sie nicht in ein dünnes Häutchen „einwickeln". Eine Flüssigkeit, die an einem festen Körper haften bleibt, nennt man „benetzend". Es gibt auch „nicht benetzende" Flüssigkeiten, z. B. Quecksilber. Es hängt jedoch von beiden Stoffen ab, ob eine solche Benetzung auftritt. Manche Blätter sind mit einer feinen Wachsschicht überzogen, an der das Wasser abperlt (Foto Seite 3). Warum Wasser für viele Stoffe eine benetzende Flüssigkeit ist, →S. 3 hängt, wie wir später sehen werden, von seiner molekularen Struktur ab. Das sei vorausgeschickt, um nun die anfangs gestellte Frage anzugehen.

Die Frage ist also: Wodurch haben Pflanzen die Fähigkeit, Wasser entgegen der Schwerkraft bis in Höhen von 100 Metern zu leiten? Um es gleich vorwegzunehmen: Eine der Ursachen hierfür ist die Kapillarität, und diese hängt eng mit der Adhäsion zusammen. Zunächst ist dies nur ein Name für die Erscheinung, die eine Flüssigkeit in einer dünnen Röhre gegen die Schwerkraft hochsteigen läßt; aber ein Name erklärt noch nichts. Was bedeutet das also physikalisch? Eine benetzende und eine nicht benetzende Flüssigkeit lassen sich sehr leicht voneinander unterscheiden, wenn man sie in ein Gefäß gießt und ihr Verhalten am Gefäßrand beobachtet. Die benetzende Flüssigkeit zieht sich am Gefäßrand etwas hoch, so daß eine konkave Wölbung an der Flüssigkeitsoberfläche entsteht (Abb. 31b). Bei der →Abb. 31 nicht benetzenden Flüssigkeit sieht es dagegen aus wie in Abb. 31a, →Abb. 31 die Oberfläche ist konvex gekrümmt. Uns interessiert hier nur der erste Fall, den wir weiter verfolgen wollen. Die Flüssigkeit versucht hier auf Grund der Adhäsion an der Gefäßwand hochzukriechen, aber sie kommt nicht beliebig hoch hinauf. Was hindert sie daran, noch höher zu steigen? Es ist ihr eigenes Gewicht! Denken wir uns einen kleinen Versuch aus, der dies zeigen kann! In Abb. 31b denken wir uns den Flüssigkeitsstand erniedrigt. Dann senkt sich auch der obere Rand, bis zu dem die Flüssigkeit die Gefäßwand benetzt. Senken wir den Flüssigkeitsstand genügend weit, so bemerken wir auch manche Wassertropfen, die an der Glaswand haften geblieben sind. Diese Beobachtung ist deshalb sehr interessant, weil sie uns sagt, daß die Wasserschicht abgerissen ist und das wiederum bedeutet, daß die Kohäsion des Wassers nicht ausgereicht hat, das Wasser oben festzuhalten.

→Abb.31b

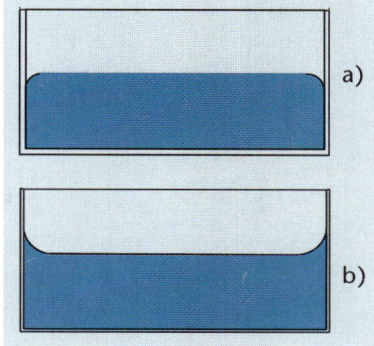

Abb. 31: Benetzende (b) und nichtbenetzende Flüssigkeiten

2 Die Kapillarkraft

Adhäsion und Kohäsion (Oberflächenspannung) wirken hier also zusammen, damit die Flüssigkeit am Gefäßrand hochsteigt. In unserem Fall (Abb. 31b) war die Adhäsion größer als die Kohäsion. (In Abb. 31a ist das Umgekehrte der Fall.) Stecken wir eine enge Glasröhre in ein Gefäß mit Wasser, so steigt dieses in der Röhre entgegen der Schwerkraft hoch. Diese Beobachtung gibt uns die Möglichkeit, durch einen Gedankenversuch quantitative Aussagen über diesen Effekt zu machen. Wir betrachten eine Röhre mit dem Innenradius r, in der sich das Wasser bis in eine Höhe h aufgrund von Adhäsion und Kohäsion hochgesaugt hat. Die Kraft, mit der diese Wassersäule festgehalten wird, ist dann gleich ihrem Gewicht. Sie entspricht der Oberflächenspannung rings um den Rand der Wassersäule, also entlang dem Kreisumfang $U = 2r\pi$. Da diese beiden Kräfte bei der größten erreichten Höhe im Gleichgewicht sind, muß gelten: Gewicht = Kohäsionskraft. Die Rechnung im Kasten liefert die Beziehung $h = 2\sigma/\rho rg$.

→Abb.31a

→Abb.32

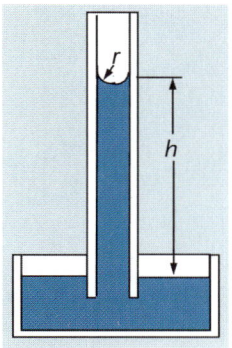

Abb. 32

Dieses Ergebnis besagt, daß das Wasser in einer Röhre umso höher steigt, je kleiner der Innenradius der Röhre ist. Wenn wir in die so erhaltene Formel die entsprechenden Werte von Wasser einsetzen, erhalten wir, daß z. B. bei einem Innenradius von einem mm das Wasser in der Röhre 15 mm hoch steigt; bei $R = 0,1$ mm ist

Gewicht der Wassersäule = $g \cdot m$
$= g \cdot \rho \cdot V = g \cdot \rho \cdot r^2 \cdot \pi \cdot h$;
Kohäsionskraft = $\sigma \cdot U = \sigma \cdot 2r\pi$.
Setzt man beides gleich, so folgt:
$g \cdot \rho \cdot r^2 \cdot \pi \cdot h = \sigma \cdot 2r\pi$,
also
$h = 2\sigma/g \cdot \rho \cdot r$.

(r = Dichte des Wassers, s = Oberflächenspannung, V = Volumen, U = Umfang, g = Erdbeschleunigung)

$h = 15$ cm und bei $r = 0,001$ mm steigt das Wasser schon 15 Meter hoch. Mit einem einfachen Experiment läßt sich die oben hergeleitete Beziehung bestätigen: Man legt zwei Glasscheiben von etwa 10 cm² aneinander und schiebt auf einer Seite ein Zündholz dazwischen. Dann legt man ein Gummiband darum, damit sie nicht auseinanderfallen und stellt sie in eine Schale mit Wasser. Das Wasser dringt zwischen die Glasscheiben ein und steigt zwischen ihnen hoch. Hat man das Wasser angefärbt, so erkennt man deutlich den Flüssigkeitsrand, der die Form einer Hyperbel hat. Die Hyperbel ist aber die Kurve, bei der die Ordinate *(y)* umgekehrt proportional zur Abszisse *(x)* ist, also $y = c/x$. Der Plattenabstand r ist aber proportional zu x, also ist $y \sim 1/r$.

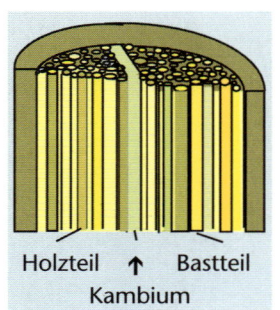

Holzteil ↑ Bastteil
Kambium

Abb. 33: Quer- und Längsschnitt durch ein Leitbündel

3 Die Leitbündel

Auch in den Pflanzenstengeln und Ästen gibt es ein Röhrensystem, in dem diese Kapillarkraft bewirkt, daß das Wasser in der Pflanze nach oben steigt. Dieses Röhrensystem sind die sogenannten Leitbündel, die in etwas unterschiedlicher Form in allen Landpflanzen vorkommen. Abb. 33 zeigt den grundsätzlichen Aufbau dieser Leitbündel. Sie enthalten sowohl Leitzellen, die das Wasser nach oben zu den Blättern leiten, als auch die, welche die in den Blättern durch die Photosynthese gebildeten Baustoffe, wie Zucker, in alle Teile der Pflanze verteilen.

→Abb.33

Diese Leitbündel werden in der Dickenwachstumszone der Pflanzen, im Kambium, gebildet, und zwar abwechselnd nach außen die Rinde und nach innen das Holz. Ein Leitbündel besteht also aus den normal strukturierten Zellen im Holzteil, deren Querwände sich allmählich auflösen; dadurch werden diese zu Leitungsröhren für das Wasser. Auf der Außenseite des Kambiums wird von diesem der Bastteil gebildet, der aus länglich strukturierten Zellen besteht, die ebenfalls zu Röhren zusammengeschlossen sind und die Pflanzensäfte nach unten bzw. in die verschiedenen Pflanzenteile leiten. Uns interessiert hier speziell das holzbildende Gewebe (Xylem), in dem das Wasser mit den darin gelösten Nährsalzen nach oben strömt.

Wie in der Abbildung zu erkennen ist, bildet es sich aus Zellen, die nicht in die Länge gestreckt sind, sich aber dennoch zu Röhren zusammengeschlossen haben und deren Querwände sich allmählich auflösen. Der Durchmesser dieser Röhren ist in der Größenordnung von 0,02 bis 0,04 mm. Das bedeutet nach unserer oben erhaltenen Formel, daß das Wasser durch die Kapillarwirkung in ihnen maximal bis in eine Höhe von wenigen Metern steigen kann, nicht aber bis in den Wipfel einer 50 bis 70 Meter hohen Tanne.

Es gibt noch andere Effekte, die als Antriebskraft für den Flüssigkeitstransport in der Pflanze erkannt wurden. Da ist einmal der Wurzeldruck, der einerseits dafür verantwortlich ist, daß die Wurzel aus dem Erdreich Wasser aufnehmen und andererseits dieses dann in die Pflanze drücken. Dieser Wurzeldruck ist mehr chemischer Natur: Das Wurzelgewebe ist stark hygroskopisch, d. h. es nimmt begierig Wasser auf, wie etwa Silikagel oder ungelöschter Kalk. Man kann das gut an den Pflanzen erkennen, die sich mit Hilfe von Luftwurzeln ihren Feuchtigkeitsbedarf aus der Luft holen. Untersuchungen haben ergeben, daß das Element Magnesium, das Pflanzen zum Wachstum brauchen, besonders in den Wurzeln abgelagert wird. Magnesium kann aber große Mengen von Wasser binden; so kann ein Magnesiummolekül dreimal soviel Wasser binden wie ein Kochsalzmolekül. Der Druck, der dadurch in den Pflanzen entsteht, reicht aber nicht aus, um das Wasser auch nur zehn Meter oder höher zu drücken, er kann aber für das sogenannte Bluten der Bäume, d. h. das Absondern von Flüssigkeit, wie etwa bei der Birke (Birkenwasser) verantwortlich sein.

Der osmotische Druck erreicht zwar in den normalen Zellen, wie wir gesehen haben, einen Wert von 1 bis 2 Atü, aber er entsteht ja im Innern der Zellen, nicht aber in den Leitungszellen, die nur Wasser enthalten.

Es muß also noch ein System geben, das für den Transport des Wassers in die Baumwipfel verantwortlich ist. Wenn dies aufgrund der Kapillarwirkung geschieht, so kann man sich leicht ausrechnen, wie eng die Kapillaren dafür sein müssen; man bedenke, daß Mammutbäume bis 100 Meter hoch werden.

Mit $h = 100$ m wird
$r = \sigma/\rho g h$.
$r = 2*0,073/9,81.10^{-3}*100$ m
$= 1,5*10$ m $= 0,00015$ mm

Diese Höhe in unsere Formel eingesetzt, ergibt Kapillaren, die wesentlich kleiner sind, als daß man sie noch mit einem Lichtmikroskop erkennen könnte. Man hat nach einem solchen Gewebe gesucht — und es gefunden! Dazu wurde das Gießwasser für die Pflanze mit einem fluoreszierenden Farbstoff (z. B. Eosin = rote Tinte) versetzt. Wird dieser Farbstoff mit ultraviolettem Licht bestrahlt, so leuchtet er grün auf. Pflanzen nehmen diesen Farbstoff mit dem Gießwasser auf und leiten ihn auch in die Zweige und Blätter. Unter einem entsprechenden Fluoreszenzmikroskop wurden dann Stengelquerschnitte untersucht. Man fand diesen Farbstoff nicht in den Leitungszellen, sondern in den Zellwänden der holzbildenden Zellen des Leitbündels. Diese Zellmembranen sind nicht etwa feste, dünne Häutchen, sondern, wie schon von der Osmose her bekannt, sehr porös.

So bilden diese ein *submikroskopisches Kanalsystem*; die Kapillaren sind kleiner als einige Millionstel Millimeter, und diese saugen sich mit Wasser voll, wie ein Wollfaden, den man in ein Glas Wasser hängen läßt. Wegen der Enge der Kapillaren ist ihre Saugkraft jedoch wesentlich größer und reicht bis in die höchsten Wipfel der Bäume. Daß sich diese Leitungssystem nicht in der Rinde, sondern im Holz befindet, kann man leicht selbst feststellen: Schält man von einem Zweig ringförmig ein Stück Rinde ab, so bleibt dieser dennoch frisch. Ein abgeschnittener Zweig, an dessen Ende man ein Stück Holz herausschneidet und die Rindenlappen in ein Gefäß mit Wasser taucht, verdorrt dagegen alsbald.

Die röhrenförmigen Zellen der Leitbündel haben, auch wenn sie nicht zum Hochleiten des Wassers taugen, dennoch eine Bedeutung: Sie leiten die in den Blättern durch Photosynthese mit Pflanzenbausteinen (z. B. Zucker) befrachtete Flüssigkeit zu den übrigen Pflanzenteilen, die diese Baustoffe für ihren Aufbau benötigen.

4 Der Transpirationssog

Das Problem ist aber damit noch nicht gelöst, denn es stellt sich noch die Frage, wie der Flüssigkeitsstrom in Gang kommt. Was ist, wenn das Mikrogewebe sich mit Wasser vollgesogen hat? Immerhin sind es beachtliche Wassermengen, die durch den Stamm eines Baumes fließen. So verbraucht z. B. eine Birke an einem Sommertag 60 – 70 Liter Wasser bei einer Strömungsgeschwindigkeit von 1,6 Meter pro Stunde.

Die Antwort ist: Der größte Teil des Wassers wird über die Blätter an die Luft abgegeben, also verdunstet. Dadurch entsteht in dem Leitungsgewebe ein Sog, den man leicht nachweisen kann. Man verbindet einen Zweig mit einem mit Wasser gefüllten Glasrohr und steckt dessen anderes Ende in ein Gefäß mit Quecksilber (Abb. 34). Nach kurzer Zeit steigt das Quecksilber in der Glasröhre an, da Wasser aus den Blättern verdunstet und dadurch in der Glasröhre ein Unterdruck entsteht. →Abb. 3

Durch den äußeren Luftdruck auf die Quecksilberoberfläche wird die Quecksilbersäule in ihr hochgedrückt. Man nennt diese Erscheinung *Transpirationssog.*

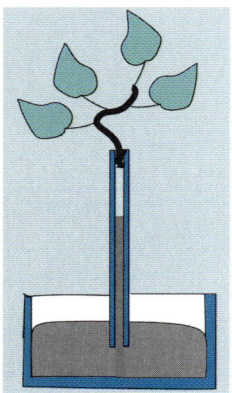

Abb. 34: Die Wasserverdunstung der Blätter saugt das Wasser hoch.

Bei dem beschriebenen Experiment kann die Quecksilbersäule nicht höher als 760 Millimeter gesogen werden, da bei dieser Höhe ihr hydrostatischer Druck gleich dem äußeren Luftdruck wird, von da ab die Quecksibersäule abreißen würde.

Bekanntlich steigt die Quecksilbersäule im Barometer bei mittlerem Luftdruck nicht höher als 760 mm; darüber bildet sich in der Glasröhre ein Vakuum. Eine Wassersäule erreicht erst bei einer Höhe von zehn Metern den Druck, bei dem sie mit dem äußeren Luftdruck im Gleichgewicht stehen und darüber abreißen würde (Barometer nach *Otto von Guericke*). Dies trifft für das Kapillargewebe in einem Baumstamm nicht zu. Die Mikrokapillaren in ihm sind so fein, daß in ihnen ein Kohäsionsdruck von mehr als 300 Atmosphären (*3000 kPa*) herrscht ($r = 10^{-7}$ *m*). Das bedeutet, daß ihre Reißfestigkeit groß genug ist, um sogar einem Höhenunterschied von 3000 Metern standzuhalten, was natürlich in der Natur niemals vorkommt.

Die Reißfestigkeit eines Wasserfadens in einer Mikrokapillare entspricht dem Kohäsionsdruck: $P_k = 2\sigma/r = 2 \cdot 0{,}073\,N/m : 10^{-7}\,m = 3 \cdot 10^6\,Pa$.

Nachdem nun geklärt ist, daß das Wasser durch Kapillarwirkung bis in die Wipfel der höchsten Bäume steigen kann, bleibt noch das Problem: Wie geht es oben weiter? Irgendwie muß ja der Wasserstrom aufrechterhalten bleiben; wo ist also der „Wasserhahn", aus dem das Wasser wieder abfließt? Ein geringer Teil des Wassers wird bei der Photosynthese des Kohlendioxids zu Zucker verbraucht, der Rest verdunstet. Dieses Verdunsten ist aber nicht so einfach, wie es sich anhört. Die Natur wendet dabei wieder phy-

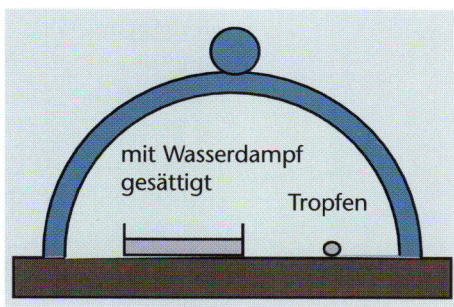

Abb. 35: Verdunstung von Wassertropfen

sikalische Gesetzmäßigkeiten an, die ans Wunderbare grenzen. Man bedenke, daß z. B. ein einziges Birkenblatt an einem Tag bis zu ½ cm³ Wasser transpiriert, auch bei feuchter Witterung.

Das Wasser tritt an den Blättern in Form von submikroskopisch kleinen Tröpfchen aus. Wir werden sehen, daß diese Winzigkeit der Tröpfchen für die Verdunstung eine wesentliche Rolle spielt. Um das zu verstehen, müssen wir noch einige physikalische Vorgänge betrachten. Am Anfang des ersten Kapitels haben wir beobachtet, daß ein kleiner Wassertropfen von einem größeren aufgesogen wird, wenn beide durch eine Wasserbrücke miteinander verbunden sind. Dieser Vorgang kann aber auch ohne diese Wasserbrücke ablaufen, wie anhand eines kleinen Experiments gezeigt werden kann.

➜ Abb. 2

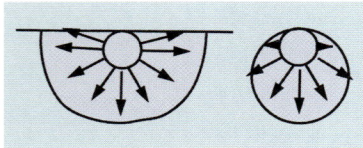

Abb. 36

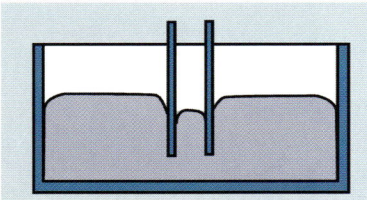

Abb. 37: Zur Berechnung des Dampfdruckes über einer gewölbten Oberfläche.

In Abb. 35 ist eine Glasglocke dargestellt, in der sich ein Schälchen mit Wasser und ein einzelner Wassertropfen befinden. Außerdem sei durch Einsprühen von Wasser dafür gesorgt, daß die Luft unter der Glocke mit Wasserdampf gesättigt ist, so daß sie keinen zusätzlichen Wasserdampf mehr aufnehmen kann. Trotzdem wird nach kurzer Zeit der Wassertropfen verschwunden sein. Wo ist er hingeraten? Wir können es feststellen, wenn wir das Experiment ohne die Wasserschale wiederholen. In diesem Fall bleibt der Tropfen liegen; er muß also im vorhergehenden Versuch irgendwie in die Wasserschale gelangt sein. Nun, der Tropfen selbst nicht, aber die entsprechende Wassermenge aus dem Wasserdampf. Der Tropfen selbst ist dafür verdunstet. Auch wenn man unter der Glasglocke keinerlei Bewegung wahrnimmt, so herrscht dort doch eine ständige Bewegung: Sowohl aus dem Wassergefäß → Abb. 3. wie auch aus der Tropfenoberfläche treten wegen der Wärmebewegung fortwährend Wassermoleküle aus und schlagen sich dort auch wieder nieder. Jedoch geht die Verdunstung des Tropfens schneller vor sich als die des Wassers aus dem Schälchen, da sich die Wassermoleküle vom Tropfen leichter lösen können als aus der ebenen Wasseroberfläche. Der Grund dafür ist die Krümmung der Tropfenoberfläche.

Man könnte nun fragen, was die Geometrie mit der Verdunstung zu tun hat. Sie hat tatsächlich damit zu tun. Die Wassermoleküle sitzen nämlich an der gekrümmten Tropfenoberfläche lockerer als an der ebenen Oberfläche. Sie werden dort von weniger Nachbarmolekülen festgehalten, wie Abb. 36 veranschaulicht. Dadurch sind auch → Abb. 3 in unmittelbarer Umgebung des Wassertropfens mehr Dampfmoleküle vorhanden als über der ebenen Fläche, der Dampfdruck ist dort größer.

Diese Überlegung gibt uns sogar die Möglichkeit, dafür eine zahlenmäßige Beziehung herzuleiten. Wir denken uns ein Glasröhrchen, → Abb. 3 das in eine Flüssigkeit eintaucht, von dieser aber nicht benetzt wird (im Fall von Wasser könnten wir uns vorstellen, daß es innen mit einer dünnen Wachsschicht präpariert ist.) Im Gegensatz zu einer benetzenden Flüssigkeit, die im Röhrchen ansteigen würde, scheut hier die Flüssigkeit die Berührung mit dem Röhrchen und weicht nach unten aus. Dabei bildet sie im Röhrchen eine halbkugelförmige

Kuppe, man könnte sie als die Hälfte eines kleinen Tropfens ansehen. Auch hier kommt man durch Gleichsetzen von Kohäsionsdruck und Gewichtsdruck auf die schon bekannte Formel für die Höhendifferenz. Wir betrachten jetzt den Dampfdruck über der Flüssigkeit. Dieser wird über der Kuppe im Röhrchen größer sein als außerhalb, da dort die Dampfschicht um die Strecke h größer ist. Ist ρ die sehr geringe Dichte des Dampfes, so läßt sich der zusätzliche Druck Δp in der Röhre berechnen (Dichte · Höhe · Erdbeschleunigung). Mit dem Ausdruck für Δh ergibt sich somit, daß der zusätzliche Dampfdruck in der Röhre umso größer ist, je kleiner ihr Innenradius ist.

Natürlich ist nicht die Röhre daran schuld, sondern die kleine Wasserkuppe, wie wir sie ja auch beim Wassertropfen haben. Obwohl bei diesem keine Röhre vorhanden ist, gilt die Formel auch für diesen Fall in der gleichen Weise. Bei genügend kleinen Tröpfchen, etwa dem Durchmesser der Mikrokapillaren, kann der Dampfdruck das Mehrfache des Dampfdruckes über einer ebenen Wasserfläche ausmachen.

> *Aus der Höhendifferenz $\Delta h = 2\sigma/g\rho_0 r$ (siehe S. 39) ergibt sich die Zunahme des Dampfdruckes $\Delta p = \rho \cdot g \cdot \Delta h = (\rho/\rho_0) \cdot (2\sigma/r)$.*
>
> *Der Dichtequotient ρ/ρ_0 von Wasserdampf und Wasser ist bei 20 °C:*
> *$\rho/\rho_0 = 17 \cdot 10^{-6}$.*
>
> *Damit ergibt sich bei einem Radius von 10^{-7} m eine Zunahme des Dampfdruckes $\Delta p = 0,15\,N/m \cdot 17 \cdot 10^{-6}/10^{-7}\,m = 25,5\,Pa$.*

Stomata – die Spaltöffnungen der Blätter

Jetzt ist nur noch der Verdunstungsmechanismus der Blätter zu klären. Die einfachste Erklärung wäre, daß die Mikrokapillaren der Zellmembranen an der Blattoberfläche enden, so daß die feinen Wassertröpfchen dort austreten und aus den Mikrokapillaren verdunsten können. Das kommt tatsächlich in geringem Maße vor, obwohl die Blätter mit einer Schutzschicht, der *Kutikula*, versehen sind, die weitgehend wasserundurchlässig ist. Aber die Natur hat sich eine wesentlich effektivere Methode einfallen lassen, wie wir sehen werden.

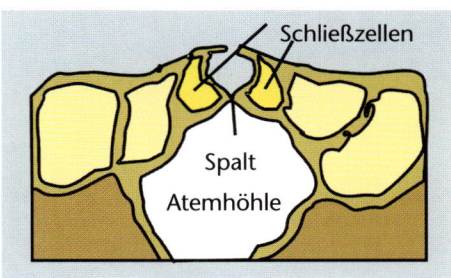

Abb. 38

An der Oberfläche der Blätter befinden sich die Atmungsorgane der Pflanze, mit denen diese das Kohlendioxid aus der Luft aufnimmt und den Sauerstoff, der bei der Photosynthese frei wird, abgibt. Es sind diese winzig kleine Spaltöffnungen, die *Stomata*.

45

Auf einem Quadratmillimeter befinden sich 100 bis 500 dieser Zell-
systeme (Abb. 38). Die Atmung ist aber nur eine ihrer Aufgaben, eine   → Abb. 38
zweite wichtige Funktion ist Abgabe des Wassers nach außen.

Abb. 38 zeigt den prinzipiellen Aufbau dieser Spaltöffnungen. Die   → Abb. 38
Mikrokapillaren münden in die Atemhöhle und füllen diese wegen
der raschen Verdunstung der Tröpfchen schnell mit Wasserdampf.

Haben die Schließzellen die Spalte geöffnet, so wird der Wasserdampf zusammen mit dem bei der Photosynthese entstandenen
Sauerstoff nach außen befördert. Die Pflanze hat so im Ruhezustand
oder bei großer Trockenheit die Möglichkeit, die Wasserabgabe zu
drosseln.

Würden die Mikrokapillaren direkt an der Blattoberfläche enden, so
könnte die Pflanze ihren Wasserhaushalt nicht kontrollieren und
würde bei Wassermangel schnell austrocknen. Auch nachts können
sich die Spalten schließen oder auch bei einzelnen Blättern, die in den
Mittagsstunden starker Sonnenbestrahlung ausgesetzt sind.

Wie leistungsfähig dieses Verdunstungssystem ist, erkennt man daraus, daß die Summe aller geöffneten Spalte nur etwa ein bis zwei
Prozent der gesamten Blattfläche ausmacht; trotzdem geben sie zusammen 50 bis 70 Prozent der Wassermenge ab, die eine ebene Wasserfläche von der Größe eines Blattes abgeben würde.

Fast alles dreht sich nach links

Dieser Baum fällt sofort ins Auge, durch die eigenartige Schraubenstruktur auf seiner Stammoberfläche. Bei einem Baum ist dies außergewöhnlich, aber bei anderen Pflanzen – und auch Tieren – ist diese Struktur weit verbreitet.

Schauen wir uns Kletterpflanzen an, die auch in schraubenförmigen Windungen sich an anderen Pflanzen oder an sich selbst hochranken. Oder Schnecken, die ihr Gehäuse schraubenförmig bauen, die Weite der Spiralen immer dem Wachstum des Tieres entsprechend.

Die Spiralstruktur an sich ist noch nichts Besonderes und gibt uns noch kaum Anlaß, die Physik damit ins Spiel zu bringen, wenn da nicht etwas wäre, das uns zu denken gibt: Die meisten Spiralen drehen sich linksherum. Linksherum, das bedeutet, daß sie sich im Laufe ihres Wachstums entgegen dem Uhrzeigersinn orientieren.

Ehe wir uns genauer damit beschäftigen, wollen wir festlegen, was wir unter Linksdrehung bzw. Rechtsdrehung verstehen. Von einem einfach rotierendem Rad läßt sich nicht sagen, ob es sich linksherum oder rechtsherum dreht, denn das hängt davon ab, von welcher Seite wir es betrachten. Die Räder eines Fahrrads drehen sich beim Vorwärtsfahren im Uhrzeigersinn, wenn man von rechts daraufschaut, und entgegen dem Uhrzeigersinn, wenn man sie von links sieht. Bei einem Schlittschuhläufer, der auf dem Eis eine Pirouette dreht, kann man dagegen eindeutig sagen, er dreht sich linksherum oder rechtsherum. Den sieht man ja nur von einer Seite, von oberhalb der Eisfläche. Aber ein Turner, der bei seiner Bodenübung einen Doppelsalto vorwärts dreht, dreht er sich links- oder rechtsherum? Die Zuschauer auf der einen Seite sehen es so, die auf der andern Seite anders. Man spricht deshalb hier von einem Vorwärts- oder Rückwärtssalto.

Diese Schwierigkeiten der Definition der Drehrichtung haben wir bei schraubenförmigen Strukturen nicht, denn hier kommt, um es mathematisch auszudrücken, zur Drehung noch eine Translation hinzu. Gleichgültig, ob wir den Baum im Foto von unten nach oben oder von oben nach unten betrachten, es ist immer eine Linksdre-

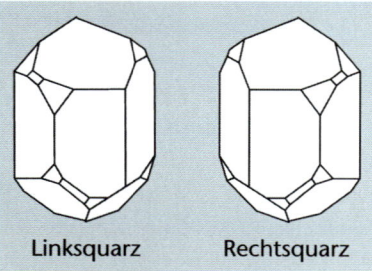

Linksquarz   Rechtsquarz

Abb. 39: Die beiden Quarzkristalle entsprechen sich spiegelbildlich. Entsprechend sind auch ihre optischen Eigenschaften: Eine Scheibe, die senkrecht zu den Seitenflächen herausgeschnitten wird, dreht einen Strahl polarisierten Lichtes links- bzw. rechtsherum.

hung. Man kann auch ein Schneckenhaus in die Hand nehmen und drehen und wenden wie man will, die Drehung ist immer dem Uhrzeigersinn entgegengesetzt. Die Schrauben, die man in der Technik benutzt, haben gewöhnlich eine Linkswindung. Dennoch wird diese als Rechtsgewinde bezeichnet, weil man rechtsherum drehen muß, um sie einzuschrauben. Schlingpflanzen können sich links- oder rechtsherum drehen, je nachdem, ob sie sich gegen oder im Uhrzeigersinn winden. Man spricht von einer Links- oder Rechtsschraube. Knöterich und Geißblatt winden sich rechtsherum, die meisten Schlingpflanzen, wie Winde, Erbse, Bohne und die Ranken des Weinstocks (Foto S. 52), sind jedoch linkswindend. Auch bei Pflanzen, die wie → S. 52 Sonnenblume oder Tannenzapfen die Spiralstruktur von Samen oder Blättern in beiden Richtungen zeigen, liegt eine Linksschraube in der Samen- oder Blätterfolge zugrunde (siehe Seite 33). Auch im Tier- → S. 33 reich herrscht diese Tendenz vor; betrachten wir nur die Schnecken: Soweit sie Gehäuse tragen, sind diese fast ausnahmslos linksherum gewunden.

Es gibt nur wenige Ausnahmen davon, aber immerhin gibt es sie. Besonders interessant ist das Verhalten von Spinnen beim Bau des Netzes: Von der Spinne aus gesehen spinnt sie die Hilfsfäden in einer Linksspirale von innen nach außen und naturgemäß die Fangfäden ebenfalls, aber von außen nach innen (siehe Kapitel Spinnennetz S. 11). → S. 11

Damit sind wir bei der Bevorzugung der Linksbewegung, die auch uns Menschen eigentümlich ist: Beim Sport werden die Rennbahnen gewöhnlich linksherum gelaufen, sei es in der Leichtathletik oder beim Eisschnellauf. Dies läßt sich vielleicht darauf zurückführen, daß die meisten Menschen Rechtshänder sind; in Urzeiten hatten die Jäger ihre Waffe (Speer) in der rechten Hand, und so war es zweckmäßig, das Wild linksherum anzuschleichen.

Was hat das aber alles mit Physik zu tun? Auch in der Physik tritt diese Händigkeit auf. Es gibt Stoffe (Moleküle oder Kristalle), die chemisch völlig gleich aufgebaut sind, nur sind sie zueinander spiegelbildlich wie linke und rechte Hand. Man hat das aufgrund ihres unterschiedlichen Verhaltens gegenüber Licht erkannt. Licht ist eine elektromagnetische Welle, die von der Lichtquelle wie die Radiowel-

48

→ Abb. 40
len von einer Antenne ausgestrahlt werden (Abb. 40). Bei letzteren
ist das elektrische Feld der Welle parallel zur Antenne, also senkrecht
zur Ausbreitungsrichtung orientiert. Das Gleiche gilt für Lichtwellen,
nur sind da alle Richtungen senkrecht zur Ausbreitungsrichtung vor-
→ Abb. 40b
handen (Abb. 40b).

Nun kann man aber Licht polarisieren, d. h. aus allen diesen Schwingungsrichtungen des elektrischen Feldes eine einzige herausfiltern:
Das Licht schwingt dann in einer Ebene, es ist dann *linear polarisiert*.
Mit manchen Sonnenbrillen ist das z. B. möglich. Strahlt man solches
Licht z. B. durch einen Quarzkristall, so wird diese Polarisationsebene
gedreht, und zwar gibt es Kristalle, die sie linksherum drehen und solche, die sie rechtsherum drehen. Man spricht dann von „Linksquarz"
bzw. von „Rechtsquarz". Rein äußerlich kann man diese Quarzkristalle unterscheiden, denn sie sind spiegel-
→ Abb. 39
bildlich zueinander (Abb. 39).

Es gibt zahlreiche Stoffe, auch Flüssigkeiten, mit dieser Eigenschaft; sehr
bekannt ist die Milchsäure, die in diesen beiden Modifikationen vorkommt.
So wird Joghurt mit rechtsdrehender
Milchsäure eine gewisse Heilkraft zu-
geschrieben. Die linksdrehende Milchsäure tritt als Stoffwechselprodukt im
menschlichen Körper auf und kann
zu einer Übersäuerung des Blutes führen.

Dies alles ist es aber noch nicht, was
die „Händigkeit" für den Physiker interessant macht. Es sind vielmehr Erkenntnisse aus der Physik der Elementarteilchen, die unter dem Schlagwort

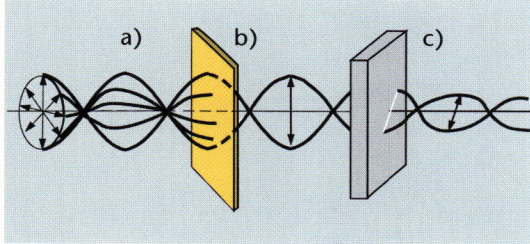

Abb. 40: Gewöhnliches Licht ist eine elektromagnetische Welle, deren elektrische und magnetische Feldvektoren in alle Richtungen senkrecht zur Ausbreitungsrichtung schwingen (a).
Ein Polarisationsfilter läßt nur Wellen einer
Schwingungsrichtung hindurch (b).
Diese Schwingungsrichtung kann durch einen
optisch „aktiven" Körper verändert werden (c).

„Sturz der Parität" bekannt wurden. Unter „Parität" verstehen die
theoretischen Physiker eine Eigenschaft der Elementarteilchen, bei
bestimmten mathematischen Operationen in ihr Spiegelbild über-
zugehen oder nicht. Man sprach dann von einer geraden bzw. einer
ungeraden Parität. Beim Zerfall und anderen Umwandlungen von
Elementarteilchen, so war man der Ansicht, bleibt die Parität stets erhalten. Dies ist aber gleichbedeutend mit der Aussage: Elementarteilchen sind nicht „händig". Nun trat aber ein Problem auf: K-Mesonen
sind Elementarteilchen mit etwa der 1000fachen Masse eines Elektrons; sie entstehen z. B. beim Zerfall von Uran 231 oder Polonium

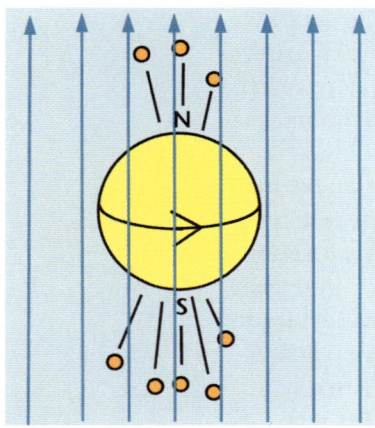

Abb. 41

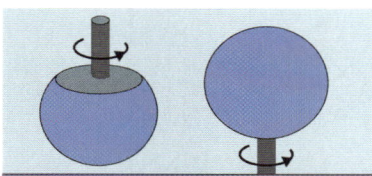

Abb. 42: Wird der Kreisel mit dem Stiel nach oben angedreht, so stellt er sich nach kurzer Zeit auf den Stiel und rotiert im gleichen Drehsinn (Pfeil) weiter.
Er läßt sich dann nicht mehr durch Verschiebungen und Drehungen in die Ausgangslage bringen. Seine Parität ist also –1.

und haben eine Lebensdauer von durchschnittlich zehn bis acht Sekunden. Das Eigenartige ist, daß die K-Mesonen manchmal in zwei und manchmal in drei Bruchstücke (Pi-Mesonen) zerfallen, so daß man annehmen konnte, daß es verschiedene Arten von K-Mesonen gibt. Die andere Möglichkeit wäre gewesen, daß hier die Parität nicht erhalten bleibt.

Man wußte, daß sie bei der starken Wechselwirkung – das ist die Kraft, die den Atomkern zusammenhält – erhalten bleibt. Für die hier vorliegende schwache Wechselwirkung war dies als selbstverständlich angesehen und nicht untersucht worden.

Da schlugen 1956 zwei amerikanische Physiker chinesischer Abstammung, *Lee* und *Yung*, Experimente vor, wie man das untersuchen könnte, und eine Physikerin gleicher Abstammung, Frau *Wu*, führte ein Experiment aus: Cobalt 60 ist eine radioaktives Element, das Elektronen emittiert. Zu untersuchen, ob es für diese Elektronenstrahlen eine Vorzugsrichtung gibt, darauf war bis dahin noch niemand gekommen. Um das zu ermitteln, müssen also die Atomkerne gleichgerichtet werden. Die Atomkerne sind kleine Magnete, die wie eine Kompaßnadel sich in einem Magnetfeld ausrichten. Allerdings werden sie durch die Wärmebewegung dauernd durcheinandergeschüttelt; es war daher notwendig, sie bis fast auf den absoluten Nullpunkt (–273 °C) abzukühlen. Die Elektronen wurden nun nur noch in zwei Richtungen ausgestrahlt, nämlich in die beiden Richtungen der magnetischen Achse der Atomkerne (Abb. 41). Das Gesetz von der Erhaltung der Parität →Abb. 41

hätte nun gefordert, daß die Zahl der in beide Richtungen ausgestrahlten Elektronen gleich gewesen wäre. Das Experiment zeigte es aber anders: Die Zahl der am „Südpol" der Atome abgestrahlten Elektronen war deutlich größer als die, die in der entgegengesetzten Richtung registriert wurden. Da sich Nord- und Südpol des Atomkerns aus seiner Rotation deuten läßt, ist damit gezeigt, daß auch im Bereich der Elementarteilchen eine „Händigkeit" existiert, daß die Welt also auch im Kleinen nicht völlig symmetrisch ist.

Damit ist aber nicht gesagt, daß die Händigkeit in der Pflanzen- und Tierwelt damit etwas zu tun hat. Das Bedeutsame am Ergebnis dieses

Experiments ist, daß es jetzt erstmals möglich wurde, objektiv Nord- und Südpol eines Magneten, und damit, z. B. aus der Ablenkung einer Magnetnadel, links und rechts zu definieren.

Was ist Parität?

Elementarteilchen kann man mathematisch durch eine Funktion, die sogenannte Wellenfunktion F, beschreiben. Diese Funktion hängt außer von der Zeit von den drei Raumkoordinaten x, y und z ab. Man drückt dies so aus: $\Phi(x, y, z)$. Ändert man das Vorzeichen einer (oder mehrerer) dieser Koordinaten, setzt z. B. $-x$ an Stelle von x, so kann das für Φ ohne Einfluß sein, es kann aber auch das Vorzeichen von Φ ändern, es ist also entweder

$$\Phi(-x, y, z) = \Phi(x, y, z), \text{ oder}$$
$$\Phi(-x, y, z) = -\Phi(x, y, z).$$

Je nachdem, ob das erste oder das zweite erfüllt ist, sagt man, die Parität des Elementarteilchens ist gerade oder ungerade. Oder durch eine Quantenzahl ausgedrückt: Die Parität hat den Wert +1 oder –1.

Wir können uns den Begriff der Parität anhand eines kleinen Spielzeugkreisels verdeutlichen, der sich auf den Kopf stellt, wenn man ihn andreht (Abb. 42)*.

→ Abb. 42

Frage: Wie dreht sich dieser Stehauf-Kreisel nach diesem Umdrehen: In die gleiche Richtung wie vorher oder entgegengesetzt – vom Betrachter aus gesehen? Im ersten Fall würde er sich vom Kreisel aus gesehen in entgegengesetzter Richtung drehen, und man könnte ihn durch Drehen und Verschieben nicht mehr mit der ursprünglichen Lage zur Deckung bringen. Seine Parität wäre ungerade; im zweiten Fall wäre sie gerade (+1). Nun, sie ist, wie der Versuch zeigt, ungerade (– 1), d. h. er hat vom Beobachter aus gesehen die Drehrichtung beibehalten. Elementarteilchen können durch radioaktive Prozesse in andere Elementarteilchen zerfallen. Untersucht man deren Parität, so gibt es, wenn es z. B. zwei Bruchstücke gibt, drei Möglichkeiten: Beide Bruchstücke können die Parität +1 haben, oder beide haben – 1 oder eines der Bruchstücke hat +1, das andere –1.

In den beiden ersten Fällen ist die Gesamtparität des Endzustandes +1; es werden nämlich die Paritäten der beiden Bruchstücke multi-

---

* Näheres dazu in *J. Wittmann*, Trickkiste 1,
Bayrischer Schulbuchverlag

pliziert und es ist sowohl $(+1) \cdot (+1) = +1$, als auch $(-1) \cdot (-1) = +1$. Hat aber eines der Teilchen die Parität +1 und das andere die Parität −1, so ist die Gesamtparität −1, da $(+1) \cdot (-1) = -1$.

Das bedeutet nun: War die Parität des Ausgangsteilchens +1 und haben die Bruchstücke gleiche Parität, so wurde die Parität erhalten; haben sie aber verschiedene Parität, so wurde die Parität nicht erhalten. Das gleiche ist der Fall, wenn die Parität des Ausgangsteilchens − 1 war und die beiden Bruckstücke gleiche Parität haben.

Es gibt Pflanzen, deren Ranken sich gleichzeitig links- und rechtsherum drehen. Eine Kürbisart, die sich gerne hochrankt, benutzt dies, um sich selbst hochzuziehen. Ihre Ranke wächst zunächst gerade bis auf eine Länge von etwa 15 cm und sucht dabei durch Herumtasten irgendwo Halt zu finden. Hat sie einen geeigneten Zweig ertastet, so schlingt sie sich um diesen, bis sie sich mit etwa zwei Windungen fest an ihm verankert hat.

Nun beginnt das Hochziehen: Die Ranke knickt etwa in der Mitte ein und diese Einknickstelle beginnt sich (nun um eine gedachte Achse entlang der ursprünglich geraden Ranke) zu drehen. So wickelt sich die Ranke von beiden Seiten her zu je einer Schraube auf. Auf der einen Seite entsteht so eine Linksschraube, auf der anderen eine Rechtsschraube. Dadurch wird natürlich die Pflanze zum Ankerpunkt hingezogen; die Kraft, mit der diese Ranke ziehen kann, ist beträchtlich, und es können sogar schwere Kürbisse mit hochgezogen werden.

Die Fotos zeigen, wie die Kürbisranken zu zwei gegensinnigen Windungen kommen: Die zunächst gerade Ranke sucht zuerst Halt und verkürzt sich dann, indem sie sich von der Mitte her zu zwei gegensinnigen Schraubenwindungen aufwickelt.

Was leuchtet da aus der Höhle?

Ja, was leuchtet da? Ein grünes Leuchten im Höhlenhintergrund über eine Fläche von mehr als einem Quadratmeter. Geht man in die Höhle, so findet man nichts anderes als mit Moos bewachsene Steine, aber dieses Moos scheint zu leuchten. Versperrt man den Höhleneingang, so daß kein Licht mehr hineinfällt, so verschwindet dieses Leuchten. Daraus kann ich schließen, daß das Moos nicht selbst leuchtet, sondern wie ein Fahrradrückstrahler das einfallende Licht reflektiert.

Aber wie vollbringt des Moos dies?

Moose sind Pflanzen, und wie fast alle Pflanzen brauchen sie zum Leben Licht. Das von der Pflanze aus der Luft aufgenommene Kohlendioxid wird, zusammen mit Wasser, mit Hilfe des Lichtes in Zucker und Stärke umgewandelt; man nennt diesen Vorgang *Photosynthese.* Zwar vermehren sich Moose nicht wie gewöhnliche Pflanzen durch Samen, sie sind vielmehr wie die Pilze und Farne Sporengewächse. Aus den Sporen, die sie zu ihrer Fortpflanzung bilden, wachsen zunächst die Vorkeime (Gametophyten), die

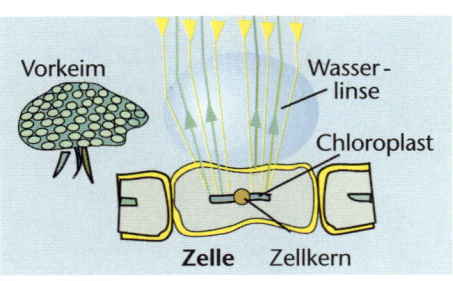

Abb. 43: Die Zellen der Vorkeimblättchen haben an der dem Licht zugewandten Seite eine „Linse", die mit Wasser gefüllt das Licht auf die Chloroplasten sammelt.

auch schon eine Art kleine Pflänzchen sind, kleine Blättchen mit Blattgrün, was darauf hinweist, daß auch in ihnen Photosyntese stattfindet. Das Licht in der Höhle ist sehr spärlich, also muß das Moos sehr sparsam damit umgehen. Die Zentren der Photosyntese, die Chloroplasten, sind in den Zellen und daher auf den Vorkeimen auf einzelne Punkte konzentriert (Abb. 43). In den Chloroplasten befinden sich die Chlorophyllmoleküle, die Licht absorbieren und die aufgenommene Energie zur Photosynthese, d. h. zur Bildung von Kohlehydraten (Glucose) aus Kohlendioxid und Wasser benutzen. Damit nun von dem einfallenden schwachen Licht möglichst viel auf die Chloroplasten der Vorkeim-Zellen fällt, haben diese ein optisches System installiert, das das Licht auf die wirksame Stelle konzentriert: Jede Zelle besitzt in Richtung zum einfallenden Licht eine mit Wasser gefüllte Ausbuchtung, die als Linse wirkt und wie eine Schusterkugel das Licht auf den Chloroplasten sammelt.

→Abb. 4∶

Warum leuchtet uns aber *grünes* Licht entgegen?

Chlorophyll kann nicht alle Lichtquanten in gleicher Weise absorbieren. Die Absorption geht so vor sich, daß ein Lichtquant jeweils

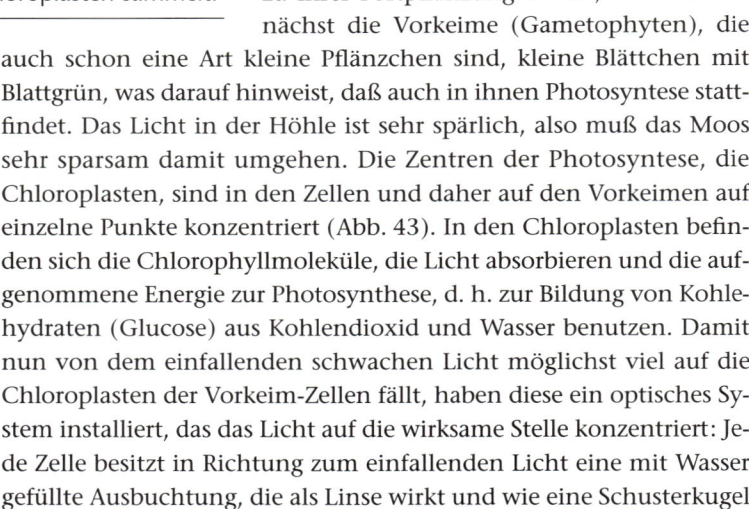

54

seine Energie an ein Elektron des Chloropylls abgibt. Aber diese Elektronen können nur ganz bestimmte Energieportionen (Quanten) aufnehmen und zwar bevorzugt die, die dem roten (orangen) und dem blauen (violetten) Licht entsprechen. Das grüne Licht ist für sie unbrauchbar, wie die Absorptionskurve (Abb. 44) zeigt. So kommt es, daß alle Farben des Lichtes absorbiert werden, mit Ausnahme von Grün.

→ Abb. 45

→ Abb. 44

Auch das Grün der Blätter von Bäumen und Sträuchern beruht auf dieser Eigenschaft des Chlorophylls. Das grüne Licht wird zurückgestrahlt, und zwar, wieder von den Wassertropfen-Linsen gebündelt, in die Richtung, aus der es gekommen ist (Abb. 43). Deswegen leuchtet es uns aus der Höhle grün entgegen.

→ Abb. 43

Da dieses Moos sehr kalkempfindlich ist, finden wir es z. B. in den bayerischen Alpen oder im Jura nicht; dagegen ist es im Bayerischen Wald, z. B. im Arbergebiet anzutreffen.

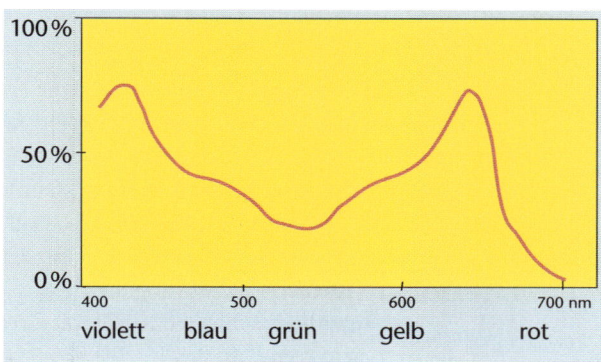

Abb. 44: Absorptionskurve von Chlorophyll; dieses absorbiert bis zu 70 % des blauen und roten Lichtes, dagegen nur etwa 20 % des grünen Lichtes.

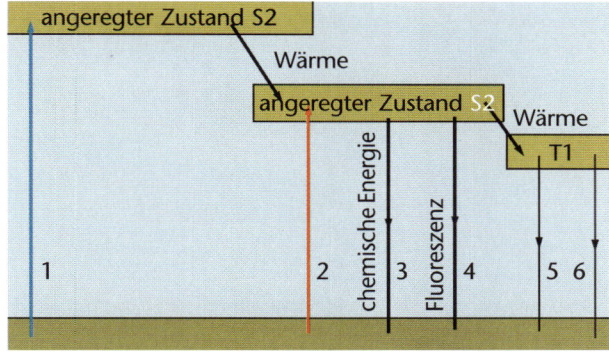

Abb. 45: Anregungsschema eines Chlorophyllmoleküls: Ein Lichtquant (1 blau; 2 rot) wird von dem Molekül absorbiert; dieses geht dabei in einen höheren Energiezustand über (S2 bzw. S1).

In diesem Zustand bleibt es nur kurze Zeit (10^{-12} bzw. 10^{-9} s) und gibt dann die Energie wieder ab. Aus dem Zustand S2 geht es unter Abgabe von Wärme zuerst in den Zustand S1 über, von dort in den Grundzustand, wobei die freiwerdende Energie entweder zur Photosynthese (3) verwendet oder wieder als Lichtquant ausgestrahlt wird (4).

Auch ein weiterer Zwischenzustand T1 ist möglich.

Windbruch

Ein schweres Sturmunwetter ist über das Land hinweggefegt und hat zahllose Bäume entwurzelt; fast ganze Wälder umgelegt wurden. Auf unserem Streifzug durch die Landschaft beobachten wir, daß es eigenartigerweise gerade die Bäume am Waldrand, die also dem Sturm am meisten ausgesetzt waren, sind, die dem Sturm getrotzt haben und stehengeblieben sind. Auch einzeln stehende Bäume wurden nicht in Mitleidenschaft gezogen.

Eigentlich scheint das kein physikalisches Problem zu sein, aber doch kann man überlegen, wie ein Statiker wohl vorgehen würde, wenn er sturmresistente Bäume entwerfen sollte. Die Mittel der Statik sind bekanntlich Verspannungen (a) und Verstrebungen (b), ein breites Fundament (c) und eine tiefe Verankerung in der Erde (d).

In Abb. 46 sind diese Möglichkeiten, die natürlich auch kombiniert angewandt werden können, dargestellt. Der Fall a) scheint zunächst für Bäume auszuscheiden, wenn man davon absieht, daß manchmal Schlingpflanzen, wie Waldreben, eine solche Funktion haben können.

Manche Baumarten haben ein

→Abb. 46

Abb. 46: Verschiedene Möglichkeiten, die Standfestigkeit zu gewährleisten.

sehr breites Wurzelwerk, so daß für sie der Fall c) in Frage kommt. Ob Bäume solche Wurzeln bilden, hängt jedoch sehr von der Art des Baumes und von der Art des Untergrundes ab, kaum aber von seinem Standort in oder am Wald. Das Gleiche gilt für eine tiefreichende Pfahlwurzel, entsprechend dem Fall d). Der Fall b) scheint dagegen von der Natur nicht vorgesehen zu sein; und doch, wie das Foto rechts zeigt, können Bäume eine solche Stütze sogenannte *Leewurzeln* ausbilden (oberes Foto). Solche weitausgreifenden Wurzelansätze findet man gewöhnlich bei Bäumen im Innern eines Waldes nicht; sie sind dagegen sehr häufig bei allein stehenden Bäumen und bei Bäumen an Waldrändern anzutreffen, dort, wo gewöhnlich die starken Stürme den Waldrand treffen. Offensichtlich haben sich diese Bäume, die ja besonders dem Wind ausgesetzt sind, diesen Schutz gegen Entwurzeln selbst geschaffen, indem durch diese dauernden Reizungen das Zellwachstum auf der Leeseite des Stammes besonders angeregt wurde. Bei einer in etwa Kopfhöhe geknickten Fichte fällt eine Holzleiste auf, die von einem Tischler nicht besser zurechtgeschnitten sein könnte: etwa eineinhalb Meter lang, vier Zentimeter breit und vier Millimeter dick; sie scheint glatt aus dem Stamm herausgesplittert. Bei genauerer Untersuchung

findet man, daß sie von einem Wurzelansatz ausgegangen war, einer sehr schmalen, fast brettartigen Wurzel. Solche *Brettwurzeln* findet man häufig auf der Luvseite von Baumstämmen (unteres Foto).

Das Institut für Materialforschung am Kernforschungszentrum Karlsruhe hat sich dieser eigenartigen Erscheinung angenommen und ist mit Hilfe von Computersimulationen zu recht interessanten Ergebnissen gekommen. Zunächst hat sich gezeigt, daß in diesen Brettwurzeln bei sehr starkem Winddruck Kräfte auftreten, durch die Teile des Holzes vom Stamm absplittern. Diese abgesplitterte Holz „leiste" wird nun auf Zug belastet und wirkt daher wie eine Seilverspannung (Abb. 47).

Abb. 47

Der Baum kann natürlich trotzdem noch vom Wind gefällt werden: Entweder er wird entwurzelt oder er wird über der oberen Ansatzstelle der Absplitterung geknickt. Diese beiden Sturmschäden sind aber die häufigsten, ersteres tritt besonders oft bei den flachwurzelnden Fichten auf.

Nun kann man sich auch denken, auf welche Weise ein Baum diese Brettwurzel ausbildet. Wahrscheinlich ist es so, daß sich im Baum im Laufe seines Wachstums durch Stürme und die dadurch hervorgerufenen Verbiegungen auf der Wetterseite seines Stammes feine Holzfasern unter der Rinde ablösen werden. Dies wird dann durch natürliche Reparaturvorgänge ausgeheilt, indem sich zur Verstärkung der Schwachstelle neues Holz bildet. Auf diese Weise bildet sich nach und nach dieser schmale, brettartige Wurzelansatz.

Betrachten wir die Kräfte, die in einem Baumstamm (oder allgemein in einem Holzbalken) auftreten, wenn von außen eine Biegekraft wirkt! In Abb. 48 ist gezeigt, daß auf der einen Seite des Balkens, beim →Abb. 4 Baumstamm ist es die windzugewandte Seite (Luv), eine Zugspannung, auf der anderen Seite (Lee) ein Druck auftritt. Das Zellgefüge des Holzes ist auf Zug wesentlich widerstandsfähiger als auf Druck, da die dünnen Zellwände leichter knicken als reißen können. Die Zugfestigkeit ist etwa dreimal so groß wie die Druckfestigkeit. Bäume müßten deshalb sehr leicht einknicken, wenn die Natur nicht dagegen ein Mittel gefunden hätte. Während des Zellwachstums entsteht in den äußeren Schichten des Stammes eine Zug-Vorspannung von etwa 27 N/mm². Dadurch setzt die Druckbelastung auf der Luvseite erst ab einer bestimmten Biegung des Stammes ein. Da das Holz eine Zugspannung bis zu 50 N/mm² aushält, wird seine Biegefestigkeit durch diese Vorspannung auf das bis zu Eineinhalbfache erhöht.

Die Wissenschaftler in Karlsruhe haben sich natürlich nicht mit diesen Erkenntnissen abgefunden, sondern auch Vorschläge gemacht, wie die Widerstandsfähigkeit der Bäume gegen Windbruch gestärkt werden kann. Zur besseren Verankerung der Bäume

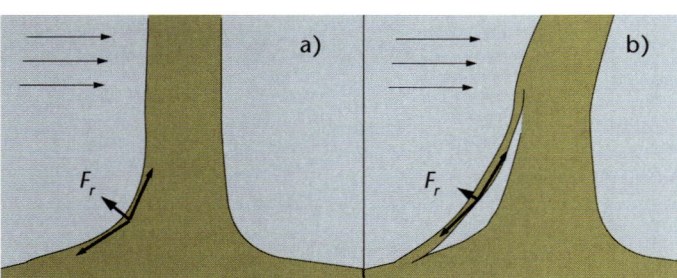

Abb. 47: Bäume, die von Jugend auf starken Stürmen ausgesetzt sind, bilden auf der Luvseite sogenannte Windbretter; eine Zugspannung an beiden Enden kann eine Holzleiste zum Abreißen vom Stamm bringen.
Diese wirkt nun wie eine Verspannung.

im Boden schlagen sie vor, die Ausbildung von Randwurzeln, speziell der Brettwurzeln zu fördern, indem beim Pflanzen der jungen Bäume das Wachstum der Mittenwurzeln behindert wird, z. B. durch Anbringen von Drahtringen um diese Wurzeln oder durch Unterlegen einer Platte aus Preßspan unter die Mittenwurzel, die dann im Laufe der Jahre verrottet.

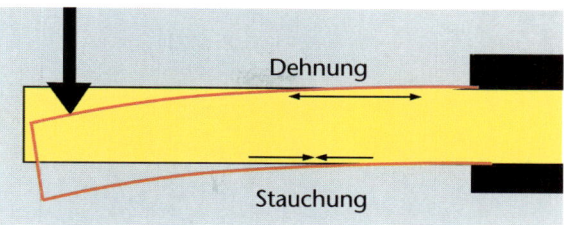

Abb. 48: Bei der Biegung eines Balkens tritt auf der konvexen Seite eine Zugspannung, auf der konkaven Seite ein Druck auf.

Beobachtungen am Ufer

Sprünge über das Wasser

Es ist ein großer Spaß für jung und alt, flache Kiesel mit gekonntem Wurf über das Wasser hüpfen zu lassen. Da es nicht immer gelingt, scheinen dabei einige physikalische Bedingungen vorhanden zu sein, die nicht immer erfüllt sind. Der Stein muß, wie schon erwähnt, flachgeschliffen sein, und er muß, wie jeder weiß, der diese Kunst schon einmal versucht hat, so geworfen werden, daß die abgeflachten Seiten parallel sind zur Wasseroberfläche. Sie müssen nicht nur beim Abwurf parallel dazu sein, sondern auch während des Fluges parallel dazu bleiben.

Wenn man einen solchen Stein einfach fallen läßt, so bleibt er nicht in dieser Lage, sondern wird, wenn die Fallstrecke groß genug ist, zu torkeln beginnen und sich überschlagen. Es ist also noch etwas notwendig, da wir beim Abwurf beachten müssen: Wir müssen den Stein in Rotation um eine lotrechte Achse versetzen (Abb. 49). Das geschieht da-

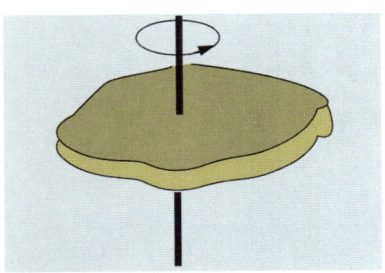

Abb. 49: Der Stein dreht sich wie ein Kreisel und behält dadurch seine horizontale Lage.

→Abb. 4

durch, daß man im Augenblick des Abwurfes mit dem Zeigefinger auf den Stein noch einen Druck ausübt, durch den er diese zusätzliche Bewegung bekommt. Ein in Drehung versetzter Körper besitzt einen sogenannten Drehimpuls, für den ebenso wie für eine geradlinige Bewegung ein Erhaltungssatz gilt: Solange keine die Bewegung störende Kraft auf den Körper wirkt, bleibt die Bewegung unverändert. Für die Drehbewegung unseres Kieselsteines bedeutet dies, daß nicht nur die Drehgeschwindigkeit sich nicht ändert, sondern auch die Rotationsachse ihre Lage beibehält. Vom Kreisel ist uns diese Erscheinung wohlvertraut, obwohl dieser allmählich zu torkeln beginnt und schließlich umfällt; hier wirken ja noch sein Gewicht, also die Schwerkraft, und die Reibung, die die Rotation stören. Beim Kieselstein bewirkt also die Rotation um eine senkrechte Achse, daß er nicht torkelt, sondern flach auf die Wasserfläche aufsetzt.

Nun ist aber der Kieselstein kein Gummiball und die Wasseroberfläche kein fester Fußboden; d. h. er springt nicht wie ein Ball zurück, sondern die physikalischen Vorgänge sind hier ganz andere.

→ Abb. 50

Sobald der Stein auf die Wasseroberfläche aufsetzt, schiebt er ein kleine „Bugwelle" vor sich her (Abb. 50). Wegen seiner Rotation taucht er aber nicht in sie ein, sondern gleitet an ihr hoch und macht wie an einer Sprungschanze einen Sprung über sie hinweg. Das Gleiche vollführt er noch mehrmals, wobei er durch Reibung jedesmal Energie verliert, so daß seine Sprünge immer kürzer wer-

Abb. 50: Der Stein schiebt eine „Bugwelle" vor sich her, über die er dann wie über eine Sprung-schanze hinwegspringt.

den. Schließlich ist seine Geschwindigkeit so gering, daß er die Bug-welle nicht mehr einholen kann, und er versinkt im Wasser.

Dieser Effekt wird auch genutzt, wenn ein Raumschiff wieder in die Erdatmosphäre eintritt. Bei direktem Eintritt würde es sich so stark er-hitzen, daß es wie eine Sternschnuppe verglühen würde. Deshalb läßt man es in flachem Winkel in die Lufthülle der Erde eintreten, damit es wie der über das Wasser hopsende Stein allmählich an Geschwin-digkeit verliert. Es kann dann bei jedem Sprung durch Wärmeab-strahlung wieder etwas abkühlen, so daß die Erhitzung in Grenzen gehalten wird.

Wasserschießen

Wirft man einen runden, kugelförmigen Stein flach gegen die Wasseroberfläche, so gelingt es kaum jemals, ihn wie den flachen Stein zum Springen zu bringen. Und trotzdem gibt es einen Effekt, nach dem auch eine Kugel an der Wasseroberfläche „reflektiert" wird. In der äußersten Südost-Ecke des Salzburger Landes, im Lungau, erhebt sich nahe der Ortschaft Tamsweg der Berg Preber, an dessen Fuß ein kleiner See, der Prebersee, liegt. An ihm findet jedes Jahr im August das sogenannte Preberschießen statt. Die Schützen müssen dabei über den See hinweg (Entfernung 120 Meter) die Scheibe treffen; sie dürfen aber nicht direkt auf sie zielen, sondern es muß auf das Spiegelbild der sich im See spiegelnden Schießscheibe gezielt werden (Foto). Das Geschoß wird bei dieser Art des Zielens genau so sicher ins Ziel gelenkt, wie wenn man direkt darauf schießen würde. Man erklärt dies dort so, daß das Geschoß – wie die Lichtstrahlen – an der Wasseroberoberfläche reflektiert wird; nach dem Reflexionsgesetz muß es dann ins Ziel treffen. Es sieht auch zunächst so aus, als würde das Geschoß die gleiche Wirkung erfahren wie der flache Kieselstein.
Genaue Untersuchungen wurden von *Ramsauer* in Danzig durchgeführt; sie haben aber gezeigt, daß die physikalischen Vorgänge dabei ganz andere sind. Das Überraschende dieser Untersuchungen war, daß das Geschoß nicht nur die Wasseroberfläche streift und an ihr

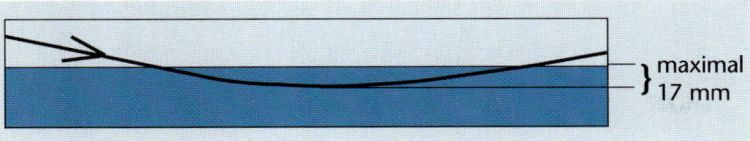

Abb. 51: Flug- (gleich Tauch-) Bahn des Geschosses unter Wasser.
Das Geschoß wird nicht an der Wasseroberfläche reflektiert, sondern
taucht in das Wasser ein.

abprallt, sondern in das Wasser eindringt und erst unter der Wasseroberfläche seine Richtung ändert.

Um diesen Effekt hervorzurufen, darf
der Winkel, unter dem das Geschoß
(es war bei den Untersuchungen von
Ramsauer eine Kugel von elf mm
Durchmesser) auf die Wasseroberfläche trifft, höchstens 6,5° sein; ist er
größer, so wird das Geschoß nach dem Eintauchen zwar umgelenkt, aber nicht stark genug, um die Wasseroberfläche wieder zu erreichen.

→ Abb. 51 Bei diesem maximalen Winkel taucht die Kugel mit ihrer Unterkante bis 17,8 mm unter
und legt vom Eintauchen bis zum Auftau-
chen eine Strecke von 95 cm im Wasser zurück. Der Winkel, unter dem das Geschoß das Wasser verläßt, ist dabei
geringfügig kleiner als der Einschuß-
winkel, da das Geschoß im Wasser
etwas an Geschwindigkeit verliert.

Ramsauer hat auch untersucht, wie sich

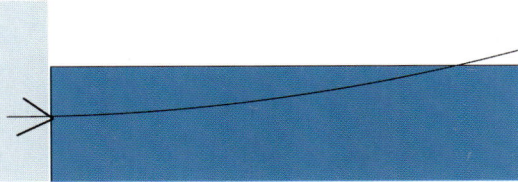

Abb.52: Auch bei horizontalem Schuß unter
Wasser wird das Geschoß nach oben gelenkt.

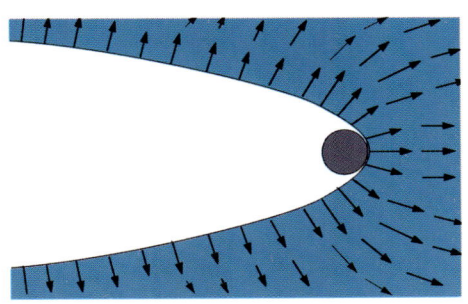

Abb. 53: Die in das Wasser geschossene Kugel
drängt die Wasserteilchen zur Seite, übt also
auf sie eine Kraft aus. Die entsprechende Kraft
wirkt auf die Kugel zurück.

das Geschoß verhält, wenn es unter Wasser parallel zur Wasseroberfläche eingeschossen wird. Auch hier beobachtete er ein Ansteigen
→ Abb. 52 der Geschoßbahn. Er stellte dabei fest, daß die Ablenkung des Geschosses umso geringer ist, je tiefer im Wasser die Geschoßbahn verläuft. Ab 4,5 cm unter der Wasseroberfläche war kaum mehr ein Ansteigen festzustellen.

Es stellt sich natürlich jetzt die Frage, welche physikalische Ursache
dieses sonderbare Verhalten des Geschosses hat. Die Untersuchungen
haben also ergeben, daß eine Kugel, die sich unter Wasser parallel

zur Wasseroberfläche bewegt, von dieser angezogen wird. Die Geschwindigkeit der Kugel ist zu groß, als daß sich die üblichen Gesetze der Hydrodynamik zur Erklärung anwenden ließen. Wegen dieser großen Geschwindigkeit bildet sich nämlich hinter der Kugel ein Hohlraum, der dadurch entsteht, daß die Kugel das Wasser zur Seite drängt, dieses aber hinter der Kugel nicht rasch genug wieder zurückströmen kann. Abb. 53 zeigt das Strömungsbild des vom Geschoßkanal wegströmenden Wassers.

→ Abb. 5₃

Wie das Geschoß auf das Wasser eine Kraft ausübt, so wirkt diese natürlich auf das Geschoß zurück, da jeder Kraft eine gleich große Gegenkraft entspricht. Die Kraft, die das Geschoß auf das umgebende Wasser ausübt, wird von Molekül zu Molekül weitergegeben. Da aber an der Oberfläche keine Moleküle mehr angestoßen werden, kann von dort auch keine Kraft mehr zurückwirken. Es ist deshalb leicht einzusehen, daß die Kraft, die von oben auf das Geschoß zurückwirkt, geringer ist als die Kraft, die von den viel größeren Wassermassen unter dem Geschoß auf dieses zurückwirkt. Das Geschoß erfährt also von unten eine größere Kraft als von oben und wird so zur Wasseroberfläche hingetrieben.

Warum das Geschoß unter dem annähernd gleichen Winkel das Wasser verläßt, unter dem es in das Wasser hineingeschossen wurde, ist nicht schwer zu beantworten: Da die Kraft auf das Geschoß außer von der Geschoßgröße und -geschwindigkeit nur noch von der Wassertiefe abhängt, wirken am absteigenden Ast der Flugbahn fast die gleichen Kräfte wie beim ansteigenden Ast; beide Äste verlaufen also nahezu symmetrisch zum tiefsten Eintauchpunkt. Wir sagen „fast", weil das Geschoß im Wasser, wie schon erwähnt, etwas an Geschwindigkeit verliert. Die auftreibende Kraft auf das Geschoß ist vom Quadrat der Geschwindigkeit abhängig, so daß der Auftauchwinkel etwas kleiner ist als der Eintauchwinkel. Für den Schützen wirkt sich dieser Einfluß aber kaum aus, da er gewöhnlich nach den ersten Schüssen seinen Zielpunkt ohnehin korrigiert; hat er die Scheibe zu hoch getroffen, so wird er gewöhnlich bei den folgenden Schüssen etwas tiefer „anhalten". Beim Wasserschießen ist es aber gerade umgekehrt; er muß in diesem Fall höher zielen um die Scheibe tiefer zu treffen, da sich ja im Spiegelbild das Oben und Unten der Scheibe vertauscht haben.

Der hydraulische Sprung

Jedesmal, wenn ich auf meiner Wanderung an
ein kleines Brücklein kam, das über einen Mühlbach führt, blieb ich fasziniert auf dem Brücklein stehen und betrachtet die eigenartige Wel-
lenbildung im rasch dahinfließenden Wasser des
Baches. Der Wasserstand war durch ein Wehr so
geregelt, daß er sich nur wenig änderte, so daß
diese Erscheinung immer zu beobachten war.
Jedes Jahr war jedoch „Bachauskehr", wo für einige Tage durch Öffnen des Wehres das Wasser
des Baches abgelassen wurde, so daß die Bachan-
lieger den Unrat, der sich im Bach angesammelt
hatte, entfernen konnten. Wie erstaunt war ich,

als ich erstmals sah, daß der Bachgrund vollkommen eben war; nur
ein leichtes Gefälle in Flußrichtung. Scheinbar also kein Grund für
das Auftreten der Wellen. Aber eine Ursache mußten diese Wellen
doch haben! Als der Bach wieder Wasser führte, beobachtete ich die
Wellen einmal genauer.

Man hatte den Eindruck, als würden sie gegen die Wasserströmung
anlaufen wollen, kamen aber eben wegen der Strömung nicht weiter. Jetzt war alles klar: Die Ausbreitungsgeschwindigkeit der Wellen
war gleich der Strömungsgeschwindigkeit des Wassers. Wirft man einen Stein ins Wasser, so erwartet man, daß sich die Wellen, die der
Stein erzeugt, kreisförmig um ihn ausbreiten. Das tun sie aber nur in
einem ruhenden Gewässer. In einem fließenden Gewässer werden
aber diese Kreiswellen von der Strömung abgetrieben, es sei denn, die
Strömungsgeschwindigkeit des Wassers ist gleich der Ausbreitungsgeschwindigkeit der Welle. Die durch Störungen im Flußlauf entstehenden kleinen Wellen breiten sich auch hier nach allen Richtungen
aus; für die beobachtete Erscheinung sind aber nur die Wellen verantwortlich, die sich gegen die Wasserströmung bewegen, sie kommen
ihretwegen nicht richtig vom Fleck und verstärken sich gegenseitig.
Es ist hier ähnlich wie bei einem Stau auf der Autobahn: Der Fahrer eines Autos möchte sich z. B. eine Zigarette anzünden und drosselt
das Tempo ein wenig. Der Fahrer hinter ihm merkt es etwas später
und muß deshalb etwas stärker abbremsen, um den Abstand zu halten. So geht es dem dritten und vierten Fahrer dahinter und vielleicht schon beim zehnten hat sich der schönste Stau gebildet. Der
Verursacher merkt gar nichts davon.

67

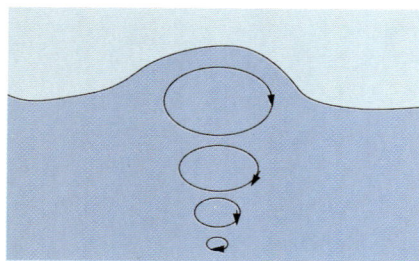

Abb. 54: Eine Welle setzt sich bis zum Grund des Gewässers fort.

Abb. 55: Eine zunächst parallel zum Ufer laufende Welle schwenkt allmählich zum Ufer hin ein.

Um unsere Beobachtung aber besser zu verstehen, müssen wir etwas ausholen: Das Wasser strömt unter der Brücke mit einer gewissen Geschwindigkeit heraus, die sie über eine längere Strecke beibehält. Nun muß man wissen, daß die Ausbreitungsgeschwindigkeit der Wasserwellen von der Wassertiefe abhängt; sie ist umso größer, je tiefer das Wasser ist. Eine Welle ist nämlich nicht nur ein Vorgang an der Wasseroberfläche, sondern sie reicht noch tief in das Wasser hinab. In einer Wasserwelle bewegen sich die Wasserteilchen nicht einfach auf und ab, sondern sie beschreiben Kreise. Man kann das leicht erkennen, wenn man einen auf dem Wasser schwimmenden Korken betrachtet, der ebenso wie die Wasserteilchen sich auf einem Kreis bewegt. → Abb. 5-

Diese Kreisbewegung der Wasserteilchen pflanzt sich in die Tiefe fort mit immer geringerer Amplitude. Am Grund kommt natürlich diese Bewegung zum Stillstand, sie wird abgebremst, und dies wiederum pflanzt sich nach oben fort; das heißt, die Welle wird insgesamt abgebremst und dadurch auch langsamer. Dies wirkt sich umso mehr aus, je geringer die Wassertiefe ist, und so kommt es, daß die Ausbreitungsgeschwindigkeit der Welle mit abnehmender Wassertiefe ebenfalls abnimmt.

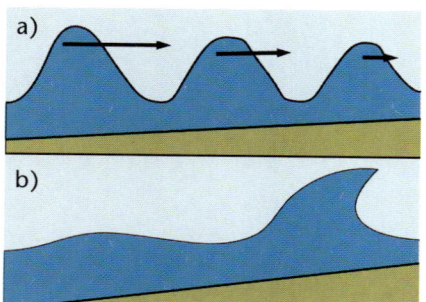

Abb. 56: Im tieferen Bereich des Baches ist die Ausbreitungsgeschwindigkeit der Welle größer als im seichteren (a).
Diese Welle holt also die langsameren Wellen ein und verstärkt diese (b).

Eine Erscheinung, die sicher schon oft aufgefallen ist, hängt damit zusammen: Gleichgültig, aus welcher Richtung ursprünglich die Wellen kommen, in der Nähe des Ufers schwenken sie immer so ein, daß sie senkrecht auf das Ufer zulaufen. Die zuerst in die seichtere Zone kommenden Wellen verlangsamen sich, so daß die Wellenfront, wenn sie das Ufer erreicht, parallel zu ihm verläuft. → Abb. 5-

Aber nun zurück zum hydraulischen Sprung!
Wenn stromabwärts sich die Wassertiefe etwas vergrößert, haben die über der größeren Wassertiefe entstehenden Wellen eine größere Geschwindigkeit als die, die weiter stromaufwärts entstehen (Abb. 56). Diese stromaufwärts laufenden Wellen (a) holen also die langsameren ein → Abb. 5

und überlagern sich mit ihnen zu einer großen Welle (b), wie sie am Mühlbach zu beobachten war. Dieser Vorgang wiederholt sich entlang des Bachlaufes mehrmals, so daß im beschriebenen Fall bis zu zwölf „stehende" Wellenberge zu beobachten waren.

Eine Erscheinung, die wohl jeder fast täglich beobachtet, ist ebenfalls eine Folge des hydraulischen Sprungs: Läßt man einen Wasserstrahl senkrecht von oben auf eine waagrechte Fläche fließen, so bildet sich um den auftreffenden Strahl herum kreisförmig ein „Wasserwulst". Das Wasser strömt anfangs schnell auseinander und wird mit wachsendem Radius langsamer. Bei einer gewissen Größe des Kreises ist die Strömungsgeschwindigkeit gleich der Wellengeschwindigkeit; das schneller fließende Wasser drängt nach und es bildet sich der beobachtete Wulst.

Eine Erscheinung ähnlicher Art kann man manchmal in der Atmosphäre beobachten: Die Wolken weisen auf solche Wellenbewegungen in der Grenzschicht unterschiedlich warmer Luftmassen hin. Aber diese Erscheinung werden wir an anderer Stelle analysieren.

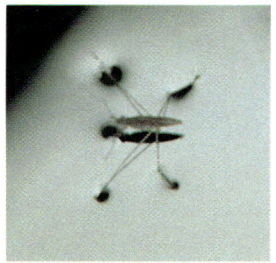

Wasserläufer

Blitzschnell können sie über das Wasser gleiten: die Wasserläufer. Eigentlich gehören sie zu einer Wanzenart, die normalerweise auf dem Trockenen, in Wiesen und Feldern lebt. Nur wenn die Möglichkeit dazu gegeben ist, siedeln sie auf das Wasser über. Und hier setzen sie uns immer wieder in Erstaunen, wie sie sich, ohne einzusinken, auf der Wasserfläche wie auf festem Boden bewegen.

Im ersten Kapitel haben wir die Oberflächenspannung des Wassers schon kennengelernt; hier wird uns überzeugend klar, wie sie das Wasser wie eine Haut überspannt. Dabei ist es doch nur die Anziehungskraft zwischen den Wassermolekülen, die von den Wasserläufern ausgenutzt wird.

Wenn man genau beobachtet, sieht man, daß das Wasser unter den Beinen etwas eingebuchtet wird, die Beine selbst tauchen dabei nicht ins Wasser ein. Dazu ist notwendig, →Abb. 5 daß sie nicht benetzt werden. Dafür sorgt das Tier selbst, indem es seinen Körper ein-

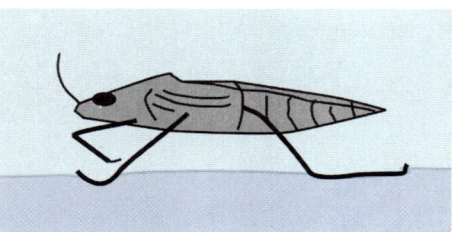

Abb. 57: Mit dem mittleren Beinpaar stemmt sich der Wasserläufer ruckartig gegen die Delle im Wasser und schnellt sich nach vorne. Mit den Hinterbeinen steuert er die Richtung.

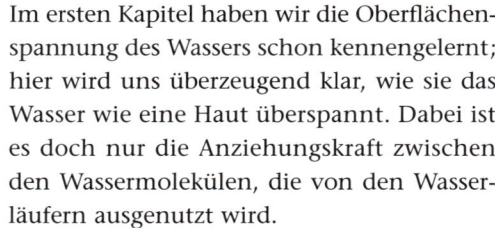

fettet. Alte Wasserläufer, die nicht mehr die Fähigkeit haben, genügend Fett zu produzieren, sinken ein und ertrinken.

Die Wasserläufer haben zwei Arten der Fortbewegung: Wenn sie sich nur langsam bewegen, benutzen sie ihre Beine, wie sie es auf der Erde gewohnt sind. Ganz anders aber, wenn sie auf der Jagd nach einer Beute schnell vorwärts kommen wollen. Das vordere Beinpaar heben sie, um mit ihm die Beute zu ergreifen. Dadurch verlagert der Wasserläufer sein Gewicht auf die Mittelbeine, die er anwinkelt, so daß sie etwa unter dem Körperschwerpunkt auf das Wasser aufsetzen. Indem er sie nun mit einem Ruck streckt, drückt er sie gegen die Eindellung, die sie an der Wasseroberfläche erzeugen. Das Wasser kann so schnell nicht ausweichen (man erkennt das, wenn man mit der flachen Hand oder der Faust kräftig auf die Wasseroberfläche schlägt), und das Tier schnellt sich nach vorn. Mit einem einzigen solchen Stoß kann es bis zu einem Meter weit gleiten. Die Hinterbeine, deren letztes Glied flach auf dem Wasser aufliegt, dienen dabei als Gleitschienen und zur Richtungssteuerung.

Wie zäh die durch die Oberflächenspannung erzeugte „Wasserhaut" ist, kann man gelegentlich bei Libellen beobachten. Manche Libellen-

Kapillarwellen in
einem Weinglas.

arten tauchen unter das Wasser, um ihre Eier abzulegen. Dazu müssen sie die Wasseroberfläche regelrecht durchschneiden, um eintauchen zu können.

Physikalisch interessant ist auch die Art, wie die Wasserläufer ihre Beute auf der Wasseroberfläche aufspüren. Fällt z. B. eine Mücke auf das Wasser, so versucht sie durch Zappeln wieder hoch zu kommen. Dabei erzeugt sie Wellen, sogenannte *Kapillarwellen*, die sich aufgrund der Oberflächenspannung des Wassers ausbreiten. Damit Wellen entstehen, müssen immer zwei Kräfte zusammenwirken. Bei den gewöhnlichen Wasserwellen sind es die Schwerkraft und die Massenträgheit: Wird die glatte Wasseroberfläche z. B. durch einen hineingeworfenen Stein gestört, so versucht die Schwerkraft den ursprünglichen Zustand wieder herzustellen. Die angehobenen Wasserteilchen werden wieder nach unten gezogen, sie werden also durch die Schwerkraft in Bewegung gesetzt, bewegen sich aber wegen ihrer Trägheit über die Ausgangslage hinaus, sie schwingen auf und ab. Diese Bewegung teilt sich den benachbarten Wasserteilchen mit, es entsteht eine Welle. Man nennt diese Art von Wellen *„Schwerewellen"*.

Bei den Kapillarwellen tritt an die Stelle der Schwerkraft die Oberflächenspannung. Sie versucht die Störung in der Oberfläche, die ja eine Vergrößerung der Oberfläche bedeutet, auszugleichen, d. h. die Wasserfläche wieder straff zu ziehen. Auch hier verhindert die Massenträgheit dies. Man nennt die so entstehenden Wellen auch Kräuselwellen, weil sie nur als ganz feines Kräuseln der Wasseroberfläche in Erscheinung treten. Ihre Wellenlänge beträgt nur wenige Millimeter, die Amplitude ist weniger als ein Millimeter. Der Wasserläufer benutzt nun diese Wellen, um die Beute, von der sie erzeugt werden, zu orten. Mit seinen Beinen kann er dieses Kräuseln der Wasseroberfläche erfühlen und aus der Zeitdifferenz, mit der die Schwingungen bei den einzelnen Beine ankommen, die Richtung bestimmen, aus der die Wellen kommen. Es ist eine Art Richtungshören mit den Beinen, aber nicht mit Schallwellen, sondern mit Kapillarwellen.

Der zugefrorene Teich oder: das Wasser — ein gewöhnlicher, ungewöhnlicher Stoff

Bei unserem Winterspaziergang kommen wir an einen zugefrorenen Teich; damit begegnen wir einer der vielen Eigenschaften des Wassers, in denen es sich von fast allen anderen Stoffen unterscheidet. Das gewöhnliche Wasser zeigt sich hier als ein ganz ungewöhnlicher Stoff. Der Teich trägt eine Eisdecke; er ist also von oben her zugefroren. Eigentlich nichts Ungewöhnliches, könnte man meinen.

Doch für den Physiker tut sich hier ein großes Rätsel auf: Bei einer anderen Flüssigkeit wäre es ganz anders: Wäre der Teich nicht mit Wasser gefüllt, sondern etwa, um ein Beispiel zu nennen, mit Glyzerin, so würde dieses (zwar schon bei 18 Grad) von unten her gefrieren, was bewirken würde, daß der Glyzerinteich vollkommen, durch und durch, erstarren würde. Das ergäbe sich daraus, daß die oberflächlich abgekühlte Flüssigkeit wegen ihrer größeren Dichte nach unten absinken würde (Glyzerin zieht sich beim Abkühlen, wie fast alle Körper, zusammen und wird dadurch dichter), und so würde der Teich von unten her abkühlen und gefrieren. Auch das gefrorene Glyzerin ist schwerer als das flüssige und würde deshalb am Grund des Teiches liegenbleiben.

Wasser verhält sich anders! Es zieht sich zwar beim Abkühlen ebenfalls zusammen, aber nur bis vier Grad über dem Gefrierpunkt. Wird es weiter abgekühlt, so dehnt es sich wieder aus und gefriert es gar, so macht die Volumenzunahme einen gewaltigen Sprung: Eis ist wesentlich leichter als flüssiges Wasser, wie man daran erkennt, daß es auf der Oberfläche schwimmt.

Diese sogenannte *Anomalie* des Wassers ist nicht die einzige Besonderheit des Wassers, sondern nur eine von vielen, und ein Leben auf der Erde wäre nicht möglich, wenn Wasser nicht ein so außergewöhnlicher Stoff wäre. Schon wenn eine einzige dieser Besonderheiten des Wassers fehlen würde, wäre ein Leben, wie wir es kennen, nicht mehr möglich. Denken wir etwa an die Tatsache, daß Wasser der einzige weitverbreitete Stoff ist, der in dem Temperaturbereich, in dem Leben möglich ist, in allen drei Aggregatzuständen, also fest, flüssig und gasförmig, vorkommt.

Das bringt uns auf den Gedanken: Muß das eigentlich so sein? Wie ist das bei verwandten Stoffen, die eine ähnliche Struktur wie Wasser haben? Wie man weiß, hat Wasser die chemische Formel H_2O, was bedeutet, daß in jedem Wassermolekül sich ein Sauerstoff-

→ Abb.58 atom mit zwei Wasserstoffatomen verbunden hat (Abb. 58). Mit dem Sauerstoff verwandte Elemente sind Schwefel, Selen, Tellur (und Polonium), die ebenfalls Bindungen mit jeweils zwei Wasserstoffatomen eingehen, also H_2S, H_2Se und H_2Te bilden. Diese Verbindungen müßten deshalb eigentlich ähnliche physikalische Eigenschaften haben, sich z. B. bezüglich ihrer Schmelz- und Siedepunkte ähnlich ver-

→ Abb.59 halten. Abb. 59 zeigt uns, daß vom Schwefel zum Tellur sowohl die Schmelzpunkte als auch die Siedepunkte mit zunehmendem Molekulargewicht gleichmäßig zunehmen. Dies ist physikalisch leicht zu erklären: Schmelzen

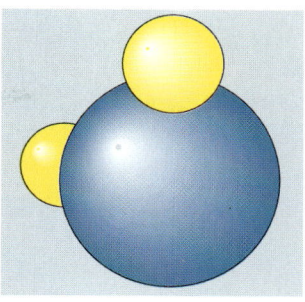

Abb. 58: Ein Wassermolekül besteht aus einem Sauerstoffatom (blau) und zwei Wasserstoffatomen.

und Verdampfen bedeuten nämlich, daß sich die Moleküle eines Stoffes durch die Wärmebewegung voneinander losreißen; diese Wärmebewegung ist bei einer bestimmten Temperatur umso heftiger, je geringer die Masse der Moleküle ist; diese müssen das, was ihnen an Masse fehlt, durch größere Geschwindigkeit zur Bewegungsenergie und damit zur Wärme einbringen. Deswegen ist bei den schwereren Molekülen des Tellurwasserstoff H_2Te eine höhere Temperatur hierzu notwendig als beim leichteren Schwefelwasserstoff H_2S. Bei dem sehr leichten Wasser müßten folgerichtig diese Punkte noch tiefer liegen als beim Schwefelwasserstoff, etwa bei – 65° bzw. – 90° Celsius. Wir wissen aber, daß dem nicht so ist, denn Wasser siedet bekanntlich

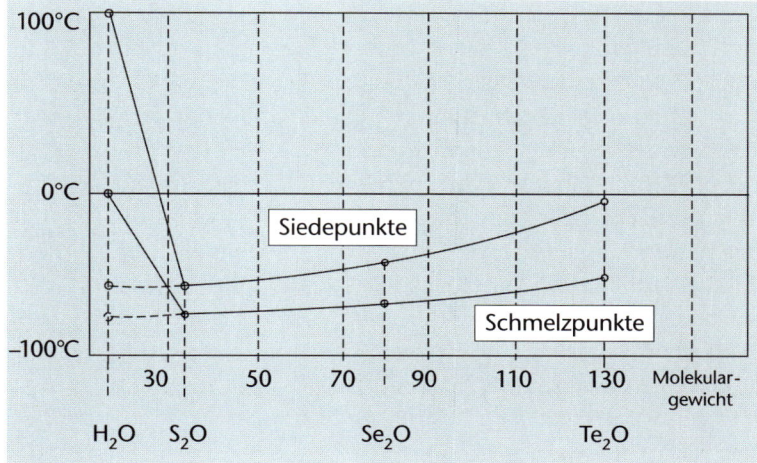

Abb. 59: Schmelz- und Siedepunkte des Wassers und der entsprechenden Sauerstoffverbindungen von Schwefel, Selen und Tellur.

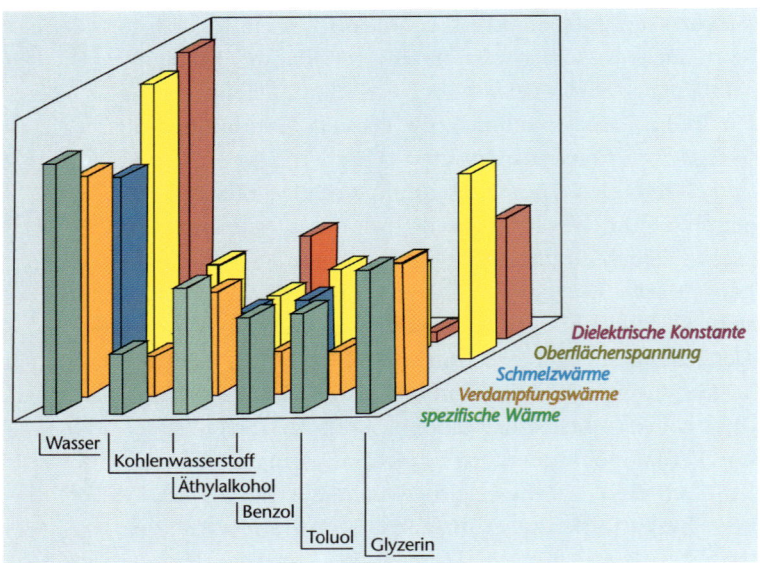

Abb. 60: Vergleich von Stoffeigenschaften von Wasser und anderen
Flüssigkeiten.

bei + 100 Grad und gefriert bei 0 Grad. Wir fragen uns natürlich hier,
was die Wassermoleküle besonderes auszeichnet, daß sie sich nicht an
diese Regel halten; warum brauchen sie, um sich aus dem festen, kri-
stallinen oder aus dem flüssigen Verband loszureißen, eine um mehr
als 100 Grad höhere Temperatur, als wir eigentlich folgern müßten?
Ehe wir darauf eingehen, sei dargelegt, daß dies nicht die einzige Besonderheit ist, die das Wasser vor anderen Stoffen auszeichnet. In
Abb. 60 sind mehrere Eigenschaften von Flüssigkeiten, die häufig als   →Abb.6
Lösungsmittel gebraucht werden, in einer Grafik dargestellt. Solche
Eigenschaften kennzeichnen z.B. das thermische Verhalten wie spezifische Wärme, Schmelzwärme und Verdampfungswärme; außerdem
die Oberflächenspannung, die wir ja schon als wichtige Eigenschaft
des Wassers kennengelernt haben, und eine Eigenschaft, die das elektrische Verhalten der Flüssigkeiten beschreibt, die Dielektrizitätskonstante. Das Balkendiagramm (Abb. 60) zeigt diese Stoffkonstanten des   →Abb.6
Wassers im Vergleich mit Schwefelkohlenstoff, Ethylalkohol, Benzol,
Toluol und Glyzerin. Man hätte auch beliebige andere Flüssigkeiten
nehmen können, an der „herausragenden" Stellung von Wasser hätte
sich nichts geändert.

Der Bau des Wassermoleküls

Um diese Abweichung von der Regel zu erklären, müssen wir den Bau des Wassermoleküls genau untersuchen. Dazu ist es notwendig, daß wir uns über den prinzipiellen Aufbau der Materie Gedanken machen.

Das Wasserstoffatom besteht aus dem positiv geladenen Atomkern (Proton), das von einem negativen Elektron „umkreist" wird. Das „umkreist" ist in Anführungszeichen geschrieben, weil dies nur ein vereinfachtes Modell des Wasserstoffatoms ist; ein besseres Modell wäre die Vorstellung, daß das Elektron den Atomkern als „Ladungswolke" umgibt, wobei die Dichte dieser Wolke sich mit dem Abstand vom Kern ändert.

Diese Dichte ist aber auch nur wieder eine gedankliche Hilfe für die Vorstellung der Aufenthaltswahrscheinlichkeit des Elektrons im Atom (Abb. 62). Diese Elektronendichte oder Aufenthaltswahrscheinlichkeit spielt für das Verständnis der außergewöhnlichen Eigenschaften des Wassers die wesentliche Rolle.

➤ Abb.61

➤ Abb.62

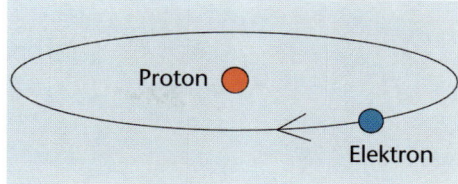

Abb. 61: Modell des Wasserstoffatoms

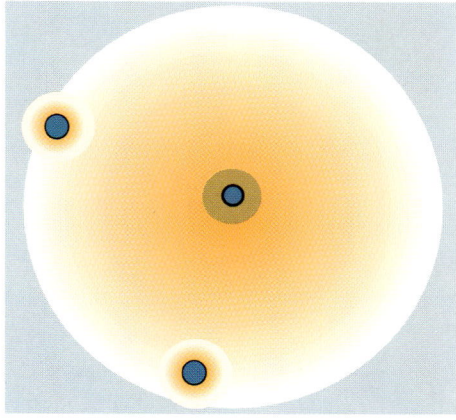

Abb. 62: Wellenmodell des Wassermoleküls

Der Sauerstoff ist, wie schon erwähnt wurde, mit den Elementen Schwefel, Selen, Tellur und Polonium chemisch verwandt. Diese Verwandtschaft ergibt sich daraus, daß diesen Atomen in der äußersten Elektronenschale jeweils zwei Elektronen zu einer „abgeschlossenen" Schale, d. h. zu einer Edelgaskonfiguration, fehlen. Das ist auch der Grund dafür, daß diese Elemente eine so enge Bindung mit jeweils zwei Wasserstoffatomen eingehen, denn durch deren Elektronen wird diese Lücke aufgefüllt. Im Wassermolekül „vereinnahmt" das Sauerstoffatom sozusagen die Elektronen der Wasserstoffatome fast gänzlich für sich. Die Folge davon ist eine Ladungsverteilung im Wassermolekül, wie es die Abb. 63 zeigt. Das Wassermolekül ist nach außen nicht mehr elektrisch neutral, sondern hat vier elektrische Pole, zwei positive und zwei negative. Die beiden positiven Pole kommen dadurch zustande, daß die beiden Wasserstoffatome fast völlig ihrer Elektronen entkleidet werden und so die positiven Atomkerne zur Geltung kommen. Dafür häufen sich die negativen Ladungen (Aufenthaltswahrscheinlichkeiten der Elektronen) an den entgegengesetzten Sei-

➤ Abb.63

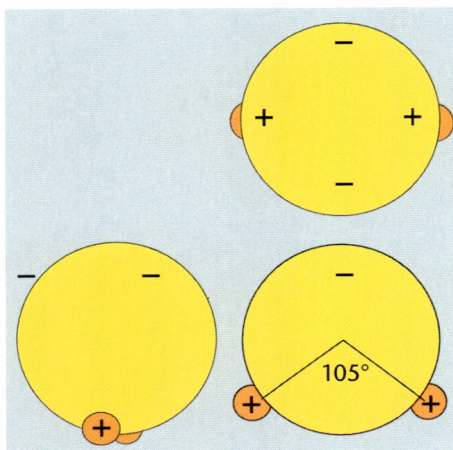

Abb. 63: Die Ladungspole des Wassermoleküls in Aufsicht, Vorder- und
Seitenansicht.

ten des Moleküls. Von Bedeutung ist der Winkel von 105°, unter dem die beiden Wasserstoffkerne gegenüber dem Sauerstoffkern angeordnet sind.

Würden sich die Wasserstoffkerne einfach gegenüberstehen, so wären die chemischen und physikalischen Eigenschaften des Wassers vollkommen andere. Warum das nicht der Fall ist, wurde von *Born* und *Heisenberg* gedeutet. Sie konnten zeigen, daß in diesem Fall auf den Sauerstoffkern von beiden Wasserstoffkernen eine abstoßende Kraft wirken würde, und er müßte nach der Seite ausweichen. Da er aber die Elektronenhülle mitnimmt, entsteht auch wieder eine anziehende Kraft zwischen ihr und den Wasserstoffkernen. Die Berechnung hat ergeben, daß sich diese beiden Kräfte bei einem Winkel von 105° die Waage halten. Gerade dieser Winkel und diese Ladungsverteilung im Wassermolekül sind es aber, die das Wasser zu einem so ungewöhnlichen Stoff macht. Andere Moleküle können sich leicht an einem Wassermolekül anlagern; deshalb hat Wasser zu den meisten anderen Stoffen eine gute Adhäsion; zudem bewirkt sie, daß Wasser für die meisten Stoffe ein gutes Lösungsmittel ist (auf dem Etikett einer Mineralwasserflasche kann man nachlesen, was sich alles in diesem Wasser gelöst hat!) und nicht zuletzt die weiter oben besprochenen Eigenschaften.

Wenn die zum Vergleich mit dem Wasser herangezogenen Stoffe wie Schwefelwasserstoff oder Selenwasserstoff einen ähnlichen Molekülbau wie das Wasser aufweisen, warum haben sie dann nicht auch die entsprechenden physikalischen und chemischen Eigenschaften? Diese Frage sollte noch geklärt werden, ehe wir genauer auf das Wasser eingehen. Sauerstoff steht an achter Stelle im Periodensystem der Elemente, das bedeutet, daß es eine Elektronenhülle mit acht Elektronen besitzt, zwei in der inneren und sechs in der äußeren Schale. Beim Schwefel ist die zweite Schale mit acht Elektronen aufgefüllt und in einer dritten Schale befinden sich weitere sechs Elektronen, insgesamt enthält die Elektronenschale also sechzehn Elektronen. Beim Selen sind es sogar 34 und beim Tellur sogar 52 Elektronen. Das bedeutet aber nichts anderes, als daß die Wasserstoffatome bei diesen wie das Wassermolekül aufgebauten Molekülen sehr viel weiter

78

außen sitzen und deshalb auch voneinander einen größeren Abstand haben als beim Wassermolekül und sich nur wenig gegenseitig beeinflussen. Deshalb stehen sie auch nicht in einem Winkel von 105° zueinander, sondern sind nur sehr leicht gewinkelt und stehen nahezu einander gegenüber. Das bedeutet, wie leicht einzusehen ist, daß die Bindungseigenschaften dieser Moleküle wesentlich andere sind als die der Wassermoleküle.

Das Zufallsgitterwerk-Modell des Wassers

Nicht nur Moleküle anderer Stoffe können sich leicht an Wassermoleküle anlagern, auch Wassermoleküle schließen sich untereinander zusammen. Ja, man kann sagen, daß es im flüssigen Wasser nur wenige einzeln herumschwirrende Wassermoleküle (etwa zehn Prozent) gibt; die meisten schließen sich zu einer gitterförmigen Struktur zusammen, was etwa so aussehen kann, wie in Abb. 64 dargestellt. Da diese Zusammenschlüsse nicht immer gleich ausfallen, es können

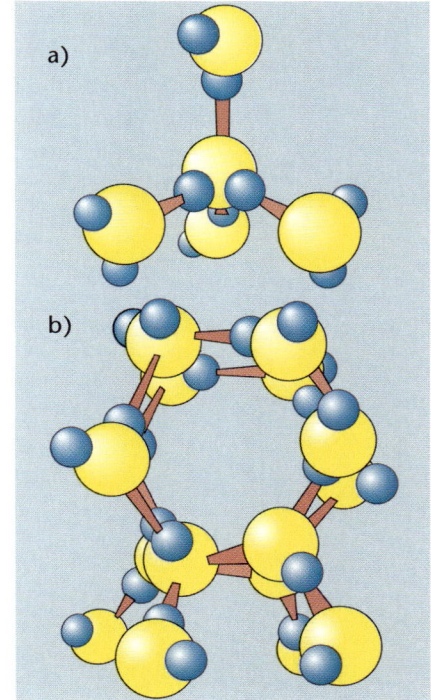

sich zwei oder drei Moleküle zusammenschließen, aber auch 20 oder 30, spricht man von einer Zufalls-Gitter-Anordnung. Es können tetraederförmige Gebilde (Abb. 64a) von vier, fünf, aber auch sieben oder acht Molekülen auftreten; am stabilsten und deshalb am häufigsten sind aber die Sechserringe, wie sie die Abb. 64b zeigt. **Diese Sechseckanordnung** zeigt sich uns auch makroskopisch in den Schneeflocken. Mit abnehmender Temperatur lagern sich immer mehr dieser Gebilde zu immer größeren „Clustern" zusammen.

Diese Verbindungen bleiben nicht etwa immer starr bestehen, sondern es lagern sich fortwährend neue Moleküle an einem solchen Gitter an, und andere reißen sich wieder davon los; es herrscht ein dauernder Wechsel, wie bei einem Ringelreihen-Tanz. Aber im Mittel ist es doch so, daß nur weniger als zehn Prozent der Wassermoleküle „Single" sind; Wasser besteht also nur zum geringen Teil aus H_2O-Molekülen! Die Bindungsart, mit der sich die Wassermoleküle aneinanderhängen, nennt man die Wasserstoffbrückenbindung.

Abb. 64: Zufallsgitterwerk-Modell des Wassers

Margin notes:
➤ Abb.64

➤Abb.64a

Abb.64b

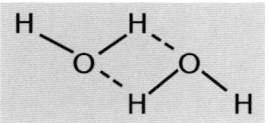

Abb. 65: Wasserstoff-
brückenbindung

→Abb. 63

Wir haben gesehen (Abb. 63), daß ein Wassermolekül vier elektrische Pole hat, zwei positive und zwei negative. Nähern sich nun zwei Wassermoleküle einander, so wirkt zwischen einem positiven Pol des einen und einem negativen Pol des anderen Moleküls eine Anziehungskraft: der H-Kern (Proton) des einen Moleküls entreißt der Elektronenhülle des andern Moleküls ein Elektron; damit gehört auch das zugehörige Proton praktisch zum zweiten Molekül. Dieser Zustand ist aber nur kurzzeitig, das Elektron pendelt zwischen den beiden Molekülen hin und her. Die Folge ist, daß die beiden Moleküle aneinander hängen bleiben. Insgesamt können sich so an einem Wassermolekül bis zu vier Moleküle anlagern (Abb. 64a). Da sich an diesen wiederum weitere Moleküle anlagern können, bilden sich gitterartige Strukturen von Wassermolekülen. Abb. 64b zeigt eine mögliche Gitteranordnung. Auf diese Weise bilden sich Cluster von bis zu 50 Wassermolekülen; ihre durchschnittliche Größe hängt von der Temperatur ab. Fängt ein solches Cluster ein neues Molekül ein, so wird dabei Bindungsenergie frei, die zunächst im Gitterverband bleibt und bewirkt, daß ein Molekül an einer anderen Stelle des Gitters wieder abgetrennt wird. So herrscht ein fortwährendes Kommen und Gehen in einem solchen Gitterwerk, und es bilden sich ganz zufällig unterschiedliche Gitteranordnungen aus. Man nennt deshalb diese Vorstellung vom Wasser das „Zufallsgitterwerk-Modell". Mit ihm lassen sich fast alle außergewöhnlichen Eigenschaften des Wassers erklären.

→Abb. 65

→Abb.64

→Abb.64

Wie sich die außergewöhnlichen Eigenschaften des Wassers erklären lassen

1 Anomalie des Wassers beim Gefrieren

Wir sind bei unseren Betrachtungen über das Wasser von dem zugefrorenen Weiher ausgegangen und haben es als physikalisch eigenartig erkannt, daß das Eis auf dem Wasser schwimmt. Die Ausdehnung des Wassers bei Abkühlung unter vier Grad Celsius und beim Gefrieren läßt sich mit unserem Gittermodell nun leicht erklären. In der oben betrachteten Gitterstruktur halten, wie leicht zu erkennen ist, die Wassermoleküle einen größeren Abstand, als wenn sie sich regellos durcheinanderbewegen. Je mehr sich die Temperatur dem Gefrierpunkt nähert, umso größer werden die Cluster und umso mehr Platz beanspruchen dann die Wassermoleküle. Beim Gefrieren schließlich ordnen sich alle Moleküle regelmäßig an, deshalb die starke Volumenzunahme bei Übergang vom flüssigen in den festen Zustand.

2 Hoher Schmelz- und Siedepunkt

Der extrem hohe Siedepunkt des Wassers (im Vergleich zu chemisch ähnlich gebauten Stoffen) läßt sich aus der Wasserstoffbrückenbindung ebenfalls leicht erklären: Wie schon erwähnt, ist diese Bindungskraft wesentlich größer als die *Van-der-Waals-Kräfte*, die allgemein die Moleküle einer Flüssigkeit zusammenhalten. Es ist deshalb auch eine sehr viel größere Energie notwendig, um diese Bindungskräfte zu überwinden. Mehr Energie besagt aber, daß die Moleküle eine größere Bewegungsenergie haben müssen, was aber wiederum bedeutet, daß die zum Verdampfen notwendige Temperatur höher sein muß.

In gleicher Weise läßt sich auch erklären, warum der Schmelzpunkt des Wassers nicht nahe bei – 100°C, sondern bei 0°C liegt. Auch beim Gefrieren spielt die Brückenbindung die entscheidende Rolle; das Molekülgitter umfaßt hierbei das gesamte Eis und um es aufzubrechen ist natürlich auch eine große Energie notwendig.

3 Spezifische Wärme, Schmelzwärme und Verdampfungswärme

Unter der spezifischen Wärme eines Stoffes versteht man die Wärmemenge, die dem Stoff zugeführt werden muß, damit sich seine Temperatur um einen gewissen Betrag erhöht. In der Natur wird uns

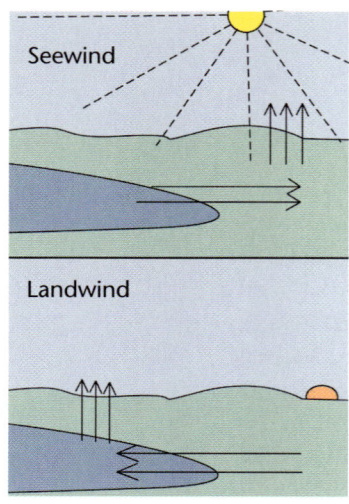

Abb. 66: Seewind und Landwind

die besonders große spezifische Wärme des Wassers vor Augen geführt, wenn wir an einem größeren See an einem Sonnentag beobachten, daß der Wind, der tagsüber vom See her geweht hat, nach Sonnenuntergang plötzlich in die Gegenrichtung umschlägt und nun vom Land zum See weht. Dies ergibt sich daraus, daß durch die Sonneneinstrahlung das Land und die darüber liegende Luftschicht stärker erwärmt wurde als das Wasser des Sees und die Luft über ihm.

Warme Luft steigt, wie wir wissen, auf, kalte Luft dagegen sinkt wegen ihrer größeren Dichte ab. Da tagsüber die Luft über dem Land stärker erwärmt wird als die über dem Wasser, entsteht also eine vertikale und horizontale Luftströmung: Über dem Land steigt die erwärmte Luft hoch und saugt dadurch vom See her kühlere Luft an: Seewind! Nach Sonnenuntergang ist es umgekehrt: Das Land kühlt schneller ab als das Wasser, das seine Temperatur wegen der größeren spezifischen Wärme $(c = 4,2\,J/kg^{-1}K^{-1})$ länger hält. Die Windrichtung dreht sich daher um: Landwind. Die relativ geringe spezifische Wärmekapazität von Sand $(c = 0,18\,J/kg^{-1}K^{-1})$ zeigt sich z. B. in der Wüste, wo der Sand tagsüber von der Sonneneinstrahlung unerträglich heiß werden kann, nachts aber schnell abkühlt, so daß die umgebende Luft dann empfindlich kalt wird.

Die große spezifische Wärmekapazität des Wassers läßt sich nun aus dem Gittermodell ohne Schwierigkeiten erklären. Gewöhnlich ergibt sich die spezifische Wärme eines Stoffes aus der Zunahme der Bewegungsenergie der Moleküle bei Wärmezufuhr. Beim Wasser kommt aber noch die Energie hinzu, die zum Aufbrechen der Gitterstruktur gebraucht wird; umgekehrt wird beim Abkühlen Energie frei, wenn sich die Moleküle zu immer größeren Clustern zusammenschließen. Wie Abb. 60 zeigt, ist auch die Schmelzwärme von Eis wesentlich größer als die der Vergleichsflüssigkeiten. Mit der Energie, die man braucht, um ein Kilogramm Eis zu schmelzen, könnte man die gleiche Wassermenge von 0 auf 80 Grad erwärmen. Diese Eigenschaft des Eises wurde früher benutzt, um etwas von der Kälte des Winters auf den Sommer zu retten: Einlagerung von Eis in sogenannten Eiskellern zur Frischhaltung von Lebensmitteln. Warum Wasser diese große Schmelzwärme hat, läßt sich wieder mit Hilfe unseres Gittermodells erklären. Es sind nicht nur *Van-der-Waals-Kräfte*, die die Wassermoleküle im Eis zusammenhalten, sondern es sind die viel stärkeren

→Abb. 66

→Abb. 6

Brückenbindungen, die beim Schmelzen überwunden werden müssen.
Während die in der Brückenbindung steckende Energie rund 25 000 J
pro Mol beträgt (1 Mol = 18 g Wasser), steckt in der *Van-der-Waals-*
Anziehung nur eine Energie von etwa 1,5 J pro Mol.

➜ Abb.64
Man kann also einen Eiswürfel als ein Riesencluster betrachten, in
dem alle Moleküle in der in Abb. 64 veranschlichten Weise verket-
tet sind. Ensprechend läßt sich auch die hohe Verdampfungswärme
des Wassers erklären, die mit 2 258 kJ/kg alle anderen Flüssigkeiten
weit übertrifft. Beim Verdampfen müssen die in dem heißen Wasser
noch verbliebenen Gittercluster aufgelöst werden, da im Wasserdampf
diese Verbindung von Molekülen ganz verschwindet. Hierzu ist eine
entsprechend große Energie notwendig.

4 Die Dielektrizitätskonstante

Die Dielektrizitätskonstante beschreibt die Eigenschaft eines Stoffes,
die elektrische Feldstärke in einem elektrischen Feld zu vermindern.
Bringt man z. B. einen Wassertropfen zwischen zwei entgegengesetzt
elektrisch geladene Metallplatten, so ist das elektrische Feld im Innern
➜ Abb.67
des Tropfens schwächer als außerhalb. Abb. 67 zeigt veranschaulicht
den Grund: Wegen der besonderen Ladungsverteilung in den Wassermolekülen richten sich diese im elektrischen Feld aus und erzeugen
dadurch im Innern des Tropfens ein entgegengesetztes elektrischen
Feld. Die Wirkung ist so stark, daß das Feld auf ungefähr 1⁄80 des ursprünglichen Wert vermindert wird. Diese hohe Dielektrizitätskonstante ist auch die Ursache dafür, daß sich viele Stoffe in Wasser sehr
leicht auflösen. Bringt man ein Salz, z. B. Kochsalz (NaCl) in Wasser,
so spalten sich die Moleküle dieses Stoffes in Ionen auf, in positive
Natriumionen Na+ und in negative Chlorionen Cl−. Zwischen ihnen
herrscht natürlich eine starke elektrische Anziehungskraft, so daß ein
großer Teil von ihnen sich wieder zu kompletten Molekülen verbinden. Es stellt sich schließlich ein Gleichgewichtszustand ein, derart,

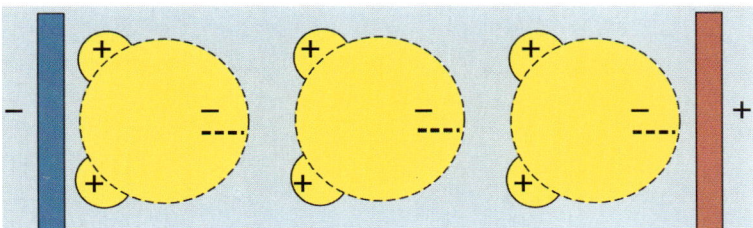

Abb. 67: Wassermoleküle im elektrischen Feld

daß sich ebensoviel Ionenpaare vereinigen wie dissoziieren; wobei dann ein bestimmter Prozentsatz der Moleküle dissoziiert ist. Im Wasser ist nun die Anziehung zwischen Anionen und Kationen stark herabgesetzt, da wegen der hohen Dielektrizitätskonstanten, also durch die Dipolwirkung der Wassermoleküle, das elektrostatische Feld zwischen den Ionen und damit auch die Anziehungskraft auf den achtzigsten Teil vermindert wird. Deswegen ist der Dissoziationsgrad von vielen Salzen in Wasser nahe bei 100 Prozent.

5 Die Oberflächenspannung

In der Größe der Oberflächenspannung wird Wasser nur von Quecksilber übertroffen; Quecksilber stellt jedoch als flüssiges Metall unter den Flüssigkeiten einen Ausnahmefall dar. Im Vergleich zu anderen Flüssigkeiten hat aber Wasser wieder die merklich größere Oberflächenspannung. Der Dipolcharakter der Wassermoleküle und ihre vernetzte Struktur lassen leicht darauf schließen, daß auch zwischen den Oberflächenmolekülen eine besonders starke Anziehungskraft herrscht, die wiederum die Ursache der Oberflächenspannung ist (siehe Kapitel 1).   → S. 2

Von einer physikalischen Theorie verlangt man, daß man aus ihr Stoffkonstanten wie die hier besprochenen Eigenschaften des Wassers berechnen kann; aber nicht nur jeweils einen Wert, sondern vielmehr ihre Abhängigkeit von verschiedenen Parametern wie Temperatur, Druck und noch manchen weiteren. Es muß hier gesagt werden, daß das Zufallsgitterwerk-Modell dies nicht in allen Fällen leistet. Das bedeutet, daß man in der Erforschung des Wassers, sei es experimentell oder theoretisch, noch nicht am Ende ist und es noch eine Menge zu tun gibt.

Schnee

Wie der Winter die Landschaft verzaubern kann, zeigt uns dieses Foto; welche physikalischen Vorgänge dabei mitwirken, soll in diesem Abschnitt untersucht werden. Wir werden an späterer Stelle sehen, wie Graupeln und Hagel entstehen, von den filigranen Kunstwerken der Schneeflocken soll hier die Rede sein.

Das Grundprinzip können wir leicht aus einer Beobachtung erahnen, die wir oft an einem kalten Wintertag machen: Trotz strahlend blauen Himmels rieseln feine Schneeflocken herab. In der Luft befindet sich kein Wasser in flüssiger Form, sondern nur als Wasserdampf, d. h. in Form einzelner Moleküle. Wir schließen daraus, daß sich die Schneeflocken direkt aus dem Wasserdampf in der Luft bilden. Die Wassermoleküle müssen also zusammenfinden und sich aneinander lagern; das geschieht jedoch nicht ohne die Hilfsmittel, den *Kristallisationskeimen*: Es sind dies feinste Teilchen, die eine ähnliche Kristallstruktur aufweisen wie die Schneeflocken.

Meistens ist es feiner Staub von Silikaten, z. B. Kaolin, die von der Erdoberfläche hochgewirbelt worden sind und sich lange in großen Höhen aufhalten. An diesen lagern sich die die Wassermoleküle an und bilden dabei die unterschiedlichsten Kristallstrukturen. So geschieht es in dem eben beschriebenen Fall der vom blauen Himmel herunterrieselnden Schneeflocken. Meistens fällt der Schnee aber in großen Massen aus dicken Schneewolken. Hier müssen noch andere

Vorgänge im Spiel sein als die eben beschriebenen, da ja in den Wolken schon ein großer Teil des Wasserdampfes in den Wolkentröpfchen kondensiert ist.

Wie werden aus diesen Wolkentröpfchen Schneeflocken?

Zunächst gibt es auch in den Wolken Kristallisationskeime, an denen sich Wassermoleküle festsetzen. Dieser Vorgang erfolgt, wie später noch dargelegt wird, wesentlich „gieriger" als die Kondensation in die flüssige

Schneesterne verschiedener Art; alle haben diese sechseckige Struktur, aber keiner gleicht dem andern.

Auch in der Eisschicht auf der Regentonne zeigt sich die Struktur der Schneekristalle in Form der hier auftretenden 120°-Winkel.

Phase, so daß in der unmittelbaren Umgebung der Eiskriställchen der Dampfdruck geringer ist als um die flüssigen Wolkentröpfchen.

Da sich der Wasserdampfdruck aber auszugleichen versucht, ergibt sich eine Diffusion der Wassermoleküle von den Tröpfchen weg zu den Kriställchen; in dem Maße wie die Kriställchen anwachsen, werden die Tröpfchen immer kleiner: Sie verdunsten zugunsten der Eiskristalle.

Das Anwachsen der Eiskristalle erfolgt dadurch wesentlich schneller, als wir dies bei den Regentropfen kennenlernen werden. Zum Anwachsen der Regentropfen (bzw. der Graupeln) ist notwendig, daß die Wolkentröpfchen sich auf diesen festsetzen; sie sind aber relativ unbeweglich, und es können sich nur die festsetzen, die zufällig in der Aufwindströmung auf sie treffen.

Zum Wachstum der Schneekristalle tragen aber die Wassermoleküle direkt bei, und diese sind wesentlich beweglicher als die Nebel- und Wolkentröpfchen und in dauernder heftiger Bewegung *(Brownsche Molekularbewegung)*. Dadurch finden sie leicht eine Stelle an einem Schneekriställchen, an dem sie anwachsen können; ein solches Schneekriställchen wächst unter günstigen Bedingungen sehr rasch zu einem richtigen Schneestern heran.

Wie die einzelnen Wassermoleküle aneinander anwachsen, haben wir schon im vorhergehenden Kapitel kennengelernt: Es bilden sich zuerst sechseckige Ringe als Grundmuster, an die sich dann weitere Moleküle anschließen. Dafür gibt es unzählige Möglichkeiten, was bewirkt, daß keine Schneeflocke wie die andere ist. Die sechseckige Struktur aber bleibt immer erhalten. Oft fällt der Schnee auch durch eine etwas wärmere Luftschicht, in der die feinen Verästelungen der Schneesterne abschmelzen, um dann in einer kalten Schicht wieder zu gefrieren. So entstehen die mehr flächenhaften, aber immer noch sechseckigen Schneesterne. Einzelne solche Schneesterne bleiben beim Herunterwirbeln leicht aneinander hängen und lagern sich dadurch zu großen Schneeflocken zusammen.

Frostresistenz: Ein ungelöstes Rätsel der Natur

Es ist jedes Jahr ein besonderes Erlebnis, wenn die frühen warmen
Sonnenstrahlen schon im März die ersten Blüten von Schneeglöck-
chen, Leberblümchen, Schlüsselblumen und vielen anderen Blumen
hervorlocken. Die oft noch recht strengen Nachtfröste schaden offen-
bar diesen Frühlingsblühern nicht im geringsten. Einige, wie die
Christrose oder die Schneeheide, fangen sogar schon unter dem
Schnee zu blühen an.

Dagegen hat jeder Gartenbesitzer Angst vor späten Nachtfrösten, die
den Blüten von Kirsch- oder Apfelbäumen oft schweren Schaden zu-
fügen. Wie kommt es, daß manche Pflanzen sehr frostempfindlich
sind, andere aber noch sehr tiefe Temperaturen aushalten, ja, diese sogar manchmal brauchen um auszutreiben? Es wurde schon viel daran
gerätselt und geforscht, was geschieht, wenn Pflanzen durch Frost geschädigt werden, und ob es einen physikalischen Grund dafür gibt,
daß Pflanzen frostbeständig sind.

Wir wollen zuerst sehen, welche Ursachen die Zerstörung von Pflanzenzellen bei Frost haben kann. Betrachtet man eine erfrorene Pflanze
nach dem Auftauen, so fällt einem zuerst auf, daß die Stengel
und Blätter schlaff herab hängen wie bei einer Pflanze, die zu
wenig gegossen worden ist. Wenn man vorschnell urteilte,
könnte man auf die folgende Vermutung kommen: Wie wir
gesehen haben, enthalten Pflanzenzellen zu 80 oder mehr Prozent Wasser; wenn dieses Wasser gefriert, dehnt es sich aus und
die dünnen Zellwände platzen. Dadurch sterben die entsprechenden Pflanzenteile oder die ganze Pflanze ab, denn ohne
Zellwand kann eine Pflanzenzelle ihre Funktion nicht mehr er-
füllen.

Aber falsch gedacht! Das Gefrieren des Zellinhaltes kann sogar
manche Pflanzen vor Kälteschaden schützen. Einige
besonders winterharte Gehölze wurden sogar bis
zur Temperatur des flüssigen Stickstoffs (–195°C) abgekühlt und waren nach dem Auftauen wieder le-
bensfähig. Der Grund der Schädigung ist meist ein
ganz anderer. Bei vielen Pflanzen besteht die Kälte-
schädigung in einem Austrocknen der Pflanzenzellen. Wie der Frost das bewirken kann, soll jetzt dargelegt werden.

Bei vielen frostempfindlichen Pflanzen sind die
Zellen von einem stark wasserhaltigen Gewebe um-

Baumblüten in Eis: Schutz vor Frostschäden

geben; wenn nun die Temperatur unter den Gefrierpunkt sinkt, ist zuerst dieses Wasser davon betroffen, das die Zellen umgibt. Dieses gefriert also, während die Zellflüssigkeit noch davon verschont bleibt. Aber gerade das ist tödlich für die Zelle! Die Wassermoleküle außerhalb der Zellen können sich nur schwer aus dem Eis, das sich hier gebildet hat, lösen, sie sind ja im Eiskristallverband festgehalten. Die Wassermoleküle im Innern der Zelle sind dagegen noch frei beweglich.

Wie wir bei der Besprechung der Osmose gesehen haben, besteht gewöhnlich ein dauerndes Hin und Her der Moleküle durch die Zellwand; wenn aber das Wasser außen gefroren ist, sind die Moleküle dort unbeweglich und können nicht mehr in die Zelle eindringen, während die Wassermoleküle von innen nach wie vor nach außen schlüpfen können. Es dauert nicht lange, bis die Zelle ausgetrocknet ist. Es spielt daher auch die Abkühlgeschwindigkeit eine große Rolle. So hat beim „Schockfrosten" das Wasser in den Zellen nicht genügend Zeit, nach außen zu diffundieren, ehe es gefroren ist; daher ist

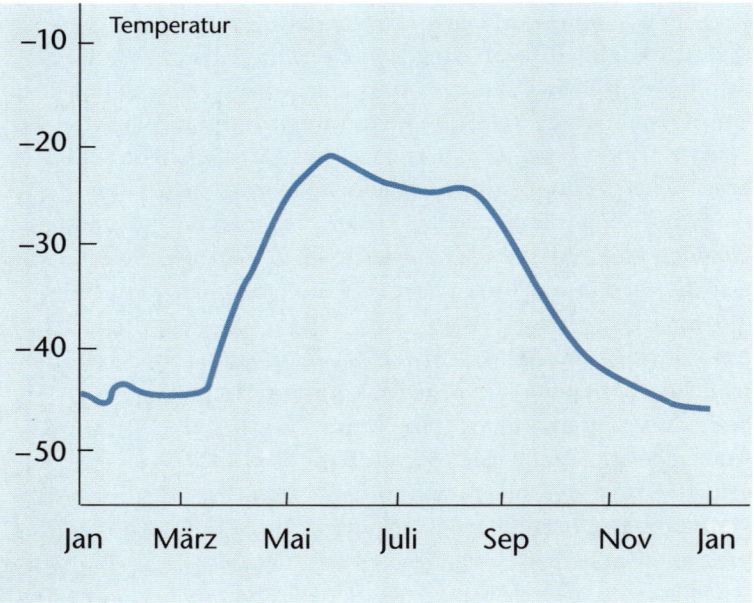

Abb. 68: Die Frostresistenz hängt bei vielen Pflanzen von der Vorgeschichte ab, also auch von der Jahreszeit.
Das Diagramm zeigt, welche Temperaturen ein Hickorybaum im jahreszeitlichen Verlauf aushalten kann.

das Schockfrosten schonender als das langsame Gefrieren. Das Auftauen muß dagegen langsam vor sich gehen, da das Zellinnere noch gefroren sein muß, wenn die umgebende Flüssigkeit schon auftaut. Das langsame Abkühlen unter den Gefrierpunkt dürfte deshalb die häufigste Ursache des Absterbens einer Pflanze oder eines Pflanzenteils durch Erfrieren sein.

Aber warum geschieht das nicht bei allen Pflanzen, die starkem Frost ausgesetzt sind? Wie schützen sich Pflanzen vor diesem Austrocknen? Die Erklärung ist im Einzelfall sehr schwierig, da verschiedene Effekte hier mehr oder weniger zusammenwirken. Einer dieser Effekte ist z. B. die Bildung von Eiskeimen in der Zelle bei einer Temperatur, bei der die Flüssigkeit außerhalb der Zelle noch nicht gefroren ist. Diese Eiskeime können aus dem Zellwasser selbst entstehen (homogene Nukleation) oder andersartiger Natur sein (heterogene Nukleation).

Als Beispiel für letzteres sei eine Pflanze, eine Lobelienart, genannt, die an den Hängen des Mount Kenya in einer Höhe gedeiht, in der sie täglichen Temperaturschwankungen von + 10°C am Tage und −10°C des Nachts ausgesetzt ist. Diese Pflanze muß also ständig umschalten von Wachstum auf Frostresistenz. Dies gelingt ihr mittels einer eiskeimbildenden Substanz, die das Gefrieren des Zellinhalts auslöst, sobald die Temperatur unter einen gestimmten Wert abfällt.

Beim Gefrieren des Wassers wird Wärme frei (genauso, wie zum Auftauen von Eis Wärme verbraucht wird). Diese freiwerdende Wärme reicht nun aus, die Temperatur der Pflanze während der ganzen, nicht sehr langen Frostperiode genau konstant zu halten.

In Obstbaugebieten ist es üblich, bei Nachtfrösten während der Obstbaumblüte die Obstbäume mit Wasser zu besprühen, das dann an den Blüten und Zweigen festfriert. Die dabei freiwerdende Wärme bewirkt, daß die zarten Blüten die Frostnacht ungeschädigt überstehen. Was Obstbauern hier anwenden, kennt also die Natur schon lange.

Ein anderer Effekt, der Pflanzen vor dem Erfrieren schützt, ist die Unterkühlung der Zellflüssigkeit, ohne zu gefrieren. Dieser Effekt wird vor allem wirksam bei holzigen Pflanzenteilen, z. B. bei Baumstämmen, wo die Zellen nicht von Wasser umgeben sind. Unter „Unterkühlung" versteht man die Erscheinung, daß Wassertröpfchen bis sehr weit unter den Nullpunkt abgekühlt werden können, ohne daß sie gefrieren. Es können dabei Temperaturen bis −35°C auftreten, und das ist z. B. auch die Temperatur, bis zu der der Stamm eines Apfelbaumes den Frost überstehen kann. Dabei zeigte sich jedoch, daß nicht alle Pflanzenteile in gleicher Weise dem Frost widerstehen.

Bei Pfirsichbäumen z. B. tritt in den Zweigen diese Unterkühlung auf, während die Stämme Frost bis zu sehr tiefen Temperaturen aushalten. In manchen Fällen hat man auch gefunden, daß das Wasser bei Frost in Bereiche abfließt, in denen es ohne Schaden gefrieren kann. Bei vielen Pflanzen zeigt sich, daß ihre Frostresistenz von der Jahreszeit abhängt oder auch von der Vorgeschichte, d. h. von der Temperatur, der sie vor dem Abkühlen ausgesetzt waren. Der jahreszeitliche Verlauf der Temperatur, bis zu der z. B. ein Hickorybaum ohne Frostschaden der Kälte ausgesetzt werden kann, ist in Abb. 68 dargestellt.

→Abb. 6

Es gibt noch eine Menge Beobachtungen und Erkenntnisse über das Erfrieren und Überleben von Pflanzen, etwa die Bildung von Frostschutzmitteln in den Pflanzenzellen oder das Entstehen von amorphem, also nichtkristallinem Eis. Aber es gibt noch viele ungelöste Fragen, um alle damit zusammenhängenden Erscheinungen erklären zu können.

Bodenfrost

Die Sonne hat den Wanderweg während des Tages aufgetrocknet, obwohl die Luft an diesem Frühlingstag noch kühl ist. Nachts gibt es bei sternklarem Himmel sogar noch leichten Frost. Der nächste Tag verspricht auch sonnig zu werden, doch als wir am Vormittag zu einer Wanderung auf unserem Wanderweg aufbrechen, ist dieser naß und glitschig, und man muß sehr aufpassen, daß man sich Schuhe und Beine nicht zu sehr beschmutzt.

Wie kommt es, daß der am vorhergehenden Tag trockene Weg jetzt naß ist? Hat die Luftfeuchtigkeit sich während der Nacht oder am Morgen darauf niedergeschlagen? Das kann eigentlich nicht sein, da die Luft sich am Abend schneller abgekühlt hat als der Boden und am Morgen dieser sich erwärmt hat, ehe er Wärme an die Luft abgegeben hat. In beiden Fällen hätte eher die Feuchtigkeit vom Boden an die Luft abgegeben werden müssen. Auch war kein Nebel oder Tau aufgetreten, der sich auf die Erde hätte senken können. Woher kam also die Feuchtigkeit, die den Weg fast unpassierbar machte?

Sie kam aus der Erde, und zwar erst am Morgen, als die Sonne begann, sie zu erwärmen. Das Wasser wurde durch die Wärme aus dem Boden gelockt, und zwar durch einen Effekt, den wir uns leicht erklären können. Über Nacht ist das Wasser in einer dünnen Oberflächenschicht des Bodens gefroren, das Wasser kann also von dort nicht in das Innere der Erde sickern. Wohl kann aber das noch flüssige Wasser durch Kapillarwirkung nach oben steigen, wo es dann wieder festgefriert. Das ist der gleiche Effekt, den wir schon bei den Pflanzenzellen kennengelernt haben, wo durch Austreten des Wassers aus der Zelle diese „erfriert". Hier geschieht das gleiche in größerem Maßstab. So reichert sich also das Wasser in der oberen Bodenschicht

91

an und gefriert dort fest. Wenn nun die Vormittagssonne diese Schicht wieder auftaut, ist dort mehr Feuchtigkeit als am Abend vorher.

Ein zweiter Effekt kommt noch dazu: Wassermoleküle haben die Eigenschaft, sich zu größeren Komplexen zusammenzuschließen (im vorausgehenden Kapitel wurde darüber genauer berichtet). Je kälter es ist, umso größer werden die „Cluster", bis schließlich am Gefrierpunkt sich alle Moleküle zu Eis vereinigen. Wird der Boden erwärmt, teilen sich die Molekülkomplexe zu kleineren Einheiten und sind nun leichter beweglich. Durch die Kapillarität werden sie in die wärmere Zone gezogen, wo sie sich noch weiter teilen und so noch leichter beweglich sind. Dadurch durchtränken sie die Oberflächenschicht des Weges noch stärker und der am Vortag trockene Boden wird jetzt glitschig naß.

Diese Beobachtung bringt uns auf den Gedanken, wie weit der Frost in den Boden eindringt. Das hängt natürlich von vielen äußeren Bedingungen ab, von der Art des Bodens, Stärke und Dauer des Frostes, Dicke der Schneedecke. Trotzdem kann man sagen, daß der Frost in unseren geographischen Breiten bis zu einem halben Meter, in ungünstigen Fällen sogar noch mehr, in die Erde eindringen kann. Er dringt aber nicht schon in einer Frostnacht in diese Tiefe vor, sondern es dauert schon etwas länger, bis sich Temperaturunterschiede in der Erde ausbreiten.

Abb. 69 zeigt einen zwar nicht immer und überall gültigen Temperaturverlauf in der Erde, aber doch ein typisches Beispiel, wie sich Winterkälte und Sommerwärme in der Erde ausbreiten.

→Abb.6◄

Man erkennt, daß in sechs Meter Tiefe die tiefste Temperatur im Juni/Juli auftritt, und es im Dezember dort am wärmsten ist. Die Temperatur schwankt zwar in dieser Tiefe nur noch um ein bis zwei Grad, und in zwölf bis fünfzehn Meter Tiefe ist eine jahreszeitliche Temperaturänderung nicht mehr nachzuweisen.

Abb. 69: Die Graphik zeigt, wie sich die Temperatur im Laufe eines Jahres in zwei, vier und sechs Meter Tiefe unter der Erdoberfläche verhält.
Interessant ist die Phasenverschiebung um fast ein halbes Jahr in sechs Metern Tiefe.

Diese konstante Temperatur tief in der Erde wird in Weingegenden zur Lagerung des Weines genutzt, der zu seiner Reifung keinen Temperaturschwankungen ausgesetzt werden darf (siehe Foto).

Die Weinkeller reichen bis tief unter die Erde.

5. Kapitel

Das Wetter

Nebel — Wie Nebel entsteht

November, der Nebelmonat! Aber nicht nur im November tritt Nebel auf, sondern das kann während des ganzen Jahres geschehen. Allerdings ist die Wetterlage zwischen Herbst und Winter am besten für die Nebelbildung geeignet, wie wir im folgenden sehen werden. Damit sich Nebel bildet, müssen also bestimmte atmosphärische Bedingungen gegeben sein. Dazu gehört in erster Linie eine genügend große Luftfeuchtigkeit, d. h. der Gehalt der Luft an Wasserdampf muß so groß sein, daß bei einer Temperaturerniedrigung der Wasserdampf sich zu kondensieren beginnt. Man sagt, der „Taupunkt" wird unterschritten. Diese Aussage muß nun noch genauer erklärt werden.

Luft kann nicht beliebig viel Wasserdampf enthalten, vielmehr ist ihre Aufnahmefähigkeit von der Temperatur abhängig: Je höher die Temperatur ist, umso größer ist diese Aufnahmefähigkeit.

So kann z. B. ein Kubikmeter Luft von 20 Grad (er wiegt etwa ein Kilogramm) maximal 17,3 g Wasserdampf aufnehmen. Abb. 70 zeigt, wieviel Wasserdampf ein Kubikmeter Luft in Abhängigkeit von der Temperatur maximal aufnehmen kann. Die zu einem bestimmten Wasserdampfgehalt gehörende Temperatur nennt man den „Taupunkt"; wird diese Temperatur

➔ Abb. 7●

unterschritten, so kondensiert der Wasserdampf zu winzigen Nebeltröpfchen und schlägt sich gegebenenfalls auf Grashalmen und Zweigen als Tau nieder. Aus dem Diagramm kann man leicht ablesen, daß bei einer Temperatur von 30 °C ein Kubikmeter Luft ohne weiteres 20 g Wasserdampf aufnehmen kann. Kühlt sich diese Luft aber um nur sieben Grad ab, so beginnt die Nebelbildung; der Taupunkt liegt bei 23 °C.

Nun weiß man aus der Erfahrung, daß in der Nähe von Industriege-

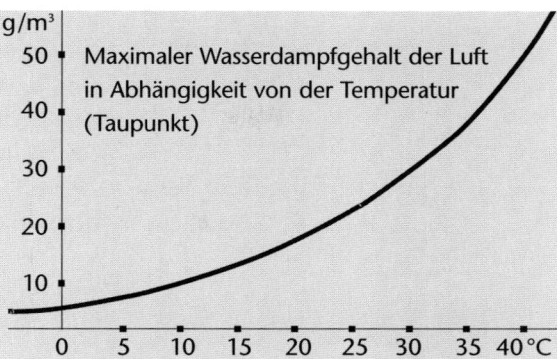

Abb. 70: Abhängigkeit des maximalen Wasserdampfgehaltes von Luft in Abhängigkeit von der Temperatur.

bieten meist besonders dichter Nebel auftritt. Der Smog in London ist bekannt dafür. Dies kommt daher, daß die Nebeltröpfchen, um entstehen zu können, sogenannte Kondensationskerne brauchen. Ohne sie könnte man wasserdampfgesättigte Luft weit unter den Taupunkt abkühlen, ohne daß der Dampf kondensiert und sich Nebel bildet. Die Schwebeteilchen, man nennt sie auch Aerosole, sind stets in genügender Zahl in der Luft vorhanden, so daß sich bei einer entsprechenden Abkühlung immer Nebeltröpfchen bilden.

Die häufigste Ursache der Nebelbildung ist die Abkühlung unter den Taupunkt. Es kann aber auch daran liegen, daß die Luft zusätzlichen Wasserdampf aufnimmt; das geschieht z. B. beim Vermischen verschieden warmer und feuchter Luftmassen. Aber auch durch fallenden Regen kann die Luft in der Nähe der Erdoberfläche so viel Wasserdampf aufnehmen, daß sich Nebel bildet. Die häufigste Ursache der Entstehung von Nebel aber, die Abkühlung der Luft, kann verschiedene Ursachen haben: Bekannt ist der Morgennebel, der sich dadurch bildet, daß sich die Erdoberfläche während der Nacht dadurch stark abkühlt, daß Wärme in den Weltraum abgestrahlt wird. Durch direkte Berührung (Konvektion) werden auch die unteren Luftschichten abgekühlt. Meist erst in der zweiten Nachthälfte wird dabei der Taupunkt unterschritten, es entsteht der sogenannte Morgennebel. Daß die Erde dabei kälter ist als die Luft, zeigt sich daran, daß sich die Wassertröpfchen bevorzugt an festen Körpern, etwa an Gras und Blättern, abscheiden; man spricht dann von Tau, der besonders in den Morgenstunden zu sehen ist. Physikalisch interessant ist dabei die Tatsache, daß die Tautropfen wärmer sind als die Grashalme, auf

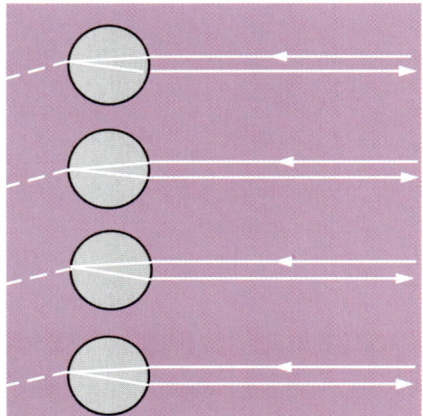

Abb. 71: Die Rückstreuung erfolgt durch (teilweise) Reflexion des Lichtes an der Rückseite der Nebeltröpfchen.

denen sie sich niederschlagen und auch wärmer als die umgebende Luft. Das rührt daher, daß bei der Kondensation des Wasserdampfes Energie frei wird, die sich als Wärme in den Tautropfen wiederfindet.

Wenn im Winter die Temperatur unter den Gefrierpunkt sinkt, gefrieren die Nebeltröpfchen an der Unterlage fest, und dies ergibt den Reif.

Bei großer Kälte und Luftfeuchtigkeit erfolgt diese Abscheidung in Form von Eisnadeln und -sternen; es gibt Rauhreif, der die Landschaft in ein prachtvolles Winterkleid zaubert.

Die in der Luft schwebenden Nebeltröpfchen gefrieren erst bei sehr tiefen Temperaturen, etwa bei −30 bis −40 °C. Zum Gefrieren müssen nämlich sogenannte *Kristallisationskerne*, das sind meistens kleinste Stäubchen von Lehm oder anderen Mineralien, vorhanden sein, und die treten gewöhnlich nur in sehr geringer Zahl auf. Je kleiner ein Tröpfchen ist, umso geringer ist die Wahrscheinlichkeit, daß es einen Kristallisationskern enthält, sie gefrieren deshalb bei weit tieferen Temperaturen als große Regentropfen. Erst bei −40 °C spielen diese Kristallisationskerne keine Rolle mehr und die Tröpfchen gefrieren auch ohne sie. Trotzdem sieht man an kal-

ten Wintertagen oft feine Eiskristalle vom wolkenlosen Himmel rieseln.

Die Nebeltröpfchen können von unterschiedlicher Größe sein, meist liegt diese zwischen 0,4 und 2 µm. Ihre Größe kann man leicht aus optischen Beugungserscheinungen (Lichtkranz, Glorie, Auriolen) berechnen. Daraus läßt sich aufgrund der Beugungsgesetze berechnen, daß die Nebeltröpfchen einen Durchmesser von 0,5 µm haben. Die Berechnung läßt sich so durchführen, als ob das Licht an einer kreisförmigen Öffnung von dem gleichen Durchmesser gebeugt würde (Abb. 72).

Diese Beugungsringe werden im Kapitel über „Optische Erscheinungen in der Atmosphäre" näher untersucht.

→ Abb. 71

→ Abb. 72

→ S. 125

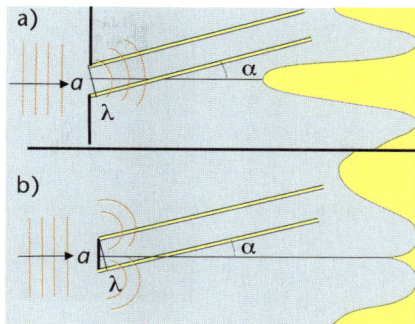

Abb. 72: Beugung einer Lichtwelle an einer kreisförmigen Öffnung (a) und an einem kreisförmigen Scheibchen (b).

In beiden Fällen gilt: $\sin\alpha = 1{,}22\lambda/a$. Dabei ist λ die Wellenlänge des Lichtes, a der Durchmesser der Öffnung bzw. des Nebeltröpfchens; der Radius des Beugungsringes erscheint unter dem Winkel α.

Wolken und Wetter

Nach Wolken und Wetter sehen wir, bevor wir uns zu einem Spaziergang durch Feld und Wald auf den Weg machen. Die Wolken können uns schon sehr viel sagen, ob wir einen Regenumhang oder einen Regenschirm mitnehmen oder ob wir etwa die Sonnenbrille einstecken sollen.

Wenn der Himmel wie im obigen Foto bewölkt ist, brauchen wir wohl keine Niederschläge zu befürchten, denn diese Art von Wolken tritt nur bei schönem Sommerwetter auf; man nennt sie deshalb „Schönwetter-Kumuluswolken". Sie entstehen durch aufsteigende Warmluft, die sich beim Aufsteigen in größere Höhe ausdehnt, dabei abkühlt und den Wasserdampf in Form kleiner Nebeltröpfchen ausscheidet.

In diesem letzten Satz sind schon die drei Grundgrößen, die in erster Linie das Wetter bestimmen, genannt: Temperatur, Luftdruck und Luftfeuchtigkeit. Durch unterschiedliche Erwärmung der Luft entstehen Druckunterschiede, diese erzeugen Luftströmungen, und durch den Gehalt der Luft an Wasserdampf entstehen Wolken und Niederschläge.

So einfach wie in diesem Satz beschrieben, ist es natürlich nicht; im Gegenteil, das Wettergeschehen ist ein äußerst komplizierter Vorgang, und auch andere physikalische Parameter, z. B. die Rotation der Erde, geographische Gegebenheiten, Elektrizität, haben einen wesentlichen Anteil am Wettergeschehen.

Dies soll kein Kurzlehrgang über Meteorologie werden, es soll hier lediglich versucht werden, die Beobachtungen auf unseren Wanderun-

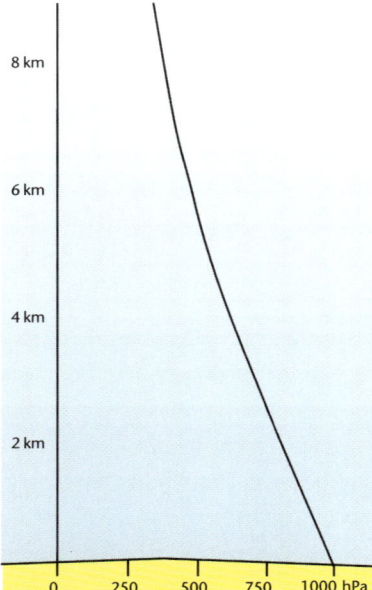

Abb. 73: Der Luftdruck der Atmosphäre nimmt mit der Höhe nach einem logarithmischen Gesetz ab; als Faustregel gilt dabei: Pro 100 m vermindert sich der Luftdruck um 1,25 Prozent.

100

gen durch die freie Natur so gut wie möglich zu deuten oder auch zu erklären. Dazu brauchen wir aber einige Grundkenntnisse, die wir uns im folgenden erarbeiten wollen.

1 Physikalische Zusammenhänge

Druck, Temperatur und Luftfeuchtigkeit existieren nicht unabhängig voneinander. Es soll deshalb auf die für das Wettergeschehen wichtigsten Gesetzmäßigkeiten kurz eingegangen werden. Daß der Luftdruck mit der Höhe abnimmt, ist eine allgemein bekannte Erscheinung; warum das so ist, läßt sich leicht erklären: Luft hat, wie jeder Körper, ein Gewicht; ein Kubikmeter Luft hat etwa das Gewicht von einem Kilogramm. Die Luft, die über uns lagert, drückt mit ihrem Gewicht nach unten und erzeugt so auf dem Boden einen Druck von 1000 Hektopascal (hPa); das entspricht ungefähr einem Doppelzentner pro Quadratdezimeter.

→ Abb. 73

Zwischen Dichte der Luft und Luftdruck besteht ein einfacher Zusammenhang, den man sich leicht selbst klar machen kann: Pumpt man z. B. einen Fahrradreifen auf, so vergrößert man die Luftdichte in ihm; doppelte Luftmenge bedeutet doppelte Dichte. Gleichzeitig nimmt aber auch der Reifendruck zu, und zwar ebenfalls auf das Doppelte. Je höher wir auf einen Berg steigen, umso weniger Luft lagert über uns und umso geringer ist der Druck, den sie auf uns ausübt. Mit dem Luftdruck nimmt aber auch die Luftdichte ab: Mit zunehmender Höhe wird also die Luftdichte immer geringer. Als Faustregel kann man sagen: Pro 100 Meter Höhenzunahme nimmt der Luftdruck um 1,25 Prozent ab; hat er z. B. in 500 Meter Höhe 1013 hPa, so sind es in 600 Meter Höhe noch 1013 hPa · 0,9875 = 1000 hPa. Eine genaue Grenze, wo die Lufthülle der Erde zu Ende ist, läßt sich so nicht angeben. Selbst in 600 Kilometer Höhe sind in einem Kubikzentimeter im Durchschnitt noch 1 000 000 Luftmoleküle vorhanden (im Gegensatz zu $27 \cdot 10^{18}$ Molekülen am Boden).

Wenn ein Luftquantum hochsteigt, wie z. B. beim Auftreten der Kumuluswolken, so wird seine Dichte geringer, es dehnt sich aus. Mit dieser Ausdehnung ist eine Abkühlung verbunden: Durch die Ausdehnung verrichtet das Luftquantum Arbeit (es drängt die umgebende Luft zur Seite) und dies geht nur auf Kosten der *inneren Energie* des Luftquantums, also seiner Temperatur. Auch hier eine Faustregel: Steigt die Luft um 100 Meter hoch, so kühlt sie sich um ein Grad Celsius ab, sofern keine Kondensation, also Wolkenbildung eintritt.

Es herrscht z. B. am Boden (500 Meter über dem Meeresspiegel) eine Lufttemperatur von 20 °C; steigt diese Luft nun auf eine Höhe von 2 000 Meter Höhe, so wird dort nur noch eine Tempertatur von 5 °C gemessen. Bilden sich dabei Wolken, so wird durch die Kondensation Wärme frei und die Abkühlung fällt geringer aus.

Die drei Gasgesetze, die beim Wettergeschehen die hauptsächliche Rolle spielen, lassen sich in einer Formel zusammenfassen, in der *allgemeinen Gasgleichung.* Sie lautet:

$$p \cdot V^\kappa = R \cdot T \hspace{4cm} (1)$$

p und V bedeuten hier Druck und Volumen eines Gases, T ist die absolute Temperatur*. R ist die sogenannte Gaskonstante, die den Wert $R = 8{,}31$ J/K hat, wenn man die Größen auf ein Mol (= $6 \cdot 10^{23}$ Moleküle) bezieht. κ ist eine von der Art des Gases abhängige Konstante; für Luft hat κ den Wert 1,4.

Von der gleichen Bedeutung wie diese drei Zustandsgrößen ist für das Wettergeschehen die Luftfeuchtigkeit. Darunter versteht man den Gehalt der Luft an Wasserdampf. Ein Luftquantum von gegebenem Volumen kann jeweils nur eine bestimmte Menge an Wasserdampf aufnehmen, die von seiner Temperatur abhängt: Je höher die Temperatur, umso mehr Wasserdampf kann die Luft aufnehmen. So kann z. B. ein Kubikmeter Luft von 30 °C bis zu etwa 30 Gramm Wasserdampf aufnehmen; in diesem Fall ist die Luft dann „gesättigt", die *relative Feuchte* beträgt 100 Prozent. Bei 0 °C ist die Luft schon mit fünf Gramm Wasserdampfgehalt gesättigt.

Luft mit weniger als 100 Prozent absoluter Feuchte kann durch Abkühlen gesättigt werden; bei weiterem Abkühlen kondensiert dann der Wasserdampf zu Nebeltröpfchen. Die Temperatur, bei der dies eintritt, nennt man den Taupunkt.

2 Einfluß der Erddrehung

Ein weiterer Effekt, der von höchster Wichtigkeit für das Wettergeschehen ist, entspringt aus der Erddrehung; es ist der *Coriolis-Effekt,* durch den die strömenden Luftmassen von ihrer geraden Bahn abgelenkt werden. Da sich das Wettergeschehen über große Bereiche

---

* Der Nullpunkt der absoluten Temperaturskala liegt bei −273 °C; es ist also $T = \vartheta + 273$ K (ϑ ist die Temperaturangabe in Grad Celsius; K ist die Maßeinheit „Kelvin" und entspricht einem Grad Celsius.

der Erdoberfläche erstreckt, müssen wir diese Luftbewegungen global betrachten. Ausgelöst werden die Wettererscheinungen durch die unterschiedlich starke Sonneneinstrahlung in verschiedenen Gebieten der Erdoberfläche. Den heißen Zonen um den Äquator stehen die kalten Polarzonen gegenüber, mit den subtropischen und den gemäßigten Zonen dazwischen. Die unterschiedliche Erwärmung der Luft bewirkt, daß die Luftmassen sich auszugleichen versuchen: Die heiße Luft der Tropen sucht sich Wege zu den kühleren Zonen und umgekehrt. Da aber die heiße Luft leichter ist als die kalte, strömt sie zuerst nach oben und in großen Höhen in Richtung Polarkreis, während die kalte Luft unten bleibt und an der Erdoberfläche in Richtung Äquator strömt. Wir betrachten im folgenden nur die Vorgänge auf der Nordhalbkugel, für die Südhalbkugel gilt ähnliches.

Es gibt hier im wesentlichen drei Strömungszonen, die in Abb. 74 dargestellt sind. Die erste Zirkulation wird durch die am Äquator

▶ Abb. 74

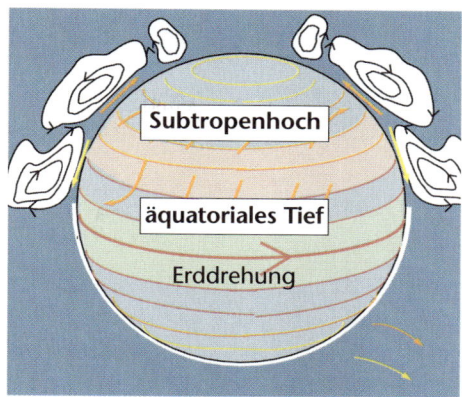

Abb. 74: Luftströmumgen auf der Nordhalbkugel der Erde.

Die vertikalen Strömungen sind stark überhöht gezeichnet; sie reichen bis in eine Höhe von ca. 15 Kilometern, während der Erdradius rund 6400 Kilometer beträgt.

Die wetterwirksame Luftschicht ist also noch niedriger als der über der Südhalbkugel eingezeichnete weiße Streifen.

erwärmte Luft ausgelöst; sie steigt nach oben, wird dabei abgekühlt. Dadurch entsteht die sogenannte äquatoriale Tiefdruckrinne. In diese strömt von Norden her entlang der Erdoberfläche etwas kühlere Luft in Richtung Äquator nach. Die zweite Zirkulation ist diejenige, die uns betrifft und uns die Westwinde bringt. Sie geht von der subtropischen Hochdruckzone nach Norden und wird dabei durch die Corioliskraft nach rechts, also nach Osten abgelenkt.

Die Corioliskraft ist eine Folge der Erddrehung: Ein Punkt auf dem Äquator hat wegen dieser Drehung eine gewisse Geschwindigkeit von Westen nach Osten, eben die Rotationsgeschwindigkeit des Erdäquators. An den beiden Polen ist diese Geschwindigkeit Null. Bewegt sich nun Luft vom Äquator nach Norden oder Süden, so behält sie die ihr von der Erdrotation mitgegebene Geschwindigkeit bei und überholt die Erdoberfläche, d. h. sie wird auf der Nordhalbkugel nach rechts und auf der Südhalbkugel nach links abgelenkt. Fließt die Luft von den Polargebieten in Richtung Äquator, so bleibt sie gegen die äquatornahe Erdoberfläche zurück, da in Polnähe die West-Ost-Geschwindigkeit kleiner ist als in der Nähe des Äquators. Es erfolgt also

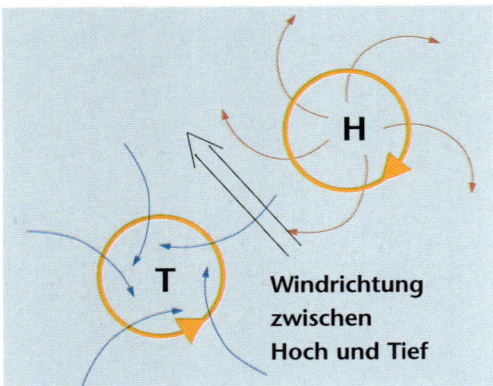

Abb. 75: Ein Hochdruckgebiet wird im Uhrzeigersinn, ein Tiefdruckgebiet gegen den Uhrzeigersinn umströmt.

wieder eine Ablenkung: Nach rechts auf der Nord- und nach links auf der Südhalbkugel. Die Luft kann dadurch nicht einfach von einem Gebiet hohen Luftdrucks in ein Gebiet geringeren Luftdrucks fließen, sondern wird auf der Nordhalbkugel immer nach rechts abgelenkt.

Darauf ist es zurückzuführen, daß Westen für uns die „Wetterseite" ist, d. h., daß wir nach Westen schauen, wenn wir wissen wollen, wie das Wetter wird. Der nördliche Atlantik ist für uns die Wetterküche und auf der Fernseh-Wetterkarte wird meistens gezeigt, was sich dort zusammenbraut.

Diese Luftströmungen sind aber nicht die einzigen, die unser Wetter bestimmen. Auch in unserer gemäßigten Zone treten unterschiedliche Erwärmungen auf, etwa durch unterschiedliche Bewölkung; dadurch entstehen Bereiche mit unterschiedlichem Luftdruck, Hoch- und Tiefdruckgebiete. Aus einem Hochdruckgebiet (kurz: „Hoch") strömt die Luft heraus, während es in ein „Tief" hineinströmt. Hier wirkt sich nun auch wieder die Corioliskraft aus und lenkt auf der Nordhalbkugel diese Luftströmungen nach rechts ab, d. h., daß die Hochdruckgebiete im Uhrzeigersinn umströmt werden und die Tiefdruckgebiete entgegengesetzt (Abb. 75). Es kann also kein direkter → Abb. 7 Druckausgleich erfolgen, und dies ist die eigentliche Ursache für die „Unbeständigkeit" des Wetters. Würde diese Ablenkung der Luftmassen aufgrund der Erddrehung nicht stattfinden, so wäre das Wetter ziemlich eintönig: Hoch und Tief würden gar nicht erst existieren, denn ein geringer Druckunterschied würde sich sofort ausgleichen; es würde also überall der gleiche Luftdruck herrschen.

Soweit die wichtigsten physikalischen Tatsachen, die wir brauchen, um unsere Wolken- und Wetterbeobachtungen zu erklären.

3 Wie sich Wolken bilden

Die Schönwetter-Kumuluswolken waren am leichtesten zu deuten; es gibt aber noch andere Kumuluswolken, z. B. die Regenwolken, die meistens vom Westen her ziehen und uns das schlechte Wetter bringen. Diese Wolken haben sich hauptsächlich über dem Meer gebildet, wo die Luft über dem Wasser viel Feuchtigkeit aufgenommen hat. Wie diese Feuchtigkeitsaufnahme vor sich geht, soll nun genauer untersucht werden.

Über dem Meer bilden sich ebenso wie über dem Festland durch die Sonneneinstrahlung, aber auch durch warme Meeresströmungen, warme Luftschichten über dem Wasser, die von kalter Luft überlagert werden. Hier sind jedoch die Verhältnisse dadurch andere, daß diese warmen Luftschichten über weite Flächen ausgebreitet sind. Es gibt also keine lokal starke Erwärmung, die ein Aufsteigen der warmen Luft dort ermöglicht. Natürlich versucht die warme Luft über der Wasserfläche auch aufzusteigen und die darüber lagernde kalte Luft zu verdrängen, aber wohin soll die kalte Höhenluft ausweichen? Zum Absinken steht die warme Luftschicht im Wege, und wodurch würde dann die warme Luft über der Meeresfläche ersetzt? Der Temperaturausgleich erfolgt dennoch auf diese Weise. Es bildet sich ein System von eng begrenzten Gebieten, in denen die warme Luft aufsteigt und die kalte Luft absinkt. Diese Strömungsbereiche sind ähnlich wie Bienenwaben angeordnet und überdecken insgesamt große Meeresflächen (Abb. 76). Man kann einen ähnlichen Vorgang beobachten, wenn z. B. auf der Herdplatte in einem Topf Griesbrei erwärmt wird. Man nennt diese Erscheinung *Bénardzellen*. Es ist leicht einzusehen, daß auf diese Weise ein reger Wärmetransport stattfindet und zudem viel Wasserdampf, den die warme Luft über der

Abb. 76

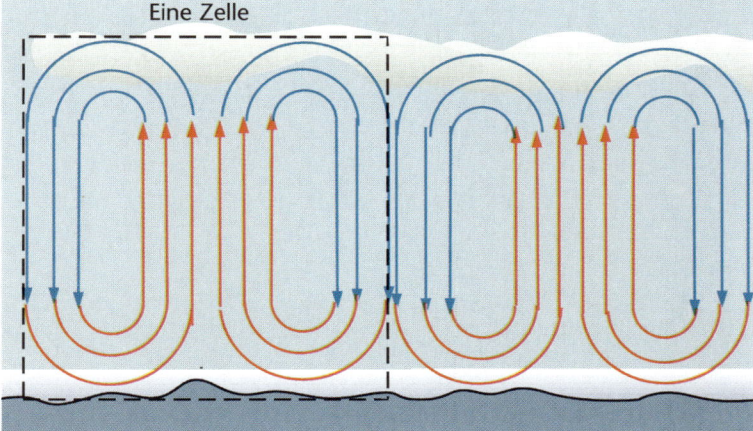

Abb. 76: Der Wärmeaustausch zwischen Luftschichten am Boden und in der höheren Atmosphäre erfolgt in Bénardzellen: in der Mitte einer solchen Zelle strömt Warmluft nach oben, an den Rändern strömt die kalte Höhenluft nach unten.

105

Wasserfläche aufnimmt, in höhere Luftschichten transportiert wird, eine Voraussetzung für die Wolkenbildung. Aber Wasserdampf allein reicht zur Wolkenbildung nicht aus! Auf S. 97 wurde dargestellt, wie ➔ S. 97 der Sättigungsdampfdruck in der Luft von der Temperatur abhängt; bei Abkühlung der mit Wasserdampf gesättigten Luft unter den Taupunkt wird der Wasserdampf in Form von Nebeltröpfchen ausgeschieden. Diese Aussage ist aber nur teilweise richtig! In Wirklichkeit kann die Luft bis zu 300 Prozent mit Wasserdampf übersättigt sein, ohne daß sich Nebel oder Wolken bilden. Der Grund dafür ist, daß die Wassermoleküle nicht von selbst Anschluß aneinander finden, sondern dazu eine Art von Katalysator benötigen. Dieser wird in Form ➔ Abb. 7 von winzigen Verunreinigungen mit der Luftströmung emporgerissen: Salze (hauptsächlich Natrium- und Kalziumchlorid), Plankton und andere Mikroorganismen. An ihnen lagern sich die Wassermoleküle an, und es bilden sich die Nebeltröpfchen und Wolken. Die Rezeptur für Regenwasser kann etwa so aussehen: vier Milligramm Algen und Plankton (Trockenmasse) und 0,5 Milligramm Meerwasser werden mit destilliertem Wasser auf einen Liter aufgefüllt, dann erhält man etwa die gleiche Mischung, wie sie ein Liter Regenwasser enthält. Über dem Festland kommen natürlich noch die festen und flüssigen Bestandteile der Industrieabgase hinzu. Die Salze und Mikroorganismen kommen nicht durch die Wasserverdunstung in die Atmosphäre; wie es geschieht, das ist wert, etwas genauer betrachtet zu werden.

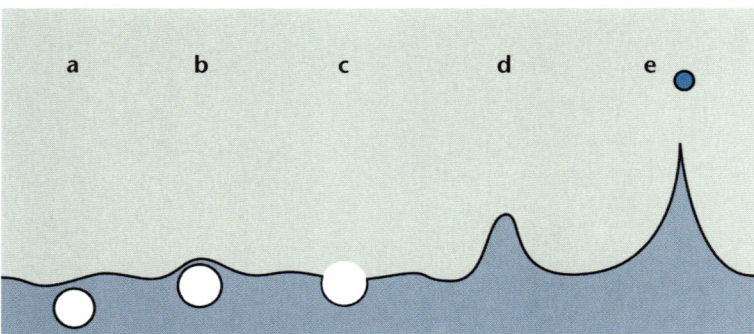

Abb. 77: So kommen Plankton und Meersalz in die Atmosphäre: Luft, die beim Wellenschlag unter die Meeresoberfläche gelangt ist, steigt in Blasen auf (a); diese gelangen an die Wasseroberfläche (b) und platzen. Es entsteht ein kleiner „Krater" (c), in den das Wasser nachströmt und eine kleine Wasserfontäne bildet (d), von der sich ein Tropfen ablöst (e). Dieser wird vom Wind emporgetragen.

Das Meer wird häufig durch Stürme aufgewühlt; dabei überschlagen sich die Wellen und reißen Luft mit unter die Wasseroberfläche. Diese steigt natürlich wieder in Form von Luftblasen hoch, die, wenn sie an die Wasseroberfläche kommen, platzen. Was dabei passiert, kann man leicht selbst wahrnehmen, wenn man die Nase, die Lippen oder den Handrücken über ein mit Sekt gefülltes Glas hält: Man verspürt Nässe im Gesicht oder auf der Hand! Das kommt von den Gasbläschen, die an der Wasseroberfläche platzen und dabei feine Wassertröpfchen nach oben reißen.

(am Rand:) ► Abb. 77

Das geschieht dadurch, daß beim Platzen des Bläschens eine Vertiefung in der Wasseroberfläche entsteht, die sich durch von unten nachströmendes Wasser ausgleicht; da gleichzeitig von der Seite her eine Einengung erfolgt, schießt dieses über das Ziel hinaus, und es entsteht eine kleine Wasserfontäne. Von dieser lösen sich ein oder mehrere Tröpfchen ab, die eine Höhe bis zu 25 cm über der Wasseroberfläche erreichen können. Das Wasser der Tröpfchen verdunstet, ehe sie in das Meer zurückfallen, aber der Wind wirbelt die Inhaltsstoffe in höhere Luftschichten, so daß diese mit der aufwärts strömenden Luft in die Wolkenhöhe getragen werden. Auf diese Weise gelangen also außer dem Wasserdampf auch noch andere Bestandteile des Meerwassers in die Atmosphäre: Man sagt: „die Luft riecht nach Meer". Und an diese Schwebeteilchen lagert sich der Wasserdampf an – es bilden sich die Regenwolken, die dann an anderer Stelle ihre Fracht wieder abladen.

Wie und warum aber kommen diese zu uns? Das erfahren wir im nächsten Abschnitt.

4 Die Zyklone

Der Nordatlantik ist die Wetterküche für Europa, das haben wir schon festgestellt. Dort entstehen die Tiefdruckgebiete, die unser Wetter bevorzugt bestimmen. Wie aber kommt es zur Bildung dieser nordatlantischen Tiefs?

Ein Tief entsteht im allgemeinen dann, wenn die Luft an einer bestimmten Stelle stärker erwärmt wird als in der Umgebung. Die Luft dehnt sich aus und steigt nach oben, wo sie sich dann über die angrenzenden Gebiete ergießt. Wo die Luft in der Höhe abfließt, entsteht dadurch ein Tiefdruckgebiet, wo sie zufließt, erhöht sich der Luftdruck, es entsteht ein Hoch. Wie aber kann eine gleichmäßige Wasserfläche die Luft punktuell unterschiedlich stark erwärmen?

Die Antwort ist: Das Meerwasser kann doch recht unterschiedlich

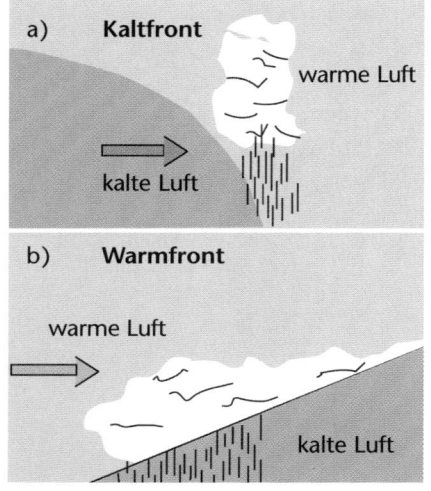

Abb. 78a: In der Kaltfront schiebt sich die kalte Luft unter die warme Luft und drückt diese hoch; es gibt Schauer und Gewitter.

Abb. 78b: Die warme Luft der Warmfront gleitet über die kalte Luft: Regen.

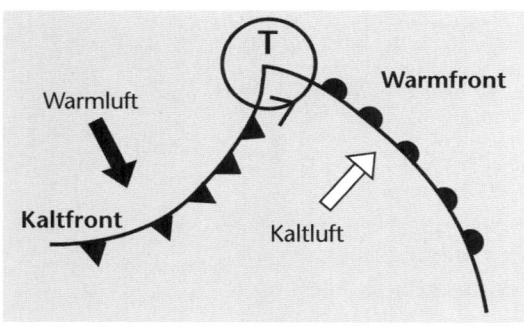

Abb. 79: Zyklone mit Warm- und Kaltfront

temperiert sein; warme und kalte Meeresströmungen bewirken oft erhebliche Temperaturunterschiede der Meeresoberfläche. So ist das Wasser des Golfstromes am 37. Breitengrad wärmer als 22 Grad, während es weiter östlich, dort, wo der Golfstrom nicht mehr wirksam ist, kaum 18 Grad erreicht. Dadurch gehen z. B. in einer geographischen Breite zwischen 30 und 40 Grad vom Golfstrom im Winter pro Tag und pro Quadratmeter Meeresfläche 70 000 kcal an die Luft über; weiter östlich, etwa in der Höhe von Gibraltar, sind es nur 8 000 kcal. Im Sommer, wo die Temperunterschiede geringer sind, sind es 20 000 kcal bzw. 12 000 kcal. In diesen Werten ist auch die Energie enthalten, die zum Verdunsten des Wassers gebraucht wird. Diese nennt man die latente (verborgene) Wärme, da sie nicht als Temperaturerhöhung in Erscheinung tritt. Allerdings spielt sie bei der Wolkenbildung eine große Rolle, da bei der Kondensation des Wasserdampfes diese Energie als Wärme wieder frei wird. Der Golfstrom ist es also, der die unterschiedliche Erwärmung der Luft und damit die Bildung der für uns wetterwirksamen Tiefdruckgebiete bewirkt. Die Wettervorgänge über dem Atlantik sind es anderseits, die den Golfstrom in Gang halten. Wetter und Meeresströmung bewirken sich somit gegenseitig.

Ein Tiefdruckgebiet ist natürlich kein stabiles Gebilde, es herrscht ja in ihm ein Unterdruck gegenüber der Umgebung und von dort aus strömt Luft in dieses Tiefdruckgebiet. Diese wird aber, wie wir gesehen haben, nach rechts abgelenkt und umkreist das Tief entgegen dem Uhrzeigersinn; es bilden sich die aus Satellitenaufnahmen bekannten Luftwirbel, in der Fachsprache *Zyklone*. In tropischen Gebieten werden diese Tiefdruckwirbel häufig so heftig, daß sich die gefürchteten Tornados bilden. Ein solcher Zyklon setzt auch die Luft der Umgebung in Bewegung, polare Kaltluft oder auch subtropische Warmluft.

→ Abb.

Im Zuge der oben beschriebenen Westströmung der Luftmassen gelangen nun die über dem Atlantik gebildeten Tiefdruckgebiete und Wolkenfelder über das europäische Festland. Hier kann nun Verschiedenes geschehen: Es kann sein, daß der Luftwirbel aus dem Polargebiet Kaltluft ansaugt und zum Festland transportiert (bei ihrer vorderen Begrenzung spricht man von einer Kaltfront); dann schiebt sich diese unter die Festland-Warmluft und drückt diese hoch (Abb.

Abb. 78a

78a). Dabei kühlt sich diese ab, und es tritt eine starke Wolkenbildung auf, die gewöhnlich starke Regengüsse bringt und auch von Gewittern begleitet ist. Die Vorgänge im Gewitter

→ S. 113

werden später behandelt.

Es kann aber auch sein, daß warme Luft gegen ein Gebiet mit kälterer Luft anströmt. Die warme Luft ist leichter als die kalte und gleitet deshalb an ihr auf, sie lagert sich über die kalte Luft

Abb. 78b

(Abb. 78b). Auch das führt gewöhnlich zu Regen, kann aber auch zur Bildung von Hochnebel führen, der unter Umständen sehr beständig ist. Man spricht dann von einer Inversionswetterlage, bei der die normale Temperaturschichtung: unten warm, oben kalt, umgekehrt ist. Diese Inversionsschichtung ist deswegen sehr stabil, weil die leichte warme Luft auf der schweren kalten „schwimmt". Die

Eine Kaltfront zieht heran.

Erste Vorboten einer Warmfront.

Grenzfläche zwischen den beiden Schichten ist sehr scharf ausgeprägt und die beiden Luftmassen können sich nicht miteinander vermischen.

Dies führt in Großstädten oft zur starken Anreicherung von schädlichen Gasen, die durch die Inversionsschicht nicht nach oben entweichen können. Wir gehen in einem solchen Fall auf einen Berg, wo über der Inversionsschicht herrliches Wetter herrscht, während es im Tal neblig trüb ist. Von oben sieht man dies als ein weites Nebelmeer. Warmfront und Kaltfront treten in einem Zyklon oft im Gefolge auf. Wenn, was häufig der Fall ist, die Kaltfront schneller fortschreitet als die Warmfront und diese einholt, wird der Warmluftkeil zwischen den beiden Fronten vom Erdboden abgehoben und es kommt zu wechselnder Bewölkung und Niederschlägen.

Leewellen auf der Nordseite der Alpen

Andere Wolkenformen

Besonders beeindruckende Wolkenformationen sind Wellenwolken, wie sie dieses Foto zeigt. Man kann sie vor allem im Alpenvorland bei *Föhn* beobachten, wenn der Süd- oder Südwestwind über die Alpen streicht. Aber auch in anderen Gegenden, wo dem Föhn entsprechende Winde auftreten, z. B. am Oberrheingraben oder an den Pyrenäen als *Cierzo* treten diese sogenannten *Leewellen* auf.

Was man beim Föhn als Bewölkungserscheinung sieht, ist nur das sichtbare Zeichen eines gewaltigen atmosphärischen Ereignisses, das

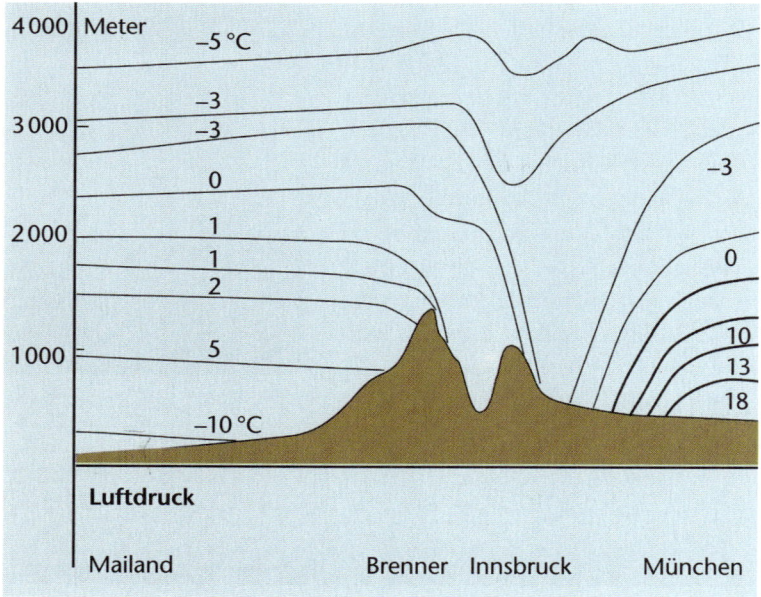

Abb. 80: Lufttemperatur über den Alpen bei einer typischen Föhnlage.

110

sich bis weit hinauf in Höhen von bis
zu zehn und mehr Kilometern abspielt,
also weit über die Höhe der Berge
hinaus.

Man bezeichnet den Föhn auch als
„Fallwind", was besagt, daß die Luftströmung auf der Luvseite des Gebirges in die Höhe gelenkt wird und auf
der Leeseite wieder ins Tal „fällt".

Bei Hochsteigen der Luft auf der Luvseite gewinnt diese potentielle Energie
und kühlt sich dabei ab; es bilden sich
meist Wolken mit Regenfällen. Bei der
Kondensation von Wasserdampf wird
Energie frei, die die Luft aufnimmt.

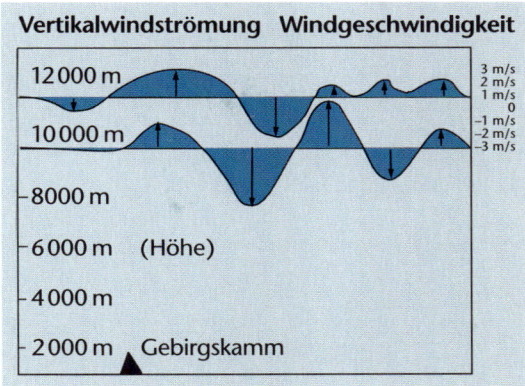

Abb. 81: Auch in Höhen von über 10 000 Metern
treten noch Wellen auf.

Beim Absinken (Fallen) auf der Leeseite tritt diese Energie als Wärme
wieder in Erscheinung; deshalb die trocken-warme Luftströmung an
Föhntagen, die bei manchen Menschen gesundheitliche Beschwer-
den verursacht.

**Abb. 80
und 81** Wie die Abb. 80 und 81 zeigen, sind aber die physikalischen Verhältnisse in der Atmosphäre über dem Gebirge noch wesentlich komplizierter. In Abb. 80 ist ein Querschnitt durch den Alpen-Hauptkamm
zwischen Mailand und München wiedergegeben mit den Linien
gleicher Temperatur (Isothermen) der darüberliegenden Luftschichten. Man erkennt aus dem Temperaturverlauf, wie sich in ihnen
schon die beobachteten Wellen abzeichnen. Auch die Linien gleichen Luftdrucks zeigen einen bemerkenswerten Verlauf auf der Leeseite.

Abb. 81 Abb. 81 zeigt, daß auch in noch größeren Höhen turbulente Strömungen auftreten; die hier gezeigten Vertikalströmungen überlagern

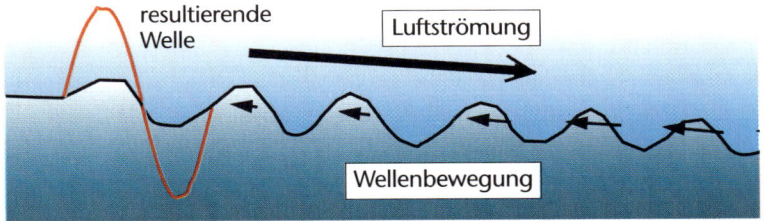

Abb. 82: Die gegen die Windrichtung laufenden Wellen holen einander
ein und verstärken sich; wenn ihre Geschwindigkeit gleich der Windgeschwindigkeit ist, entstehen die stationären Leewellen.

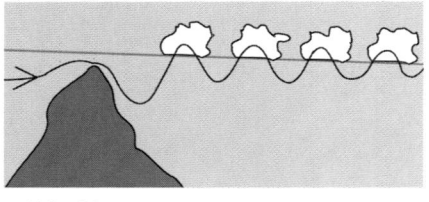

Abb. 83

sich natürlich der horizontalen Windrichtung, so daß auch in diesen Höhen von über zehn Kilometern noch Wellen auftreten. Segelflieger konnten in solchen Wellen Höhenrekorde bis über 11 000 Meter erreichen.

Wir wollen nun der Frage nachgehen, wie diese Leewellen, wie sie in Abb. 84 schematisch dargestellt sind, zustande kommen. Eigentlich kennen wir die Antwort schon, denn wir haben eine ganz ähnliche Erscheinung schon bei Wasserwellen kennengelernt: Den hydraulischen Sprung (Seite 67). Wie dort summieren sich kleine Störungen der Wasseroberfläche, die sich nach allen Seiten ausbreiten, in Richtung gegen die Strömung zu immer größeren Wellenbewegungen. → Abb.8 → S.67

Auch an der Grenzfläche verschiedener Luftschichten treten, wie an einer Wasseroberfläche, Wellen auf; ihre Ausbreitungsgeschwindigkeit ist hier von der Temperatur und damit von der Luftdichte abhängig. Je dichter die Luft ist, umso größer ist die Ausbreitungsgeschwindigkeit dieser Wellen. Die Luftdichte nimmt beim Abwärtsgleiten der Luft auf der Leeseite eines Gebirges zu, die Ausbreitungsgeschwindigkeit dieser Wellen wird also größer.

Die Wellenausbreitung erfolgt nach allen Richtungen; sie können sich aber nur gegen die Strömungsrichtung des Leewindes verstärken, da die tieferen und schnelleren Wellen die höheren und langsameren einholen.

Wenn nun die Windgeschwindigkeit gleich der Ausbreitungsgeschwindigkeit der Wellen ist, tritt in Richtung gegen die Luftströmung der gleiche Verstärkungseffekt wie beim hydraulischen Sprung auf und es entstehen stehende Wellen. Diese werden sichtbar, wenn im Bereich dieser Wellen die Luftfeuchtigkeit nahe am Taupunkt liegt; die in den Wellenbergen aufsteigende Luft kühlt sich ab, der Wasserdampf kondensiert zu Nebeltröpfchen und es bilden sich die Wolkenstreifen, die wir, wie auf dem Foto Seite 110, beobachten können. → Abb.8 → S.110

Die Größenordung der Leewellen ist eine ganz andere als die der Wasserwellen; es treten hier Wellenlängen von 30 bis 40 Kilometern auf und Wellenamplituden bis zu 7 000 Metern, natürlich in entsprechenden Höhen wie in Abb. 81. → Abb.8

Wie ein Gewitter entsteht

Auch mit Gewitter, Sturm und Hagel müssen wir rechnen, wenn wir zu unserem Spaziergang aufbrechen. Und wenn wir dann unter einem schützenden Dach das Naturschauspiel verfolgen, ist es nicht uninteressant, die physikalischen Vorgänge in einem Gewitter wenigstens im Prinzip zu kennen. Das Entstehen eines Gewitters setzt immer voraus, daß Luftmassen mit hohem Wasserdampfgehalt hochgehoben werden, wobei sich die Luft abkühlt und sich der Wasserdampf in Form von feinsten Nebeltröpfchen verflüssigt. Auch in großen Höhen, wo die Temperatur schon weit unter dem Gefrierpunkt des Wassers ist, bilden sich noch *flüssige* Nebeltröpfchen. Wassertröpfchen können unter den Gefrierpunkt abgekühlt werden, ohne daß sie gefrieren. Das liegt daran, daß zum Gefrieren *Gefrierkeime* vorhanden sein müssen, an denen die Eiskriställchen wachsen. Diese Keime können schon vorhandene kleine Eispartikel sein oder auch kleine Salzkriställchen oder vom Boden hochgewirbelter Staub in einer Größe von 10^{-7} bis 10^{-3} Zentimetern. Je kleiner ein Tröpfchen ist, umso unwahrscheinlicher ist es, daß sich ein solches Partikel in ihm befindet; je kleiner also ein Wassertröpfchen ist, umso tiefer kann es unterkühlt werden, ohne zu gefrieren (bis zu maximal 35 °C unter dem Gefrierpunkt)*. In den Wolken treten Unterkühlungen bis etwa – 15 bis – 20 °C auf.

Wie die Aufwinde, die zu einem Gewitter führen, entstehen, haben wir an früheren Stellen schon besprochen: Es sind zum einen örtliche Erwärmungen, die in den meisten Fällen nur zu Quellwolken (Schönwetter-Kumulus) führen, aber sich auch einmal zu einem Gewitter auswachsen können. Zum anderen treten solche Luftbewegungen an einer Kaltfront auf, wo sich die kalte Luft unter die wärmere Luftschicht schiebt und diese hochhebt. In Abb. 84 ist dargestellt, wie sich durch die aufsteigende Luft ein Gewitter entwickeln kann. Steigt die feuchte Luft über die Null-Grad-Grenze, so gefrieren die Nebeltröpfchen nicht sogleich, sondern sie steigen als unterkühlte

➔ Abb. 84

---

* Physiker sind häufig bemüht, Stoffe in absoluter Reinheit herzustellen, da ihre Eigenschaften oft von Fremdmolekülen verfälscht werden. Hundertprozentig reine Stoffe herzustellen ist aber praktisch unmöglich, außer man beschränkt sich auf die Untersuchung von kleinsten Tröpfchen des gereinigten Stoffes. Dann ist die Wahrscheinlichkeit, daß man absolut reine Tröpfchen erhält, sehr groß.

Tropfen bis in eine Höhe, in der eine Temperatur von –10 bis –15 °C herrscht. Dort gefrieren sie schließlich und es entstehen sogenannte Reifgraupeln. Diese werden zum Teil durch den Aufwind in der Schwebe gehalten oder hochgerissen, andere lagern sich zusammen, werden dadurch schwerer und fallen langsam nach unten. Unterwegs passieren sie die Schicht mit den unterkühlten Tropfen; diese lagern sich an den Reifgraupeln an und gefrieren dort fest: Es bilden sich normale Graupelkörner. Im Normalfall erreichen diese aber die Erde nicht. Da sie durch den Aufwind im Fall gebremst werden, haben sie genügend Zeit, unterhalb der Null-Grad-Grenze wieder zu schmelzen: Es regnet. In Abb. 84 sind die verschiedenen Zonen in der Entwick- → Abb.84 lung einer Regenwolke dargestellt: Aus der aufsteigenden feuchten Warmluft kondensiert der Wasserdampf zu feinen Nebeltröpfchen; es bildet sich eine Wolke (a). Über der Null-Grad-Grenze bleiben diese Nebeltröpfchen noch flüssiges, unterkühltes Wasser. Steigt die Luft noch höher, so kühlt sie sich weiter ab; bei –10 bis –15 °C gefrieren die Tröpfchen zu Reifgraupeln (b). Durch Zusammenlagern und Strö-

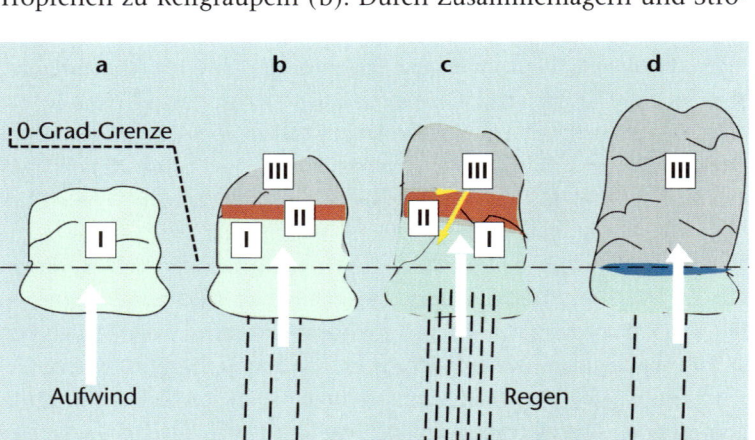

Abb. 84: Entwicklung einer Gewitterwolke. Aufsteigende feuchte Luft kühlt sich ab, es bilden sich Wolken, die auch über der Null-Grad-Grenze nicht gefrieren (a); bei weiterer Abkühlung unter –10 Grad gefrieren die Nebeltröpfchen zu Reifgraupeln (b); im Hinuntersinken gefrieren die unterkühlten Tropfen daran fest — Graupeln! Diese fallen weiter und schmelzen unterhalb der Null-Grad-Grenze: es regnet (c). Der Wassergehalt der Wolke wird erschöpft, der Regen läßt nach (d).
I unterkühlte Tropfen, II Graupeln, III Reifgraupeln; weiße Pfeile: aufsteigende feuchte Luft.

mungsturbulenzen gelangen diese in die tiefere Zone mit den unterkühlten Tropfen, die sich an die Reifgraupeln anlagern und gefrieren;
es bilden sich Graupeln. Diese fallen nun durch wärmere Luftschichten zu Boden und schmelzen dabei zu Regentropfen (c). Die Abkühlung der Luft am Boden beendet den aufwärts gerichteten Luftstrom,
die Wolke trocknet allmählich ab (d).

Hagel

Es scheint nun nicht mehr schwer zu verstehen zu sein, wie es zum
Hagel kommt. Doch ganz so einfach ist es nicht, denn zum Anwachsen der Graupelkörner zu Hagelkörnern muß noch etwas Ent-
scheidendes geschehen: Die Graupelkörner müssen sich längere Zeit
in der Wolkenschicht mit unterkühlten Tropfen aufhalten.

→ Abb.85   In Abb. 85 ist schematisch dargestellt, was hier zusammenwirkt: An
den Rändern des in einer Hagelwolke mit großer Geschwindigkeit
aufsteigenden Luftstromes entstehen Luftwirbel, das heißt, daß auch
abwärts gerichtete Strömungen auftreten. Die Hagelkörner können
dadurch mehrmals auf und ab geblasen werden und passieren dadurch mehrmals die Schicht mit dem unterkühlten Wasser. Auf diese
Weise wachsen sie immer mehr an, bis sie schließlich so schwer werden, daß sie sich im Aufwind nicht mehr halten können und zur Erde
prasseln.

Wenn man bedenkt, daß die Hagelkörner bis zur Größe eines Tennis-
balls anwachsen können, kann man sich ausrechnen, welche Auf-
windgeschwindigkeiten in einer solchen Hagelwolke auftreten können. Wenn eine solche Eiskugel (die Bezeichung Hagelkorn ist hier
nicht mehr angebracht) gerade noch im Aufwind gehalten wird, ist
der Strömungswiderstand gleich seinem Gewicht. Der Strömungswiderstand hängt von der Form des Widerstandskörpers (hier eine
Kugel) ab und wird durch den Widerstandsbeiwert c_w ausgedrückt;
außerdem von der Dichte der Luft γ, der Querschnittfläche der Kugel
und vom Quadrat der Windgeschwindigkeit. Es ist also Gewicht
gleich Strömungswiderstand oder

$$g \cdot \rho \cdot \tfrac{4}{3} r^3 \pi = \tfrac{1}{2} \gamma \cdot c_w \cdot r^2 \pi \cdot v^2. \tag{1}$$

Setzen wir den Radius r des „Hagelkorns" und den Widerstandsbeiwert ein, so ergibt sich, für den Fall, daß das Hagelkorn in der Schwe-
be gehalten wird, mit $r = 5\ cm$, $c_w = 0{,}4$, $\rho = 1\ 000\ kg/m^3$ und $\gamma = 1\ kg/m^3$
eine Aufwindgeschwindigkeit von 93 km/h.

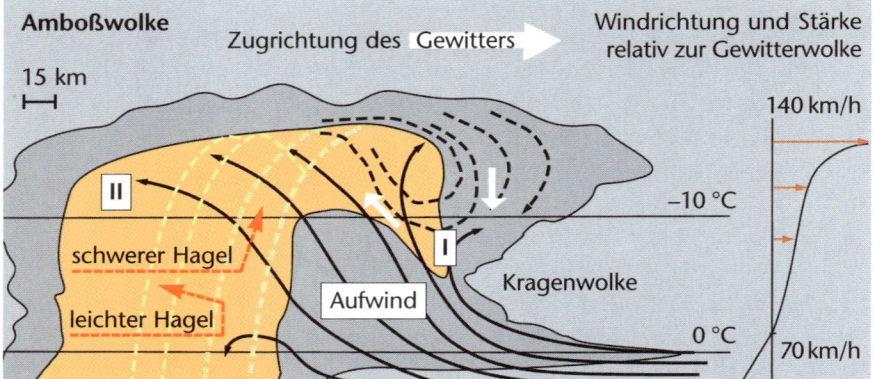

Abb. 85: Hagelwolke in der typischen Amboßform, rechts die Horizontal-Wind-
geschwindigkeit relativ zur Wolke.
I = Embryovorhang, II = Bereich mit Hagelkörnern.

Nun aber wollen wir die Vorgänge in der Amboßwolke noch etwas genauer betrachten. Auffallend ist wieder die in der Wolke aufwärts strömende Luft, die an der Vorderfront von unten her angesogen wird. In Abb. 85 ist die Windgeschwindigkeit relativ zur Wolke dargestellt; da die Wolke sich aber selber bewegt — in der Abbildung nach rechts —, können sich die beiden Geschwindigkeiten in Bodennähe vor der herannahenden Gewitterwolke aufheben: die bekannte „Ruhe vor dem Sturm". → Abb. 85

In der aufwärts strömenden Luft bilden sich nun bei ca. −10 °C die Eiskeime oder „Eisembryos", wie die Meteorologen die zu Hagelkörnern heranwachsenden Eispartikel nennen; durch die turbulente Luftströmung werden die Eisteilchen mehrmals auf- und abtransportiert und wachsen dabei zu immer größeren Hagelkörnern an. → S. 117

Das Foto zeigt ein Hagelkorn im Querschnitt; man erkennt die durch dieses Wachstum in unterschiedlichen Luftschichten entstandene Schichtung im Eisaufbau.

Der Bereich II in Abb. 85 kennzeichnet das Gebiet, in dem die Hagelkörner schließlich zur Erde fallen. Der Aufwind wird durch die nach oben strebende warme Luft in Bodennähe verursacht; fehlt diese einmal durch geographische Gegebenheit oder durch Abkühlung aufgrund der vorangegangenen Niederschläge, so werden Regentropfen und Hagelkörner nicht mehr im Aufwind gehalten und platzen mit einem Mal zu Boden. Das gibt die oft beobachteten Platzregen (Wolkenbruch!) und Hagelschauer. Solche können innerhalb einer Gewitterwolke mehrfach an verschiedenen Orten auftreten. → Abb. 85

116

Die Ausdehnung eines solchen Hagelstriches beträgt im Normalfall mehrere Kilometer in der Zugrichtung des Gewitters und weniger als einen Kilometer in der Breite. Es können sehr viel größere Hagelstriche auftreten, z. B. war der Hagelzug, der im Sommer 1984 in Südbayern große Verheerungen angerichtet hat, 300 Kilometer lang und im Durchschnitt fünf Kilometer breit.

Die eigentliche Ursache des Anwachsens der Hagelkörner ist somit die Luftschicht mit den unterkühlten Wassertröpfchen, also die Schicht, in der die Temperatur zwischen 0 und −15 °C beträgt, und natürlich der Aufwind, durch den immer wieder neue feuchte Luftmassen in diese Höhe getragen werden. Dies ist der Ansatzpunkt für die Versuche, die oft katastrophalen Hagelschläge zu bekämpfen: Man muß die Zahl der unterkühlten Wassertröpfchen vermindern. Natürlich kann man sie nicht absaugen, aber man kann sie zum Gefrieren bringen! Das bedeutet, daß man in den Bereich der Eisembryobildung Gefrierkeime zu bringen versucht. Als Gefrierkeime eignen sich Stoffe, die eine gleiche oder ähnliche Kristallstruktur haben wie Eiskristalle. Eiskristalle sind schlecht herzustellen, es gibt aber andere Stoffe, die sich hierfür eignen; als der wirkungsvollste hat sich Silberjodid erwiesen.

Zur Hagelabwehr wird also feinst verteiltes Silberjodid in die Hagelwolke gesprüht in der Hoffnung, daß dieses an die richtige Stelle in der Wolke gelangt, in die Schicht mit den unterkühlten Wassertropfen. Diese setzen sich an den Silberjodidteilchen fest und gefrieren sofort. Da diese Eispartikel sehr klein sind, werden sie vom Aufwind in große Höhen getragen und verdunsten dort. Auf diese Weise sollte also die Luft an den kritischen Stellen „entwässert" werde. Man hat in verschiedenen Ländern entsprechende Versuchsreihen über zehn und mehr Jahre durchgeführt, konnte aber keine Wirksamkeit dieses Verfahrens nachweisen. Es hat sich sogar gezeigt, daß es zu vermehrten Hagelschlägen kommt, wenn das Silberjodid in zu geringer Menge in den Bereich der Embryobildung gelangt.

Im durchschnittenen Hagelkorn sind die unterschiedlichen Wachstumsschichten deutlich zu erkennen.

Blitz und Donner

Auf unserem Streifzug durch die Natur wird es nicht ausbleiben, daß wir auch einmal von einem Gewitter mit Blitz und Donner überrascht werden. Die Physik des Gewitters ist also jetzt unser Thema, und wir wollen die physikalischen Vorgänge, soweit sie bekannt sind, untersuchen. Einige Einzelheiten über die Aufladung der Atmosphäre und die Blitzentladung sind nämlich noch nicht ganz verstanden, so wollen wir uns mit dem begnügen, was man schon weiß.

Rekapitulieren wir zunächst, was wir über die Gewitterwolken schon wissen!

Die Zutaten, aus denen Blitze entstehen, sind: heftige Aufwinde und Turbulenzen, Wassertropfen unterhalb der Null-Grad-Grenze, unterkühlte Wassertröpfchen, Reifgraupeln, Graupeln und Hagelkörner verschiedener Größe.

Wo ist da aber das Elektrizitätswerk, in dem Spannungen bis zu Millionen Volt entstehen?

Spannungen entstehen immer durch Ladungstrennung. Wir wissen, daß Atome aus Teilchen unterschiedlicher Ladung bestehen: aus dem positiv geladenen Atomkern und den negativen Elektronen. Zusammen ergeben sie das neutrale Atom. Als in der Zeit des Barock Experimente mit elektrischen Ladungen in den Salons große Mode waren, hatte man schon in Erfahrung gebracht, daß sich diese Elektrizität durch Reiben zweier Körper erzeugen ließ. Man sprach von „Reibungselektrizität", was allerdings den Effekt nicht ganz traf, da schon eine intensive Berührung zweier unterschiedlicher Stoffe die Ladungstrennung herbeiführt. Durch das Reiben wurde nur diese intensive Berührung herbeigeführt.

Eine solche intensive Berührung zweier Stoffe tritt auch in einer Gewitterwolke auf: Die Wassertropfen und Hagelkörner sind von Luft umgeben, berühren diese also. Es treten damit an der Grenzschicht dieser beiden Medien Ladungsverschiebungen auf in Form einer elektrischen Doppelschicht (Abb. 86). Das bedeutet, daß die Luft Elektronen abgibt und das Wasser diese auf-

→ Abb. 8

Abb. 86: Doppelschicht

nimmt. Auch zwischen Eis und Wasser treten solche elektrischen Doppelschichten auf. Ein wichtiger Effekt ist die elektrische Influenz: Bringt man einen leitenden Körper in ein elektrisches Feld, so tritt in diesem Körper eine Ladungstrennung auf; die positiven Ladungen werden in Richtung der Feldlinien gezogen, die negativen Ladungen → Abb. 87 in die Gegenrichtung (Abb. 87). Je größer die elektrische Feldstärke ist, umso mehr Ladungen sammeln sich auf beiden Seiten des Körpers durch Influenz an.

Nun herrscht in der Erdatmosphäre bis zur Ionosphäre hinauf ein, wenn auch schwaches, nahezu konstantes elektrisches Feld. In der Nähe der Erdoberfläche beträgt die Feldstärke durchschnittlich 130 V/m; diese nimmt aber mit der Höhe ab und beträgt in 5 000 Meter Höhe nur noch ca. 6 V/m. Dieses Feld bewirkt, daß durch Influenz in der beschriebenen Weise in den Wassertropfen und Hagelkörnern eine La-
→ Abb. 88 dungstrennung erfolgt. In Abb. 88 ist dargestellt, wie man sich das Weitere denken kann: Das Hagelkorn hat sich beim Absinken in die Zone mit unterkühlten Nebeltröpfchen mit einer dünnen Wasserhaut

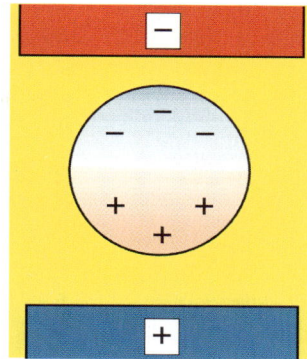

Abb. 87: Die Influenz trennt die Ladungen in einem leitenden Körper.

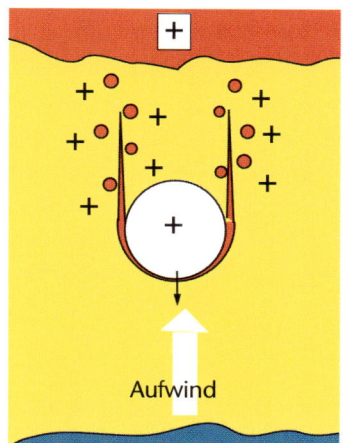

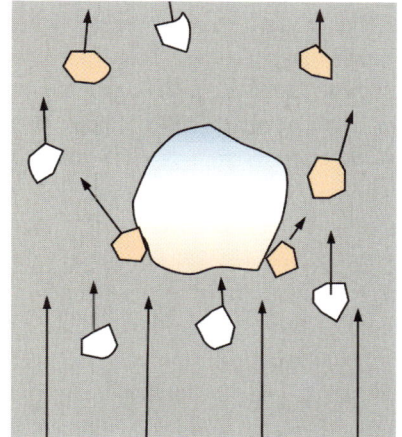

Abb. 88a: Durch den Aufwind werden von der unteren Wasserhaut der Hagelkörner kleine positiv geladene Spritzer abgelöst und nach oben getragen. Das dadurch negativ geladene Hagelkorn fällt weiter nach unten.

Abb. 88b: Graupeln und kleine Hagelkörner werden nach oben geblasen und kollidieren mit den großen, nach unten fallenden Hagelkörnern. Dabei nehmen sie ebenfalls die positiven Ladungen der Unterseite der Hagelkörner auf und tragen diese nach oben.

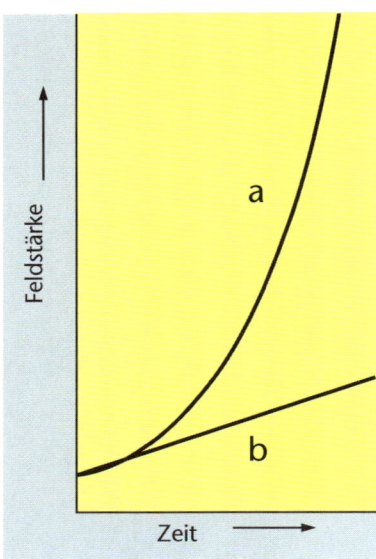

Abb. 89: Exponentieller Anstieg der Elektrischen Feldstärke durch Influenz (a); linearer Anstieg (b).

überzogen. Diese kann nicht vollständig festgefrieren, da beim Gefrieren von Wasser Wärme frei wird und diese nicht schnell genug abgeführt werden kann. Durch den starken Aufwind wird diese Wasserhaut von der Unterseite, wo der Wind dagegenbläst, abgerissen und zerstäubt. Im elektrischen Erdfeld sind jedoch im Hagelkorn elektrische Ladungen influenziert worden: Unten positive und oben negative. In der von unten her zerstäubten Wasserhaut werden nun positive Ladungen mit hinweggerissen und weit nach oben in höhere Wolkenschichten getragen. Die nunmehr eines Teils ihrer positiven Ladungen beraubten, also negativ geladenen Hagelkörner bleiben in der unteren Wolkenschicht oder fallen zur Erde.

Auch wenn die Hagelkörner ganz durchgefroren sind, kann die Ladungstrennung in ähnlicher Weise erfolgen. Große Hagelkörner fallen entgegen dem starken Aufwind nach unten oder bleiben in der Schwebe, während kleine Körner und Graupel nach oben gerissen werden. Dabei stoßen sie mit den großen Hagelkörner zusammen und nehmen elektrische Ladungen von ihnen auf, nämlich die Ladungen, die auf den Unterseiten der großen Eispartikel influenziert worden sind: Auch sie tragen somit positive Ladungen nach oben (Abb. 88b). In den unteren Wolkenpartien wird wohl bevorzugt der erste, in den höheren Schichten der Wolken der zweite Effekt vorherrschen. Wahrscheinlich wirken noch mehrere Vorgänge zusammen, aber entscheidend ist sicher die Influenzwirkung durch das vorhandene elektrische Feld auf die Hagelkörner. →Abb.88

Und so entsteht die hohe Spannung, die die Blitze auslöst: Das ursprünglich schwache elektrische Feld wird durch diesen Ladungstransport verstärkt und kann nunmehr die Hagelkörner noch stärker influenzieren, und so wiederholt sich dieser Vorgang in ständig verstärktem Maße, so daß innerhalb kurzer Zeit Spannungen bis zu 100 Millionen Volt entstehen. Wenn diese Spannung auch als sehr hoch erscheint, so muß man bedenken, daß sich das elektrische Feld über einige Kilometer erstreckt. Die Feldstärke ist etwa 100 Volt pro Zentimeter, das ist weniger als zwischen den beiden Drähten der Leitungsschnur z. B. einer Stehlampe. Um die Luft leitend zu machen und damit einen Funkenüberschlag auszulösen, ist gewöhnlich eine Feldstärke von 10 000 V/cm erforderlich. →Abb.89

Wie kommt es also trotzdem bei dieser geringen elektrischen Feldstärke zu einem Blitzschlag? Diese Frage soll im nächsten Kapitel beantwortet werden.

Der Blitzschlag

▶Abb. 90   **In Abb. 90 ist aufgezeigt,** daß sich in einer Gewitterwolke positiv und negativ geladene Wolkenteile gegenüberstehen. Positive und negative Ladungen ziehen einander an, und das ist auch hier der Fall.

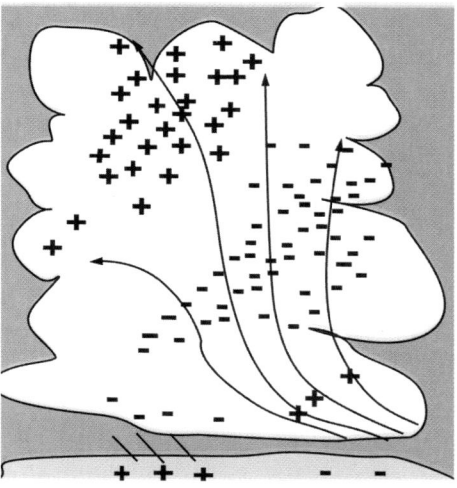

Abb. 90: Elektrische Ladungen in einer Gewitterwolke

Dies beginnt damit, daß sich an einer örtlich begrenzten Stelle die geladenen Nebeltröpfchen besonders nahe kommen, was zur Folge hat, daß dort die elektrische Feldstärke ansteigt. Dadurch werden noch mehr Ladungströpfchen in dieses Gebiet gezogen und

▶Abb.91a   die Feldstärke steigt weiter an. Dies bewirkt schließlich, daß aus den negativ geladenen Tröpfchen die Elektronen herausgerissen werden und, da sie sehr leicht sind, mit großer Geschwindigkeit (etwa ⅓ Lichtgeschwindigkeit) sich auf die Tröpfchen mit positiver Ladung hin bewegen. Durch die hohe Geschwindigkeit werden neutrale Tröpfchen, die im Wege stehen, angestoßen und ionisiert (Stoßionisation): es bilden sich positive Ionen und Elektronen, die ebenfalls am Aufbau eines sogenannten Blitzkanals mitwirken.

▶Abb. 91   **„Blitzkanal" bedeutet,** daß die Luft nun so mit Elektronen und Ionen durchsetzt ist, daß sie leitend geworden ist; man nennt das ein Plasma. Der Blitzkanal wächst nun mit einer Geschwindigkeit von etwa einem Kilometer in ¹⁄₁₀₀ Sekunde in das positive Raumladungsgebiet hinein. Dies erfolgt in Schritten von 40 bis 100 Metern, da dem Kanal immer erst wieder Ladungen aus der Umgebung zugeführt werden müssen.

Dies ist erst die Vorentladung (oder Führungsentladung), die etwa eine Zehntausendstel Sekunde dauert und bei der ein Strom von ungefähr 1 000 Ampere fließt. Nach dieser Vorentladung ist der Führungskanal (ionisierte Luft) für den Hauptblitz bereitet. Bei diesem erreicht die Stromstärke 10 000 Ampere, in besonders starken Blitzen bis zu 400 000 Ampere, bei einer Blitzdauer von einigen Millisekunden. Bei diesem Hauptblitz werden die Luftmoleküle so stark angeregt,

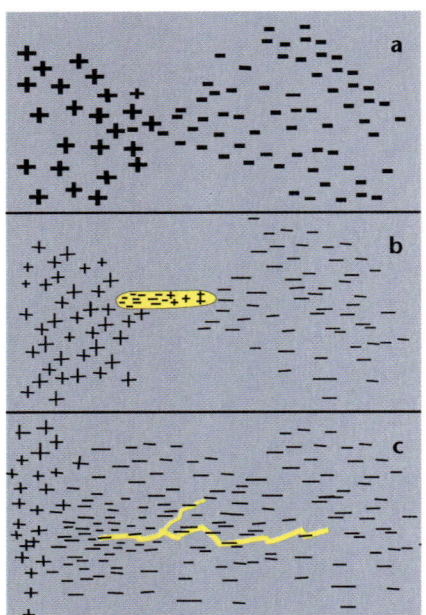

Abb. 91: Vor der Blitzentladung bildet sich am Rande einer Ladungswolke ein Blitzkanal, in dem freie Elektronen und Ionen entstehen.

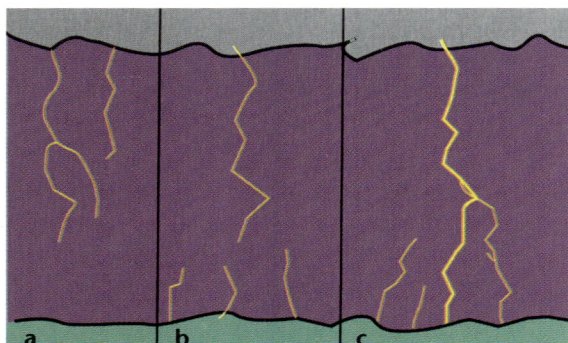

Abb. 92: Die Zeichnung zeigt die Aufeinanderfolge mehrerer Entladungen vor und nach dem Hauptblitz.

daß sie intensives Licht ausstrahlen und die Luft sich so stark erwärmt, daß sie sich wie bei einer Explosion ausdehnt und wieder zusammenfällt. Dies hören wir als Donner. Nachdem die Luft nun schon leitend geworden ist, folgen gewöhnlich weitere Entladungen, die zum Teil auch eine Folge der Influenzwirkung der Hauptentladung sind. Abb. 92 zeigt die Entwicklung eines Blitzes: In zeitlicher Folge treten mehrere Entladungen auf.

→ Abb. 9.

Bisher wurde nur von den „Wolke-zu-Wolke"-Blitzen gesprochen; diese sind auch wesentlich zahlreicher als die Blitze zur Erde. Letztere sind eigentlich nur eine Nebenerscheinung der Wolkenladungen. Die Erde war bis jetzt noch nicht im Spiel, sie hat sich bei den Ladungstrennungen in den Gewitterwolken nicht aufgeladen. Aber trotzdem sammeln sich an der Erdoberfläche Ladungen an. Sie werden durch die über der Erde schwebenden geladenen Wolkenpartien an der Erdoberfläche influenziert, und haben jeweils die entgegengesetzten Ladungen der Wolke. Aus der Erde werden also von der Wolke die entgegengesetzten Ladungen an die Oberfläche gezogen. Dadurch baut sich auch zwischen Wolke und Erde ein elektrisches Feld auf. In diesem Fall beginnt der Blitzkanal immer von der Wolke aus zu wachsen, wo sich ja die Raumladungen befinden.

Mehrere solche, vom Auge nicht sichtbare Blitzkanal„finger" strecken sich der Erde zu, und von dort aus wachsen ihnen ebensolche (von erhöhten oder gut leitenden Punkten aus) entgegen (Abb. 92). Der Blitzschlag erfolgt aber nur über ein solches „Fingerpaar", da dann sofort das elektrische Feld weitgehend zusammenbricht. Höchstens einige schwache Nachblitze

→ Abb. 9

Abb. 93

Abb. 93: Ströme bei Blitzschlag zur Erde.

sind noch möglich. Die Ladung der Erdoberfläche ist über eine weite Fläche verbreitet; daher fließen bei einem solchen Blitzschlag starke Ströme die Erdoberfläche entlang zur Einschlagstelle. Befindet sich auf der Erde ein Körper, der besser leitet als der Boden, so nimmt der Strom auch einen Umweg durch diesen Körper.

Es kommt deshalb sehr häufig vor, daß Kühe auf der Weide dem Blitzschlag zum Opfer fallen, auch wenn sie selbst nicht vom Blitz getroffen werden.

Der Strom fließt die Erdoberfläche entlang über ihren Körper zur Einschlagstelle.

Auch für den Menschen kann es gefährlich sein, mit beiden Beinen in größerem Abstand, z. B. beim Gehen oder Laufen, die Erde zu berühren. Findet man keinen entsprechenden Unterschlupf, so ist es am besten, mit geschlossenen Beinen in die Hocke zu gehen. Natürlich fließen diese Ströme auch unter einem Baum, so daß auch ein Baum keinen Schutz vor Blitzschlag bietet. Die Spuren eines Blitzes kann man oft in der Erde finden. Da in einem Blitz Temperaturen bis zu 50 000 °C auftreten, kann im Erdboden vorhandener Sand entlang des Blitzkanals schmelzen, und es bildet sich entlang des Stromverlaufs ein glasartiges Mineral, der sogenannte „Fulgurit".

6. Kapitel

Optische Erscheinungen
in der Atmosphäre

Spiegelungen auf der Landstraße

Eine Wasserpfütze auf der Straße bei trockenem Sommerwetter?
So scheint es auf den ersten Blick, denn unsere Erfahrung sagt uns,
daß Spiegelungen in der Natur gewöhnlich an Wasseroberflächen erfolgen. Aber wenn wir an die betreffende Stelle der Straße kommen,
ist von Wasser keine Spur. Auch ist die Straßenoberfläche viel zu rauh,
als daß an ihr eine Spiegelung auftreten könnte: Es ist hier eine dünne Luftschicht, die das Licht in ähnlicher Weise wie eine Wasseroberfläche umlenkt und dadurch den Eindruck einer Wasserpfütze erweckt.
Oft sehen wir auch vorausfahrende Autos oder Verkehrszeichen als
Spiegelbilder, oder auch dunkle Flächen, wenn ein Wald als Spiegelbild erscheint. Wir wollen die näheren Umstände untersuchen, unter
denen solche Luftspiegelungen auftreten.

Wie fast alle Stoffe dehnt sich Luft aus, wenn sie sich erwärmt, sie
wird dadurch dünner. Je dünner die Luft ist, umso größer ist die Geschwindigkeit, mit der sich das Licht in ihr ausbreitet. Der Unterschied zwischen der Lichtgeschwindigkeit in warmer und kalter Luft
ist zwar nur gering (bei 10 °C z. B. ist sie in bei normalem Luftdruck
von *1000 hPa* gleich *c /1,000313*, bei 30 °C ist sie *c /1,000292*; *c* steht
dabei für die Lichtgeschwindigkeit 300 000 km/s). Das bedeutet, daß
sich die Brechungszahlen nur um 7 Prozent unterscheiden. Dieser geringe Unterschied reicht aber aus, einen Lichtstrahl, der schräg in eine
dünnere Luftschicht eintritt, etwas abzulenken, ja sogar zu reflektie-
ren. Abb. 94 zeigt, wie ein Lichtstrahl, der von einem Verkehrsschild → Abb.
ausgeht, durch eine solche Schicht warmer Luft abgelenkt wird.

Wir wollen diesen Vorgang etwas genauer untersuchen, um diese
Krümmung des Strahls zu verstehen. In Abb. 95 ist ein Lichtbündel → Abb.
dargestellt, das von einer dichteren Luftschicht in eine dünnere Luftschicht übertritt, wobei wir der Einfachheit halber eine ebene Grenz-

schicht annehmen. Das Licht hat im dichteren Medium die Geschwindigkeit v_1 und im dünneren Medium die etwas größere Geschwindigkeit v_2. Die linke Seite des Bündels erreicht wegen des schrägen Einfalls diese dünnere Luftschicht früher als die rechte Seite, dort kann es sich also schon mit größerer Geschwindigkeit ausbreiten als am rechten Rand. Wenn auch der rechte Rand nach der Zeit t auf die Grenzfläche trifft, hat er

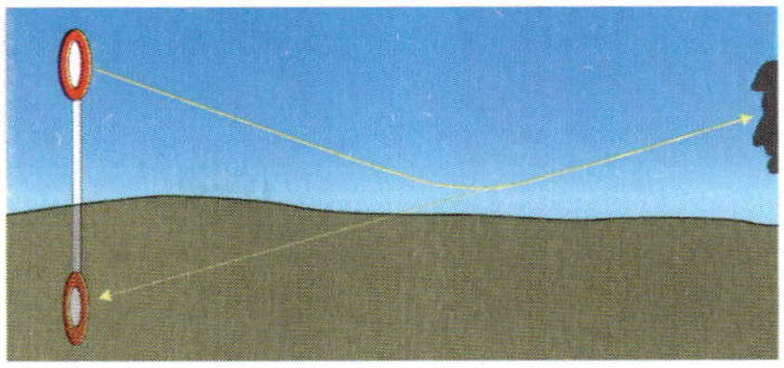

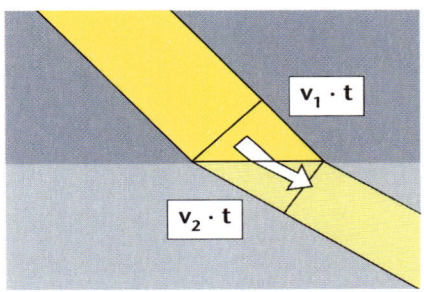

Abb. 94: In der warmen, dünnen Luftschicht wird der Lichtstrahl abgelenkt; ein Gegenstand oder auch der blaue Himmel erscheint gespiegelt.

die Strecke $v_1 t$ zurückgelegt, während sich der Lichtstrahl am linken Rand des Bündels um die Strecke $v_2 t$ fortbewegt hat. Die Endpunkte dieser beiden Randstrahlen bestimmen die neue Wellenfront, der gegenüber er ursprünglich eine kleine Drehung vollführt hat: Die Richtung des Lichtbündels im dünneren Medium ist senkrecht zu dieser neuen Wellenfront. Es erleidet also an der Grenzfläche einen Knick.

Wenn der Übergang von der dichteren zur dünneren Luftschicht kontinuierlich erfolgt, wie es bei der erwärmten Luftschicht der Fall ist, entsteht kein

Abb. 95: Durch die unterschiedlichen Geschwindigkeiten in den beiden Medien erfährt der Lichtstrahl einen Knick.

→ Abb. 94

scharfer Knick, sondern eine Krümmung, wie in Abb. 94.

Da der Dichteunterschied in der Luft sehr gering ist, muß das Licht unter einem sehr flachen Winkel auf die Straßenoberfläche auftreffen; man sieht diese Spiegelungen deshalb bevorzugt vor Straßenkuppen. Gewöhnlich es nur eine dünne Luftschicht von weniger als einem Zentimeter, in der sich diese Ablenkung des Lichtes abspielt. Wenn diese vom heißen Straßenbelag stark erhitzt ist und eine geringe Luftbewegung die darüberlagernde, ebenfalls noch warme Luftschicht wegweht und durch kältere ersetzt, dann entsteht innerhalb der verbleibenden dünnen Luftschicht ein starkes Temperaturgefälle (man sagt: es herrscht ein großer Temperaturgradient), das Voraussetzung für das Auftreten der Luftspiegelung ist. Wird diese Luftschicht, z. B. durch ein vorüberfahrendes Auto, zerstört, so hat sie sich in wenigen Sekunden wieder gebildet. Oft sieht man quer über die Straße verlaufende schwarze Streifen, die nicht die Spiegelungen von irgend etwas sein können, da der Hintergrund hell ist. Sie rühren daher, daß von den entsprechenden Stellen der Straße kein Licht in unser Auge gelangt: Es wird, statt sich geradlinig auszubreiten, von

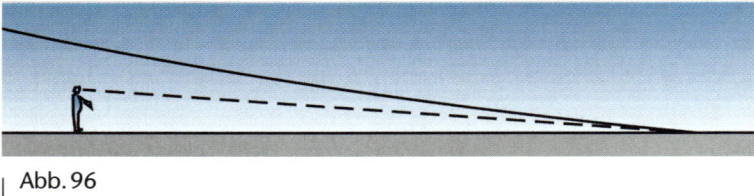

Abb. 96

der dünnen in die dichtere Luft hineingelenkt (Abb. 96) und wir se-   → Abb. 96
hen die betreffende Stelle dunkel.

Luftspiegelungen, bei denen manchmal Oasen oder ganze Städte
erscheinen, seien hier nur erwähnt. Es treten hier oft zwei oder mehr
Spiegelungen an verschiedenen Luftschichten auf, so daß das Spiegelbild schließlich wieder aufrecht erscheint (Abb. 97). Diese in Wü-   → Abb. 97
stengegenden auftretende Erscheinung ist uns als „Fata Morgana" (die
Fee Morgana) bekannt. Auch über die oben erwähnten dunklen Streifen wird dort berichtet; sie haben die Form ausgedehnter Flächen und
werden als „bahr esch scheitan" (Meer des Teufels) bezeichnet.

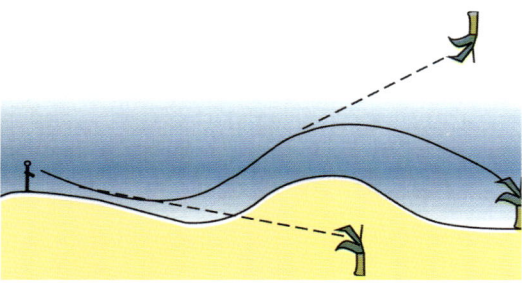

Abb. 97: Luftspiegelungen in der Wüste
täuschen oft eine nahe Oase vor, oder hoch in
der Luft eine Stadt.

Der Regenbogen

Eine faszinierende Erscheinung ist er allemal und physikalisch überaus interessant: der Regenbogen. Was ihn besonders rätselhaft macht, ist die Tatsache, daß er in Wirklichkeit gar nicht existiert: Er ist nur da, wenn man hinsieht! Wenn ihn niemand sieht, existiert er nicht; er entsteht erst auf der Netzhaut des Auges und wird vom Auge in die Landschaft projiziert. Jeder Betrachter sieht somit seinen eigenen Regenbogen, sieht ihn sogar an einer anderen Stelle, wie wir noch genauer darlegen werden.

Regentropfen haben nicht, wie häufig angenommen wird, die bekannte „Tropfenform", sondern sind nahezu kugelförmig. Die Tropfenform kommt wohl daher, daß ein an der Fensterscheibe herablaufender Regentropfen diese Form zeigt. Die Kugelform ist für das Entstehen des Regenbogens wichtig, da die Lichtstrahlen an einem Regentropfen wie durch eine Linse gebrochen und wie von einem Hohlspiegel reflektiert werden. Abb. 98 zeigt den Ver-

▶ Abb. 98

Regenbogen an einem Wasserfall

lauf eines Lichtstrahls, wie er typisch ist für den Hauptregenbogen: Das Licht wird beim Eintritt in den Tropfen gebrochen, an der Rückseite reflektiert (ein Teil des einfallenden Lichtes verläßt auch hier den Tropfen wieder) und beim Austritt wiederum gebrochen. Die Größe des Brechungswinkels hängt davon ab, an welcher Stelle (also unter welchem Einfallswinkel) das Licht den Tropfen trifft, und *von der Farbe* des Lichtes. Dadurch wird das weiße Licht in seine Spektralfarben – eben die Regenbogenfarben – zerlegt.

Abb. 98   Der Verlauf des roten und des blauen Strahls in Abb. 98 scheint der Beobachtung (Foto) zu widersprechen, da doch im Regenbogen rot oben und blau unten erscheint. Dies ist aber leicht zu erklären: Betrachten wir die von einem Tropfen kommenden Strahlen der verschiedenen Farben. Wir können jeweils nur eine Farbe, z. B. Rot, sehen; der blaue Strahl (und die Strahlen der anderen Farben) treffen ja dann nicht ins Auge, da sie ja unter einem anderen Winkel aus dem Tropfen austreten. Der blaue Teil des Regenbogens wird von Regentropfen erzeugt, die weiter unten schweben (fallen) als die, von denen das rote Licht kommt.

Abb. 99   In Abb. 99 ist dies verdeutlicht.

129

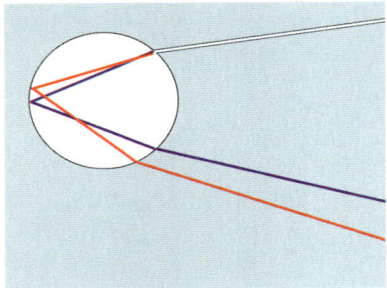

Abb. 98: Der weiße einfallende Lichtstrahl wird in die Spektralfarben zerlegt.
Das blaue Licht wird jeweils stärker gebrochen als das rote.

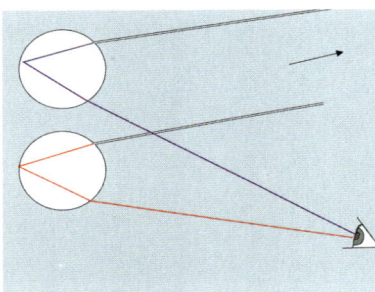

Abb. 99: Von den höheren Regentropfen sehen wir das rote, von den tieferen das blaue Licht.

Das ist aber noch nicht die vollständige Erklärung! Es trifft ja nicht nur ein Lichtstrahl auf jeden Regentropfen, sondern ein ganzes Bündel von Strahlen, und Brechung und Reflexion sind je nach Einfallswinkel unterschiedlich. Das rote Licht wird also, je nachdem, wo es in den Tropfen eintritt, verschieden zurückgeworfen (Abb. 100a). →Abb. 100

Warum sich die Farben dadurch nicht vermischen, hat verschiedene Gründe. Zum einen liegt es daran, daß die Strahlen, die den Tropfen mehr streifend treffen, zum größten Teil an der Tropfenoberfläche reflektiert werden, also gar nicht erst in den Tropfen eindringen. Aber auch von den in den Tropfen eindringenden Strahlen verläßt der größte Teil der roten Strahlen den Tropfen in nahezu gleicher Richtung. Eine Berechnung der verschiedenen Austrittsrichtungen in Abhängigkeit von der Eintrittstelle ist in Abb. 100b dargestellt. Man erkennt, daß je nach →Abb. 1 der Eintrittstelle des Lichtstrahls in den Tropfen Reflexionswinkel von 0 bis 42,4° auftreten. Dieser Winkel von 42,4° ist der Winkel, unter dem wir den roten Rand des Hauptregenbogens gegen seinen Mittelpunkt sehen; er bestimmt also die scheinbare Größe des Regenbogens.

Was hier für das rote Licht besprochen wurde, gilt in analoger Weise auch für die anderen Farben des Regenbogens, nur daß der maximale Reflexionswinkel kleiner ist als der für Rot. Er beträgt z. B. für blaues Licht 41,0°. Die anderen Farben liegen zwischen diesen beiden Werten.

Da unterhalb des Regenbogens (kleinerer Winkel als 41°) alle Farben, wenn auch schwach, auftreten, überlagern sie sich dort und ergeben die Aufhellung, die im Foto deutlich zu sehen ist. Der Bereich oberhalb des Bogens dagegen erscheint dunkel; von dort kommt kein Licht – mit Ausnahme des zweiten, des Neben-Regenbogens, der im Foto deutlich zu erkennen ist und von dem wir noch sprechen werden.

Zuerst aber noch einige Gedanken zum Haupt-Regenbogen. Am deutlichsten ist das Rot im Regenbogen zu erkennen; weniger gut das Gelb, das Grün meistens nur noch schwach und Blau nur in seltenen Fällen. Der Grund ist jetzt leicht einzusehen: An der Stelle, an der Blau erscheinen sollte, sind auch die anderen Farben, wenn auch schwächer, vorhanden. Aber immerhin reichen sie aus, daß das Blau, oft bis zur Unkenntlichkeit verwaschen, auftritt.

Über dem Hauptregenbogen ist, wie schon erwähnt, der Himmel dunkel, darunter ist er hell. Eine ähnliche Erscheinung hat Goethe dazu verleitet, seine „Farbenlehre" zu schreiben. Er hat beim Blick durch ein Glasprisma festgestellt, daß die Farben des Regenbogens auftraten, wenn er dabei die Grenze zwischen Hell und Dunkel betrachtete. Dies folgt daraus, daß bei der Zerlegung des Lichtes des hellen Bereiches die Farben nur im dunklen Bereich sichtbar werden;

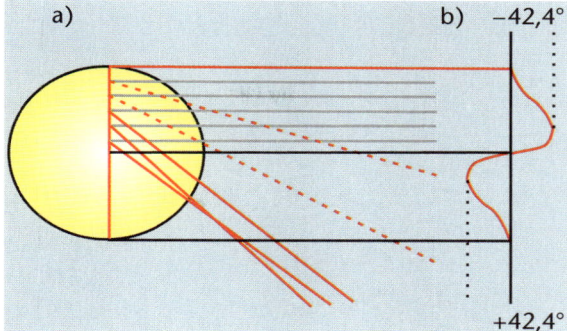

Abb. 100: Ablenkung der roten Lichtstrahlen durch einen Regentropfen. a) zeigt, wie parallel einfallende Strahlen in verschiedene Richtungen reflektiert werden; in der unteren Tropfenhälfte erfolgt die gleiche Reflexion spiegelbildlich nach oben.
In b) ist der Funktionsverlauf des Reflexionswinkels dargestellt. Der maximale Reflexionswinkel beträgt für rotes Licht 42,4°.

im hellen Bereich werden sie ja überstrahlt. Beim Regenbogen ist es nicht anders. Er ist nur sichtbar, weil sich nach oben der dunkle Bereich anschließt.

Wir haben bisher nur den Hauptregenbogen zu erklären versucht; → S. 129 auf dem Foto am Beginn dieses Abschnittes ist aber noch schwach ein zweiter Regenbogen zu sehen, der Nebenregenbogen. Was hier auffällt, ist, daß hier die Farbenfolge gerade umgekehrt ist wie beim Hauptregenbogen. Eine solche Umkehrung sehen wir gewöhnlich bei Spiegelbildern; nun ist dieser zweite Regenbogen aber kein Spiegelbild des ersten, aber die Lichtstrahlen, die diesen Nebenregenbogen erzeugen, erfahren in den Wassertropfen eine zweite Reflexion, →Abb.101 wie dies in Abb. 101 dargestellt ist. Der Ablenkungswinkel für das rote Licht ist dadurch größer als bei nur ein einer Reflexion und beträgt im Maximum 50,4°. Dieser zweite Regenbogen erscheint dadurch →Abb.102 höher als der erste (Abb. 102).

Wenn man öfter einen Regenbogen zu sehen bekommt, fällt einem auf, daß nicht alle Regenbögen gleich intensiv und farbenprächtig sind. Einmal ist er zwar gut zu sehen, aber die Farben sind recht blaß, einige Farben fehlen; ein andermal sind die Farben zwar alle da, aber der Bogen ist nur schwach zu sehen.

Die Intensität der Lichterscheinung hängt natürlich mit der Dichte

131

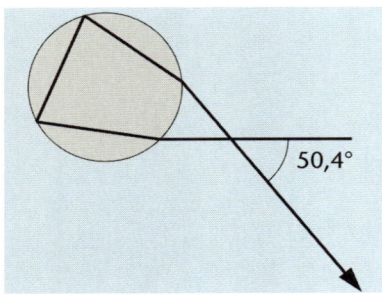

Abb. 101: Verlauf der Lichtstrahlen im Nebenregenbogen. Im Regentropfen erfolgt eine zweimalige Reflexion; dadurch ergibt sich ein größerer Winkel zwischen eintretendem und austretendem Lichtstrahl.

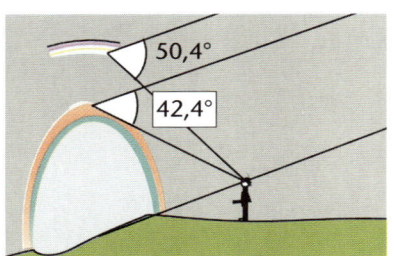

Abb. 102: Der Nebenregenbogen erscheint über dem Hauptregenbogen.

des Regens zusammen; weniger Regentropfen können auch weniger Licht zurückstrahlen. Aber auch die Größe der Regentropfen hat einen Einfluß auf den Regenbogen: Je kleiner die Tropfen sind, umso undeutlicher sind die Farben zu erkennen. Das geht soweit, daß bei Nebeltröpfchen nur noch ein grauer Bogen, ein sogenannter *Nebelbogen* zu beobachten ist. Die Erklärung ist hier, daß durch die geringe Größe der Tröpfchen an ihnen Interferenzerscheinungen auftreten. Diese Interferenzerscheinungen erklären auch das Auftreten von weiteren Bögen; ein solcher ist auf dem Foto auf der Innenseite des Hauptregenbogens schwach zu erkennen: ein Interferenzbogen. Die Interferenz ist auch schuld daran, daß in einem Regenbogen nie die satten Spektralfarben auftreten, die man von einem Prismenspektrum kennt. Es werden immer einige Farben durch Interferenz ausgelöscht. → S 129

Interferenz am Regenbogen bedeutet, daß sich die von den Regentropfen zurückgestreuten Lichtstrahlen überlagern und aufgrund ihrer Welleneigenschaft an manchen Stellen gegenseitig verstärken oder auch schwächen oder auslöschen. Ohne diese Erscheinung würde die Lichtintensität einer bestimmten Farbe von der Stelle maximaler Intensität nach der Innenseite des Bogens gleichmäßig abnehmen.

Die Interferenz bewirkt nun, daß Maxima und Minima der Lichtintensität auftreten (Abb. 103). Das →Abb. 10
erste Maximum ergibt den Hauptregenbogen, die weiteren Maxima sind die Interferenzbögen; es können bis zu fünf solcher Bögen mit wechselnden Farben (meist Violettrosa und Grün) sichtbar sein. Dies hängt stark von der Tropfengröße ab; bei einer Tropfengröße von weniger als 0,3 Millimetern ist die Farbe gelb bis weiß. Diese Verfärbungen rühren daher, daß sich die Maxima verschiedener Spektralfarben überlagern.

Noch eine interessante Eigenschaft der Regenbögen: Betrachten wir sie durch eine Sonnenbrille mit Polarisationseffekt, so stellen wir fest, daß einzelne Bereiche der Bögen nicht mehr deutlich sichtbar sind, aber wieder sichtbar werden, wenn wir den Kopf zur Seite neigen. Dafür wird ein anderer Bereich unsichtbar. Daraus ist zu schließen, daß das Licht des Regenbogen polarisiert ist, d. h. daß die Lichtwellen in einer bevorzugten Richtung schwingen. Die genannte Sonnenbrille läßt nur Licht mit vertikaler Schwingungsrichtung hindurch, horizontal schwingende Lichtwellen werden absorbiert. Unsere Beobachtung zeigt, daß das Regenbogenlicht parallel zum Bogen polarisiert ist. Die Intensität der radialen Schwingungsrichtung beträgt nur $^1/_{24}$ der dazu senkrechten.

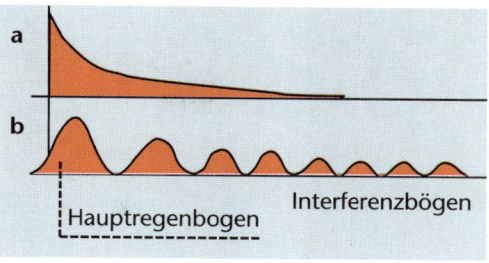

Abb. 103: Helligkeitsverlauf des roten Lichtes ohne Interferenz (a);
Helligkeitsmaxima durch Interferenz (b).
Die anderen Farben entsprechend, nur mit kleinerem Abstand der Maxima.

Dies läßt sich physikalisch auch leicht erklären. Tritt ein Lichtstrahl von Luft in den Wassertropfen über, so wird ein Teil des Lichtes an der Tropfenoberfläche reflektiert; welcher Bruchteil des auffallenden Lichtes es ist, hängt vom Auftreffwinkel ab; je streifender das Licht auffällt, umso größer ist der reflektierte Teil. Zwischen gebrochenem und reflektiertem Licht besteht aber auch noch ein qualitativer Unterschied: Das reflektierte Licht enthält nur noch einen geringen Anteil an dem parallel zur Einfallsebene (in Abb. 104 die Zeichenebene) polarisierten Licht, entsprechend enthält das gebrochene einen größeren Anteil dieses Lichtes. Bei einem Einfallswinkel, für den gilt

Abb.104

$$tan\ \alpha = n \qquad \textit{(Brewsterscher Winkel)},$$

fehlt im reflektierten Licht diese Polarisationsrichtung ganz. Entsprechendes gilt für die Reflexion an der Innenseite des Tropfens.

Abb.104 Abb. 104 zeigt, wie das Licht bei den verschiedenen Reflexionen sich teilt und schließlich beim Austritt aus den Tropfen fast nur noch senkrecht zur Einfallsebene polarisiertes Licht vorhanden ist. Dabei bedeutet der Doppelpfeil die Schwingungsrichtung parallel zur Einfallsebene, der Punkt die Schwingungsrichtung senkrecht zur Einfallsebene.
Die Länge des Doppelpfeiles und Größe des Punktes sollen die Stärke des jeweils noch vorhandenen Lichtes symbolisieren.

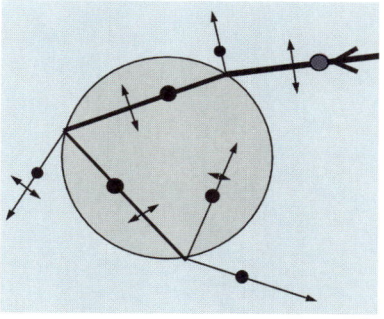

Abb. 104: Beim Auftreffen des Lichtes auf die Grenzfläche Luft-Wasser erfolgt jedesmal eine Aufspaltung der Lichtstrahlen in einen reflektierten und einen hindurchgehenden Teil. Das reflektierte Licht tritt dabei in einer Schwingungsrichtung (parallel zur Zeichenebene) geschwächt auf, es ist polarisiert. Bei einem bestimmten Winkel *(Brewster-Winkel)*, der für die Grenzfläche Luft-Wasser 53° beträgt, fehlt diese Schwingungsrichtung ganz.
(Pfeile: Schwingungsrichtung parallel, Punkte: Schwingungsrichtung senkrecht zur Zeichenebene)

Halos – Höfe um Sonne und Mond

Kaum jemand hat ihn je gesehen, obwohl er häufiger auftritt als der Regenbogen und diesem an Pracht kaum nachsteht: Der Halo (Hof) um die Sonne. Ja, um den Mond sieht man diese Erscheinung öfter, aber die Sonne blendet zu stark, als daß man direkt zum Himmel blicken könnte. Man muß darauf achten, daß die Sonne dabei durch eine Dachkante oder eine Straßenlaterne verdeckt ist, dann kann man auch den Hof um die Sonne in seiner vollen Pracht erkennen. Es ist ein Ring um die Sonne mit einem Winkelabstand von 22 Grad; manchmal nur ein heller Ring, aber bisweilen auch farbig wie der Regenbogen.

Man könnte zunächst annehmen, die Erscheinung sei wie beim Regenbogen aus der Brechung des Sonnenlichtes an Regentropfen zu erklären: Der Lichtstrahl, der an der ersten Reflexionsstelle wieder aus dem Tropfen austritt. Eine Berechnung ergibt aber, daß dadurch eine gleichmäßige Streuung in alle Richtungen von 0 bis 90° auftritt, während hier die maximale Streuung in einem Winkel von 22° erfolgt. Was also dann? Berücksichtigen wir die Wetterlagen, an denen die Halos beobachtet werden: Gewöhnlich befinden sich in sehr großen Höhen dünne Schleierwolken, in Höhen, in denen die Wassertröpfchen gefroren sind. Wir schließen daraus, daß es sich um Eispartikel handelt, durch die das Licht in der beobachteten Weise gebrochen wird. Als solche kennen wir die Hagel- (und Graupel-) körner und die Schneeflocken. Beide sind aber für diesen Effekt nicht geeignet, doch die sechseckige Form der Schneeflocken gibt uns Hinweise auf die Form, in der das Wasser noch gefrieren könnte: als sechskantige Prismen. Tatsächlich ergibt die Berechnung, daß für das rote Licht hier ein maximaler Brechungswinkel von 22,4°, gerade wie wir ihn beobachten können, auftritt. Natürlich sind nicht alle diese Eisprismen in der in Abb. 105c gezeichneten Weise ausgerichtet, aber es sind, rings →Abb. 1(
um die Sonne herum, genügend vorhanden, die das Licht gerade in unser Auge lenken und so den Halo sichtbar machen. Der ablenkende Winkel des Eisprismas beträgt hier 60°, aber es gibt auch noch eine andere Möglichkeit, wie ein Lichtstrahl das Prisma durchdringen kann: Er kann z. B. an einer Deckfläche ein- und an einer Seiten-

fläche austreten (oder umgekehrt); hier beträgt der brechende Winkel 90°. Natürlich ist dadurch auch die maximale Ablenkung eine andere, nämlich 46°.

Tatsächlich ist auch dieser „Große Ring", wenn auch sehr viel lichtschwächer und seltener, zu beobachten. Um sich eine Vorstellung von der Größe dieser Himmelserscheinungen machen zu können, strecke man einmal den Arm aus und spreize die Hand; der Radius des „kleinen" Ringes ist dann etwa gleich der „Handspanne", d. h. gleich dem Abstand der Spitzen von kleinem Finger und Daumen. Der Radius des großen Ringes ist mehr als doppelt so groß; dieser Ring nimmt also fast das ganze Gesichtsfeld ein.

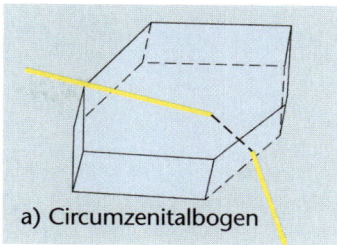

a) Circumzenitalbogen

Nebensonnen

(Als die) Sonne schon etwas hervorgetreten war
und beide Höhen ganz beschattet da lagen,
stund, gerade vor der höchsten Spitzen, eine ganz helle Wolke,
welche sich ganz vortrefflich ausnahm.
Es schien als wäre der Berg durchlöchert und man sähe
durch die Öffnung die Morgenröte hinter derselben.

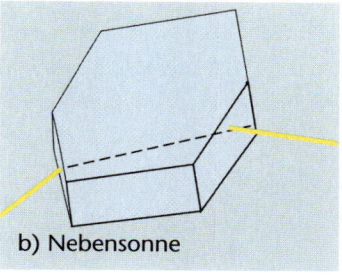

b) Nebensonne

Was *Georg Christoph Lichtenberg* (1742 bis 1799) hier so anschaulich beschreibt, kann nur eine *Nebensonne* gewesen sein. Es gibt nämlich noch eine ganze Reihe weiterer Himmelserscheinungen, die durch diese Eisprismen hervorgerufen werden: Bögen, die den kleinen oder den großen Ring seitlich berühren, senkrechte Säulen oder die „Nebensonnen". Letztere sind helle Lichterscheinungen, die in der Entfernung des kleinen Ringes, also eine „Handspanne" links oder rechts neben der Sonne auftreten. Sie werden auch wieder von den sechsseitigen Prismen verursacht, die aber hier in dünnen Plättchen gefroren sind.

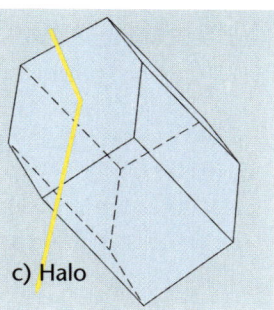

c) Halo

Abb. 105 Abb. 105 zeigt, wie man sich den Strahlenverlauf in einem solchen Plättchen vorstellen kann. Aber auch ganz einfache Reflexionen an den Oberflächen dieser Plättchen sind möglich, wobei diese im Fallen um eine waagrechte Lage pendeln, wie etwa ein Blatt Papier zu Boden segelt. Auf die letztere Weise können wohl die

Abb. 105: Ursache von Halos, Nebensonnen und Circumzenitalbogen sind sechskantige Eiskriställchen.

Bei den Nebensonnen und dem Circumzenitalbogen sind es Plättchen, die waagrecht im Raum schweben, während die zylinderförmigen Kristalle alle möglichen Lagen einnehmen und so mit 22° und 46° Ablenkung den kleinen und großen Ring – die Halos – erzeugen.

Häufig treten Nebensonnen in den Eiswolken auf, die aus den Kondensstreifen hoch fliegender Flugzeuge entstehen.
Die Verbrennungsprodukte der Jets können hier als Kondensationskerne wirken.

senkrechten Säulen ober- und unterhalb der Sonne entstehen. Waagerechte Balken entstehen, wenn die Eiskristalle nicht plättchen-, sondern mehr stäbchenförmig sind. Diese halten sich im Fallen etwa waagrecht und durch Reflexion an den Stirnflächen dieser Stäbchen entstehen Lichtreflexe links und rechts von der Sonne.

Eisplättchen sind auch für eine Erscheinung verantwortlich, deren Farbenpracht einen Regenbogen oft weit übertrifft, und die, obwohl sie nicht selten auftritt, trotzdem nur selten gesehen wird: Der *Circumzenitalbogen*. Zu sehen ist er deswegen so selten, weil man seinen Blick fast senkrecht nach oben richten muß, und das kommt eben nicht häufig und nur zufällig vor. Dieser Bogen ist Teil eines Kreises um den Zenit mit einem Winkelradius von 22°.

Eis hat eine Brechungszahl von $n = 1,3$. Bei dieser Brechungszahl kann das Licht aus einem Rechtwinkel-Prisma, im Gegensatz zu einem entsprechenden Glasprisma, gerade noch austreten, ohne totalreflektiert zu werden (Abb. 106). Der maximale Eintrittswinkel beträgt dabei nach dem Brechungsgesetz 32°; bei einem größeren Winkel erfolgt Totalreflexion an der Seitenfläche. Die Sonne darf deshab nicht zu hoch, aber auch nicht zu tief stehen, damit ihre Strahlen fast streifend von oben auf die waagrecht torkelnden Eisplättchen treffen. Der Circumzenitalbogen kann deshalb nur bei einem Sonnenstand zwischen 15° und 25° über dem Horizont auftreten.

Da die Eisplättchen, die diesen Circumzenitalbogen hervorrufen, die gleichen sind, die für die Nebensonnen verantwortlich sind, treten beide Himmelserscheinungen oft gleichzeitig oder kurz hintereinander auf. Sieht man also eine Nebensonne, so lohnt es sich, den Blick

→Abb. 1

senkrecht nach oben zu richten, ob nicht auch der Circumzenitalbogen zu sehen ist. Die Sonne darf allerdings nicht höher als 25° stehen.

Die gleichen Eisplättchen sind auch für die „senkrechten Säulen" verantwortlich, die dadurch entstehen, daß das Licht an der waagrechten Oberfläche reflektiert wird. Die „horizontalen Balken" entstehen durch Reflexion des Sonnenlichtes an den senkrechten Stirnflächen der zylinderförmigen Eiskristalle.

Von Kaiser Konstantin, der lange Zeit die Christen verfolgt hat, wird erzählt, daß er am Vortag einer entscheidenen Schlacht eine Himmelserscheinung in Form eines leuchtenden Kreuzes gesehen hat. Als die Schlacht dann für ihn erfolgreich verlief, soll er aufgrund dieses Himmelszeichens die Christen forthin gefördert haben. Kurz vor seinem Tod hat er sich sogar noch taufen lassen.

Von den meisten Historikern wird dies zwar als Sage abgetan, da Wunder in der Geschichte nichts zu suchen haben. Es ist jedoch durchaus möglich, daß Konstantin die Erscheinung einer senkrechten Säule und eines waagrechten Balkens um die Sonne beobachtet hat.

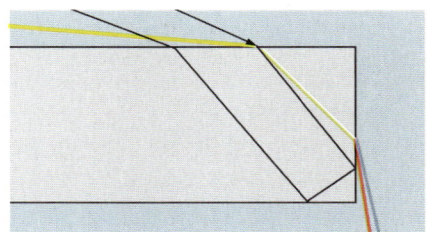

Abb 106: Nur bei sehr flach eintretendem Lichtstrahl wird dieser im Eisplättchen nicht totalreflektiert, sondern tritt aus der Seitenfläche aus und wird dabei in die Spektralfarben aufgespalten. An kalten Wintertagen kann man manchmal bei wolkenlosem Himmel solche feinen Eisplättchen zur Erde tanzen sehen.

Der Circumzenitalbogen entsteht nahe des Zenits durch Brechung des Lichtes an den 90-Grad-Winkeln von horizontal schwebenden Eisplättchen. Die Laterne weist auf den Zenit am oberen Bildrand.

Die untergehende Sonne

Sonnenuntergang! Als große, rote Scheibe erscheint uns die Sonne, wenn sie sich dem Horizont nähert, wesentlich größer, als wenn sie hoch am Himmel steht. Ist sie tatsächlich beim Untergang näher an der Erde oder kommt diese Vergrößerung durch die Brechung der Lichtstrahlen in der Lufthülle der Erde?

Weder, noch! Beim Sonnenuntergang ist die Sonne sogar um ungefähr den Erdradius weiter von uns weg als z. B. mittags, da wir uns ja durch die Erddrehung im Lauf des Nachmittags von ihr wegdrehen, und die Brechung des Sonnenlichtes in der Lufthülle bewirkt sogar eine Abplattung der Sonnenscheibe, also eine Verkleinerung.

Wir unterliegen einer optischen Täuschung, wenn wir abends die Sonne größer sehen. Für den Mond gilt natürlich Entsprechendes, aber auch z. B. für einen Luftballon oder ein Auto. Natürlich fliegt ein Auto nicht in der Luft herum, aber der gleiche Effekt tritt auch auf, wenn man von oben nach unten, also z. B. von einem hohen Turm herab, blickt. Alle Gegenstände erscheinen dann kleiner, als wenn man sie in horizontaler Richtung in gleicher Entfernung sieht.

Dies ist ein psychologischer Effekt, der wohl daher kommt, daß wir mehr auf das Sehen nach vorne eingerichtet sind als auf das Sehen nach oben und unten und daher Entfernungen in horizontaler Richtung besser schätzen können als in vertikaler Richtung. Diese Täuschung ist so stark, daß der Sonnendurchmesser am Horizont oft mehr als dop-

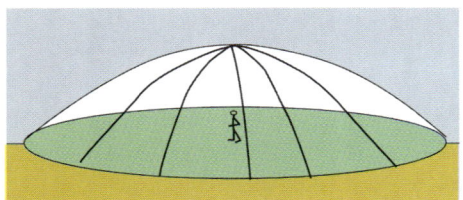

Abb. 107: Das Himmelsgewölbe erscheint uns nicht als Halbkugel, sondern als flache „Kuppel"; das Verhältnis von Breite und Höhe (es läßt sich nur schätzen) beträgt je nach Beobachter zwischen 2 und 4, meistens ungefähr 3,5.

pelt so groß erscheint, als er bei hoch am Himmel stehender Sonne ist.

Durch dieses Gewöhnen an das horizontale Sehen erscheint uns das Himmelsgewöbe nicht als Halbkugel, sondern als flache Kuppel (Abb. 107); steht die Sonne hoch am Himmel, scheint sie uns dadurch näher zu sein als knapp über dem Horizont. Da sie aber immer die gleiche Größe hat, wirkt sie im Zenit kleiner, genau wie die beiden gleich großen Figuren in Abb. 108 unterschiedlich groß wirken.

Ein weitere Folge des Kuppelgewölbes ist, daß wir Steigungen immer zu steil schätzen. Stehen wir z. B. am Fuß eines Gebirgsstockes und blicken zum Gipfel eines Berges, so könnten wir für die Blickrichtung etwa einen Winkel von 45° schätzen; der tatsächliche Winkel ist dann meist nicht größer als 30°. Das liegt daran, daß wir den Bogen vom Horizont zum Zenit unbewußt halbieren, dabei wird aber nicht der rechte Winkel halbiert. In Abb. 109 halbiert C den Bogen AB, D halbiert den rechten Winkel AMB.

Entsprechend können wir nie genau abschätzen, wie hoch die Sonne, der Mond oder ein Stern am Himmel steht. Wenn im Sommer um die Mittagszeit die Sonne hoch am Himmel steht, hat man den Eindruck, sie würde fast im Zenit stehen; tatsächlich ist aber die maximale Höhe, die sie in unseren Breiten erreichen kann, 61°.

Abb. 107

Abb. 108

Abb. 109

Abb. 108: Obwohl die beiden gleich groß sind, erscheinen sie in der Perspektive von verschiedener Größe.

Für die Sonne gilt das Gleiche.

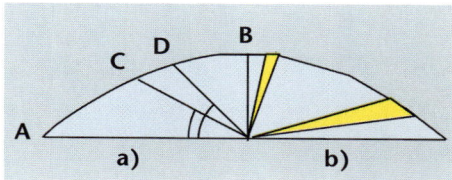

Abb. 109: Die linke Seite a) zeigt, warum wir bei der Schätzung des Höhenwinkels Fehler machen. Der Punkt C halbiert den Bogen AB, deshalb schätzen wir, daß MC den rechten Winkel AMB halbiert. Tatsächlich halbiert MD diesen Winkel. Auf der rechten Seite b) sieht man, warum Sonne und Mond am Horizont größer erscheinen. Der Sehwinkel ist beide Male der gleiche.

Hell und dunkel

Blitzend weißer Schnee und darüber graue Schneewolken! Wie kann das sein, da der Schnee doch sein Licht von den Wolken erhält? Kann der beleuchtete Gegenstand heller sein als die Lichtquelle?

Physikalisch ist das kaum zu erklären, versuchen wir also eine andere

Ein direkter Vergleich des weißen Schnees mit den grauen Wolken zeigt, daß die Wolken wesentlich heller sind als der Schnee.

Erklärung! Sollte es sich auch hier um eine optische Täuschung handeln? Das können wir leicht nachprüfen, wenn wir einen Spiegel in den Schnee legen, der uns erlaubt, die grauen Wolken unmittelbar mit dem Schnee zu vergleichen. Und siehe da (Foto): Die Wolken sind wesentlich heller als der Schnee! **Warum scheint aber ohne diesen Test** der Schnee soviel weißer zu sein als die Wolken? Ob etwas hell oder dunkel erscheint, hängt immer vom Kontrast ab. Wir sehen den Schnee z. B. neben einem dunklen Zaun, einer Wand oder einem Gebüsch. Dem gegenüber erscheint er uns in einem strahlenden Weiß. Für die Wolken über uns haben wir eine solche Vergleichsmöglichkeit nicht; sie scheinen grau, weil wir die von der Sonne beschienenen weißen Wolken im Gedächtnis haben.

Diese Täuschung kann sogar so weit gehen, daß man eine schwarze Fläche bei geeigneter Beleuchtung als weiß wahrnimmt*. Eine entsprechende Täuschung kann man auch ohne Schnee, z. B. im Sommer beobachten. Eine weiße Blüte erscheint heller als der wolkenverhangene Himmel, wenn man sie vor einem dunklen

---

* z. B. Trickkiste 1, Seite 157.

→ S. 139

Hintergrund betrachtet. Hält man sie jedoch hoch gegen die Wolken, so sieht man, daß ihr Weiß sehr viel dunkler als die Wolken ist (Foto).

Wie steht es mit der Helligkeit der Wolken unter sich? Es gibt weiße Schönwetterwolken, graue Regenwolken und fast schwarze Gewitterwolken.

Wolken bestehen aus kleinen Wassertröpfchen, ob es nun weiße oder dunkle Wolken sind. Wassertröpfchen sind aber farblos; wie können dann die Wolken so unterschiedliche Farben haben?

Alle Wolken sind in Wahrheit gleich weiß (oder grau); sie werden nur unterschiedlich von der Sonne beschienen. Scheint die Sonne direkt auf sie, so sehen wir sie auf der Sonnenseite rein weiß; auf der Rückseite sind sie, je nach der Wolkendichte und -dicke schon dunkler bis grau. Und sehen wir Wolken, die nicht von der Sonne beschienen werden, vor einem hellen Hintergrund, so wirken sie fast schwarz.

Sonnenstrahlen

Sonnenstrahlen brechen durch Wolkenlücken oder durch die Äste der Bäume weit aufgefächert, scheinbar von der Sonne nach allen Seiten sich verbreiternd. Scheint es wirklich nur so oder ist diese Auffächerung wirklich? Die Sonne liegt nicht unmittelbar hinter den Wolken oder den Bäumen, sondern ist sehr weit von der Erde entfernt, so daß ihre Strahlen praktisch parallel zu uns kommen. Die Strahlen, die wir sehen, müssen also parallel zueinander sein, auch wenn Wolken oder Bäume dazwischen liegen.

Was ist also die Ursache der von einem Punkt auseinanderstrebenden Sonnenstrahlen? Bei Eisenbahnschienen fragen wir nicht lange, warum sie in der Ferne zusammenlaufen, obwohl sie in Wirklichkeit parallel zu einander sind: Die Perspektive bewirkt, daß mit der Entfernung alles kleiner wird, auch der Abstand der Schienen.

Bei den Sonnenstrahlen ist es nicht anders: Obwohl sie parallel sind, scheinen sie zur Sonne hin – besser zu den Löchern im Blätterdach oder in der Wolkendecke – zusammen-, vielmehr von dort aus auseinanderzulaufen. Die Wolkenlöcher oder Löcher im Blätterdach, durch die die Sonnenstrahlen fallen, haben in Wirklichkeit die gleichen Abstände wie die Strahlen entlang ihres ganzen Verlaufes; wegen ihrer Entfernung scheinen sie nur auf einen Punkt, hinter dem die Sonne steht, zusammengeschrumpft.

Beim Wetteramt einer süddeutschen Stadt ging vor einiger Zeit eine Anfrage über eine Beobachtung ein, die der Fragesteller gemacht hatte: Die von der Sonne ausgehenden Strahlen liefen von dort auseinander und über ihn hinweg; als er sich umdrehte, liefen sie im weiteren Verlauf wieder zusammen. Er bat um eine Erklärung dieses Phänomens. Aber auch im Wetteramt wußte man zunächst keine Erklärung und wollte ihm seine Beschreibung nicht glauben. Schließlich kamen sie aber doch auf die Antwort. Wir wissen sie jetzt auch!

Die blauen Berge

Das Blau der Berge ist eigentlich nicht das Problem, das wir jetzt besprechen wollen, obwohl es auch (natürlich!) physikalische Ursachen hat, nämlich die Streuung des Sonnenlichtes an feinen Dunsttröpfchen (Aerosole, als Ausdünstungen der Waldbäume). Uns interessiert vielmehr die auf obigem Foto deutlich zu erkennende Erscheinung, daß das Blau von hintereinander gestaffelten Bergen von verschiedener Helligkeit ist.

Je weiter ein Berg entfernt ist, umso heller ist das Blau, da wegen der größeren Entfernung mehr Dunst zwischen uns und dem Berg auch mehr blaues Licht zu uns streuen kann. Aber warum ist die Farbe unten heller und wird zum Gipfel hin dunkler? Der Gipfel des Berges ist doch weiter von uns entfernt als der Fuß des Berges und müßte deshalb heller erscheinen als dieser!

Physikalisch kann man dies nicht erklären, denn es ist wieder eine optische Täuschung. Die Aufhellung hinter einem vorgelagerten dunkleren Berg ist nur scheinbar: Der Kontrast zu dem dunkleren Berg wirkt sich derart aus, daß der dahinterliegende Berg heller erscheint, als er wirklich ist. Ebenso bewirkt der dahinterliegende hellere Berg, daß der davorlagernde Berg am oberen Rand dunkler erscheint, als er wirklich ist.

Es ist also der gleiche Effekt, wie wir ihn schon bei den verschiedenen Weißtönen von Schnee und Wolken kennengelernt haben: Gegen hellen Hintergrund erscheinen uns Gegenstände dunkler, gegen dunklen Hintergrund heller, als sie ohne diese Beeinflussungen erscheinen würden. →Abb.11

Abb. 110: Betrachtet man dieses Farbenmuster aus kurzer Entfernung, so hat man ebenfalls den Eindruck, daß die Farben der beiden oberen Felder am unteren Rand heller werden.

8. Kapitel
Auf dem Berg

Versteinerungen und was sie uns sagen

Steine am Wege

Auf einer Bergwanderung: Was sind das wieder für eigenartige Steine? Sie sehen aus wie steinerne Ornamente, aber hier in 1000 Meter Höhe, woher sollen da derartige Strukturen kommen.

Es sind tatsächlich versteinerte Korallen, die vor Millionen Jahren noch lebende Tiere waren und am Grund eines tropischen Meeres gelebt haben. Man kann auch, wenn man die entsprechenden Fundstellen kennt, versteinerte Seeigel, Muscheln oder Haifischzähne finden. Ein Meer hoch droben auf dem Berg? Nein! Zu der Zeit, als diese Tiere lebten, gab es hier noch keine Berge, die sind erst sehr viel später entstanden!

Daß Berge nicht von Anfang an da waren, sondern erst im Laufe der Jahrmillionen entstanden sind, hat man schon vor langer Zeit erkannt. Wenn es nämlich nicht so wäre, wenn also die Berge schon von Anbeginn der Erde existieren würden, dann wären sie im Laufe der Hunderte von Millionen Jahre schon längst durch natürliche Erosion abgetragen und eingeebnet. Da aber immer noch Berge existieren, müssen sie erst sehr viel später entstanden sein.

Aber wie können Berge entstehen?

Die Grundlage für die Beantwortung dieser Frage hat uns der deutsche Forscher *Alfred Wegener* (ab 1912) geliefert, als er die These der Kontinentalverschiebung aufstellte: Amerika und Europa entfernen sich voneinander. Bei seinen Grönlandexpeditionen hat er versucht, dies durch entsprechende Messungen nachzuweisen, die Genauigkeit seiner Messungen war aber zu gering, als daß sie einen exakten Beweis hätten erbringen können. Heute weiß man, daß diese Kontinentalverschiebung im Nordatlantik ungefähr einen Zentimeter pro Jahr beträgt.

Wegener hatte als Ursache der Kontinentalverschiebung die Rotation der Erde angenommen: Aufgrund der Zentrifugalkraft, so glaubte er, triften die Kontinente von den Polen weg, dem Äquator zu, wobei sie sich voneinander entfernen. Heute weiß man, daß die Ursache eine ganz andere ist.

Doch was hat das mit der Enstehung von Gebirgen zu tun? Sehr viel; möglicherweise sogar alles! Die geologische Wissenschaft hat in den letzten Jahrzehnten mit Hilfe physikalischer Hilfsmittel sehr viel über den Aufbau des Erdmantels bis hinab in große Tiefen erforscht und dabei genaue Erkenntnisse über seine geologische Struktur gewonnen. Solche Mittel sind z. B. die Abtastung des Erdinnern mittels elektromagnetischer Wellen und deren Reflexionen an den Grenzflächen unterschiedlicher Schichten. Oder die Messung der Ausbreitung von mechanischen (Schall-)Wellen, die durch Erdbeben oder durch Sprengungen im Erdinnern erzeugt werden. Genaueste Ergebnisse hat man aber aus Tiefbohrungen erhalten, allerdings nur bis zu einer Tiefe von ca. 8000 Meter.

Aber auch ohne diese Untersuchungen können wir schon einiges über das Erdinnere aussagen. Aus Vulkanausbrüchen und der Existenz von heißen Quellen können wir schließen, daß es in großen Tiefen sehr heiß sein muß, so heiß, daß sogar Steine dort schmelzen. Wir vermuten daraus, daß die Erde in ihrem Innern aus einer glühenden flüssigen Masse besteht. Die feste Erdkruste unter den Meeresböden hat eine Dicke von fünf Kilometern und bis zu vierzig Kilometer unter dem Festland. Im Vergleich mit der Größe der Erde (Radius 6400 Kilometer) ist das eine nur dünne Schicht, im Vergleich etwa wie die Schale eines Apfels (Abb. 111).

Abb.111

Unter dieser Kruste finden wir die Schicht, aus der die Lava stammt, das Eruptivgestein der Vulkane. Sie besteht also aus einer sehr heißen, zähflüssigen Gesteinsmasse und reicht bis in eine Tiefe von knapp zur Hälfte des Erdradius. Aus Laufzeitmessungen von Erdbebenwellen weiß man, daß diese als Erdmantel bezeichnete Schicht aus zwei Teilschichten aus Silizium und Aluminium bzw. Silizium und Magnesium bestehen (Sial- und Sima-Schichten). Von dem in etwa 2900 Kilometer Tiefe beginnenden, aus Eisen und Nickel bestehende Kern lassen sich auch wieder zwei Schichten unterscheiden, dem äußeren und dem inneren Kern. Während der äußere Kern noch flüssig ist, ist der innere Kern fest, da seine Moleküle durch das auf ihm lastenden Gewicht so zusammengepreßt werden, daß eine feste Struktur entsteht. Die in der Erde auftretenden Temperaturen kann man natürlich nur abschätzen; aufgrund von Berechnungen der Wärmeleitung kann man annehmen, daß im Kern eine Temperatur von mehr als 3000 °C herrscht.

Stellt man einen Topf kaltes Wasser auf die heiße Herdplatte, so wird das Wasser von unten her erwärmt. Die im unmittelbaren Bodenkontakt stehende Wasserschicht dehnt sich aus und steigt deshalb nach oben und trägt damit Wärme in den oberen Bereich des Wassers. Man nennt diesen Vorgang Konvektion. Gleiches geschieht mit der Wärme im Erdinnern: Auch vom Erdkern wird Wärme durch die geschmolzene Materie durch Konvektion in die oberen Schichten transportiert. In der festen Kruste wird die Wärme durch gewöhnliche Wärmeleitung zur Oberfläche geleitet von dort in den Weltraum abgestrahlt.

Woher kommt aber die Wärme? Wir müssen diese Frage noch viel allgemeiner beantworten, nämlich woher kommt die Materie, aus der die Erde besteht? Wie ist die Erde entstanden?

Die Entstehung der Erde

Eine versteinerte Muschel hat uns auf diese Gedanken gebracht, und die wollen wir nun auch zu Ende denken.

Es begann, wie man heute annimmt, mit dem Urknall, dem Schöpfungsaugenblick, wo aus einem Energieball die Elementarteilchen entstanden, Protonen, Neutronen und Elektronen, die sich zu Atomen vereinigten. Aber die Zeit war zu kurz, als daß sich schwere Elemente hätten bilden können, sie reichte gerade für die Bildung von Wasserstoff und Helium aus. Diese ballten sich zu Sternen zusammen, Sonnen, die bald zu strahlen anfingen. Planeten gab es zu dieser Zeit noch nicht. Die schwereren Elemente wie Eisen, Silizium, Aluminium, Magnesium, aus denen der Erdkern besteht, entstanden erst sehr viel später, nachdem sich schon Sonnen gebildet hatten und wieder erloschen waren.

In den sterbenden Sonnen, die kurz vor ihrem Tod als Supernovae nochmal hell aufstrahlten, war die Temperatur groß und die Zeitdauer lang genug, daß sich auch schwerere Elemente bilden konnten und aus der „Sternenasche" dieser Supernovae bildeten sich die Planeten. Durch die gegenseitige Anziehungskraft, die Gravitation, ballten sie sich im Laufe von Jahrmilliarden zusammen. Die Energie, die dabei frei wurde, heizte sie zu glühend-flüssigen Körpern auf; sie bekamen die Kugelform, die wir kennen. Indem sie Wärme an das Weltall abstrahlen, kühlten sie im Laufe der Zeit ab, die kleineren Planeten, so auch die Erde, schneller als die großen, und so bildete sich an ihrer Oberfläche eine feste Kruste.

Warum ist dann die Erde nicht längst erkaltet, wenn sie seit Jahrmilliarden Wärme in das Weltall abstrahlt? Die Antwort ist, daß sie sich fortwährend neu aufheizt. Mit der Explosion der sterbenden Sonne zur Supernova entstanden viele radioaktive Ato-

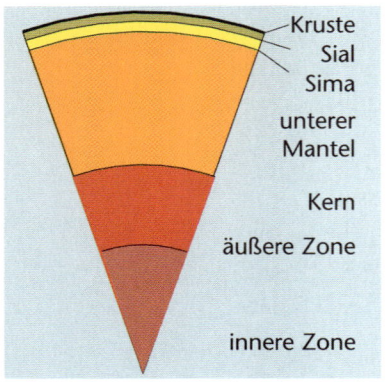

Kruste
Sial
Sima
unterer Mantel
Kern
äußere Zone
innere Zone

Abb. 111: Innerer Aufbau der Erde

me, die in die Planetenmaterie eingebaut wurden. „Radioaktiv" bedeutet, daß diese Atome nicht stabil sind, sondern im Laufe der Zeit zerfallen und dabei Energie freisetzen. Die meisten sind schon in einen stabilen Zustand übergegangen, aber es gibt immer noch genügend sehr langlebige Atome, um das Erdinnere heiß und flüssig zu halten.

Von den jetzt noch existierenden radioaktiven Elementen ist Uran das häufigste; es hat eine Halbwertszeit von $4,5 \cdot 10^9$ Jahren, d. h. daß in jeweils 4,5 Milliarden Jahren die Hälfte der vorhandenen Atome zerfällt. Das Endprodukt ist nach mehreren Zerfallsstufen Blei. Dieses Uran reicht noch lange; ehe es aufhört, die Erde von innen zu heizen, hat die Sonne längst aufgehört zu strahlen.

Die Plattentektonik

Unter Tektonik versteht man in diesem Zusammenhang die Lehre von der Struktur der Erdoberfläche, d. h. der festen Kruste des Globus.

Nachdem wir etwas über den inneren Aufbau der Erde erfahren haben, können wir jetzt darangehen zu untersuchen, wie versteinerte Muscheln, Seeigel und Haifischzähne auf den Berg kommen. Dies hängt aufs engste damit zusammen, auf welche Weise die Wärme vom Erdinnern an die Oberfläche gelangt. Dafür gibt es grundsätzlich zwei Mechanismen: Die Wärmeleitung und die Konvektion. Die Wärmeleitung kennt jeder; es ist der Vorgang, mit dem sich die Wärme in einem festen Körper ausbreitet, etwa wie die Hitze von der Herdplatte auf den Kochtopf übertragen wird. Konvektion ist im Spiel, wenn sich dann das Wasser im Topf erwärmt: Das am Topfboden erwärmte Wasser hat sich ausgedehnt, ist damit leichter als das noch kalte Wasser darüber und steigt deshalb auf und transportiert damit die Wärme nach oben; wir haben dies im Kapitel über das Wetter im Zusammenhang mit der Entstehung von Quellwolken schon kennengelernt.

Gleiches gilt für den Wärmetransport im Innern der Erde: Vom heißen Kern steigt zähflüssiges Magma nach oben und transportiert dabei Wärme zur Kruste. Aber so einfach geht das wieder nicht, denn wohin mit dem hochsteigenden Material? Es müßte eigentlich einen Stau geben, wie wenn eine Menschenmasse gegen den Ausgang eines Saales drängt, die Türe aber verschlossen ist.

Die Natur hat eine Lösung gefunden: Die Bénardzellen. Es bilden sich Zonen aus, in denen das Magma nach oben steigt, und andere, in de-

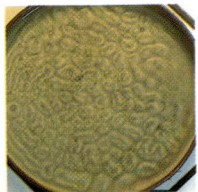

nen das abgekühlte Magma wieder in die Tiefe sinkt. Stellt man einen Topf mit Grießbrei auf die heiße Herdplatte, so kann man eine ähnliche Erscheinung beobachten (Foto): Es entsteht eine Art Bienenwabenstruktur, in der Mitte einer Wabe strömt der Brei nach oben, an den Rändern sinkt er wieder ab.

Im Kochtopf auf der heißen Herdplatte entsteht ein System von Zellen, in denen die Flüssigkeit auf und absteigt.
Diese Bernardzellen bleiben zeitlich relativ konstant, d. h., sie ändern sich nur wenig.

Genau das Gleiche geschieht im Innern der Erde: Auch hier bilden sich solche Zellen aus, in denen das flüssige Gestein fortwährend umgewälzt wird. Dadurch wird auch die feste Erdkruste beeinflußt, indem sie in einzelne Platten aufgeteilt wird, die auf dem flüssigen Magma schwimmend durch diese Strömungen verschoben werden. Die von *Wegener* vermutete Kontinentalverschiebung hat darin ihre Ursache. Und auch die Gebirge sind durch sie entstanden.

Die Erdteile, die wir heute kennen, existierten nicht immer in dieser Form. In der Urzeit bildeten sie vielmehr eine Einheit, einen Urkontinent, dem man den Namen *Pangaea* gegeben hat. Dieser begann sich vor 300 Millionen Jahren zu zerteilen, wobei aus einem Spalt quer durch ihn Magma aus dem oberen Erdmantel emporquoll und die beiden Teile auseinanderdrückte. In den Raum zwischen ihnen strömte Meerwasser hinein. Die beiden Teilkontinente, ein nördlicher, genannt *Laurasien* (zusammengesetzt aus „Laurentia", einer nordamerikanischen Platte, und „Asien"), und ein südlicher, *Gondwana* (nach einer Landschaft in Indien), trifteten also auseinander, und zwischen ihnen breitete sich ein Meer aus, das sogenannte *Tethys-Meer* (Abb. 112). Das alles geschah vor etwa 350 bis 250 Millionen Jahren, also zur Zeit der Saurier.

→Abb.1

Dieses Meer erstreckte sich über einen großen Teil des heutigen Südeuropa, in Deutschland reichte es etwa bis zur Donau. Die Berge des Bayerischen Waldes und des Böhmerwalds, die damals schon bestanden, waren eine nördliche Grenze dieses Meeres.

In unserer Gegend war das Meer zunächst relativ flach, es herrschten subtropische Temperaturen, so daß das Meer stellenweise eindampfte und durch nachfließendes Meerwasser wieder aufgefüllt wurde. So entstanden mächtige Salzlager, die heute z. B. bei Berchtesgaden und Bad Reichenhall ausgebeutet werden. Durch das Auseinanderrücken der beiden Kontinente senkte sich der Meeresboden kontinuierlich ab, aber gleichzeitig lagerten sich über rund 100 Millionen Jahre Sedimente am Grund dieses Meeres ab und bildeten im Laufe des für uns unfaßbar langen Zeitraums eine mehr als 2 000 Meter dicke Schicht, die sich durch hohen Druck und lange Zeit zu Kalkstein verfestigte, dem heutigen „Dolomit".

Vor etwa 150 Millionen Jahren begann der Südkontinent Gondwana auseinanderzubrechen; er zerfiel in „Platten" mit den heute noch existierenden Kontinenten Afrika, Südamerika, Vorderindien, Australien, Antarktis und Madagaskar. Im Zuge des Auseinandertriftens dieser Platten begann sich die afrikanische Platte nach Norden zu bewegen, sie schob sich über die Laurasische Platte, speziell gegen den Bereich, der uns interessiert. Mit Beginn des Tertiärs (vor 63 Millionen Jahren) wurde die Tethys immer mehr eingeengt, sie begann sich in einzelne Teilmeere aufzulösen, und das Wasser sammelte sich in einzelnen Senken, Becken und Trögen. Der Anteil an Meeresablagerungen wurde von da ab immer geringer.

Zur Verschiebung der tektonischen Decken kam nun auch noch deren Faltung: Ebenso wie sich eine Tischdecke faltet, wenn man sie mit der Hand über die Tischplatte schiebt, so falteten sich die verschiedenen Gesteinsschichten (Decken), und es türmten sich die Alpen → S. 154 im Norden und das Atlasgebirge im Süden auf (siehe Foto). In den Zentralalpen tauchte das durch Metamorphose (durch hohen Druck und hohe Temperatur) umgewandelte magmatische Gestein aus der Tiefe empor, wir finden es heute z. B. als den alpinen Gneis; auch die

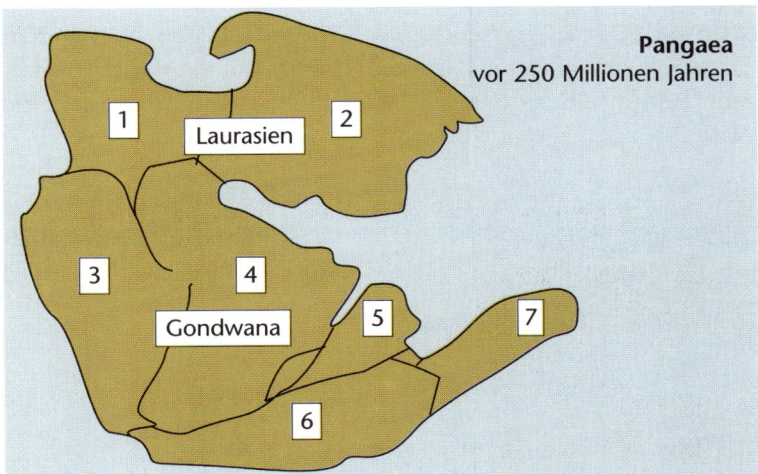

Abb. 112: Der Urkontinent *Pangaea* zerbrach in die Kontinente Nordamerika (1), Eurasien (2), Südamerika (3), Afrika (4), Indien (5), Madagaskar (6), Australien (7) und Antarktis (8). Indien triftete nach Norden; beim Auftreffen auf den eurasischen Kontinent entstand das Himalaya-Gebirge.

begehrten Kristalle von Turmalin und dem Bergkristall entstammen diesen Umwandlungen.

Wenn man glaubt, daß dies mit gewaltigen Naturkatastrophen verbunden gewesen wäre, so irrt man sich; hätten damals schon Menschen gelebt, so hätten sie nicht mehr davon bemerkt, als wir heute an Erdbeben und Vulkanausbrüchen, Erdrutschen und Murenabgängen erleben. Diese Bewegung dauert sogar noch heute an, und die Alpen heben sich auch jetzt noch, wenn dies auch nur im Millimeter- oder Zentimeterbereich pro Jahr liegt.

Unsere eingangs gestellte Frage: Wie kommen die Versteinerungen auf den Berg, ist damit aber noch nicht beantwortet, denn in den Ablagerungen der Tethys haben sich keine Fossilien erhalten. Durch hohen Druck und hohe Temperaturen, denen sie im Laufe der Gebirgsbildung ausgesetzt waren, verloren sich diese Strukturen.

Wir müssen also das Geschehen weiter verfolgen, das mit der Einengung des Tethys-Meeres einherging. Abb. 113 zeigt uns dieses Meer →Abb.1 vor etwa 110 Millionen Jahren (Kreidezeit): Das Grundgestein der europäischen Platte wurde nach unten gedrückt, wodurch ein Tiefseegraben von etwa 4 000 Meter Tiefe entstand. Gleichzeitig wurde die etwa 2 000 Meter dicke Ablagerungsschicht und das darunter liegende Altkristallin von Süden her über das magmatische Grundgestein geschoben, ein Teil dieses Gesteins und die zu Kalkstein zusammengebackene Ablagerungsschicht vom Grunde der Tethys wurden mitgeschoben und glitten am festen Grundgestein in die Höhe.

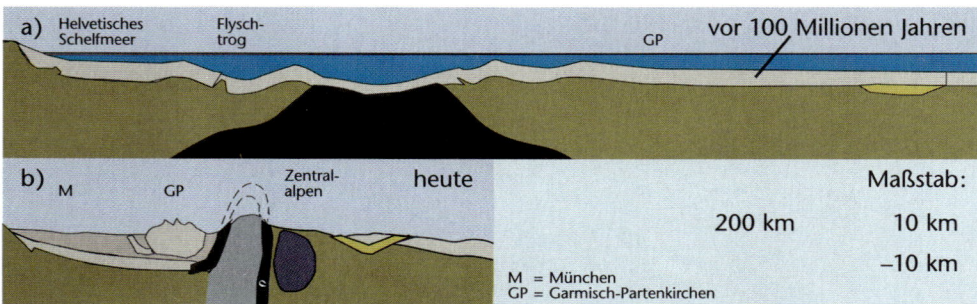

Abb. 113: Ein Querschnitt durch das Tethys-Meer vor etwa 100 Millionen Jahren; die Verschiebung hatte schon 100 Millionen Jahre vorher eingesetzt, die weißen Linien und Pfeile zeigen, wie die verschiedenen Schichten übereinandergeschoben wurden (a). b) zeigt, wie diese Schichten zusammengeschoben wurden und wie sie heute liegen.

Vor etwa 70 bis 80 Millionen Jahren wurde durch das Aufgleiten der verschiedenen Schichten die Tethys in das Nordmeer, den „Pennini-schen Ozean", und das „Südmeer" getrennt: Der Alpenhauptkamm tauchte auf – im wahrsten Sinne des Wortes. Ein Rest des Südmeeres ist heute noch vorhanden: das Mittelmeer. Im Norden wechselten jetzt Trockenlegungen und Neuauffüllung verschiedener Meeresarme einander ab und bildeten die Gesteinsschichten, aus denen die Ver-steinerungen stammen, die wir auf unseren Bergwanderungen finden. Die älteste dieser Schichten ist die sogenannte „Helvetische Schicht", die vor ca. 110 Millionen Jahren entstand. Sie ist besonders reich an Versteinerungen, und wahrscheinlich stammt unser Fund aus ihr. Gleichzeitig lagerten sich aus den Verwitterungprodukten der Alpen Schichten von Sand, Kies und Ton ab, die als „Flysch" heute die Hel-vetische Schicht teilweise überdeckt. Die Tonlagen in den Flysch-schichten sind hauptsächlich verantwortlich für das Abrutschen von Gestein, sogenannten „Muren". In der Schweiz nennt man diesen Vor-gang „flyschen".

Schließlich bedeckte das ganze Alpenvorland bis zu den Bergen des Bayerischen Waldes ein flaches Meer mit Inseln und Lagunen, in dem sich Abtragungsschutt der Alpen absetzte. Dieses Molasse-Meer, das vor 15 Millionen Jahren von der Tethys abgeschnürt wurde oder aus-floß, schließlich nur noch von Flüssen gespeist wurde und austrock-nete, ließ die Molasse-Ablagerung zurück, die in einer bis zu 8 000 Me-ter dicken Schicht Süddeutschland bis zur Donau bedeckt.

Das ist aber noch nicht der heutige Zustand. Bis zur Gegenwart ver-gingen nochmal 2 500 000 Jahre mit mehreren Eiszeiten, in denen durch Gletschertransport viel Schotterablagerungen über die Molasse-Decke gebracht wurden; auch manche Versteinerungen sind auf die-se Weise in die Ebene verfrachtet worden.

Zwei Fragen sollen jetzt noch behandelt werden: Wie entsteht aus einem Lebewesen eine Versteinerung? Und wie schafft es die Wissen-schaft, zeitliche Angaben über das Entstehen dieser Versteinerungen und die geologischen Vorgänge vor vielen Millionen Jahren zu ma-chen?

Wie bilden sich Versteinerungen?

Versteinerungen oder Fossilien (von lateinisch „fodere": ausgraben) sind Zeugen von Leben in ferner Vergangenheit. Wir fragen uns, wie sich diese Überreste von Pflanzen und Tieren über so lange Zeiträu-me erhalten konnten, wo wir doch wissen, daß abgestorbene Lebewesen in kurzer Zeit verwest sind (besser: Von Mikroorganismen oder durch chemische und physikalische Prozesse zersetzt wurden). Vor Millionen Jahren war es nicht anders; nur in besonderen Ausnahmefällen hat sich die Struktur der Lebewesen erhalten.

Es gibt mehrere Möglichkeiten, wie Fossilien erhalten geblieben sind. Voraussetzung war immer, daß sie durch Einbettung in eine Sedimentschicht ihre Form erhalten haben. Bei Tieren mit einer Schale oder einem Gehäuse (Muscheln, Schnecken, Seeigel) wurden zwar die Weichteile zersetzt, der Hohlraum hat sich mit dem Sediment gefüllt, das dann mineralisierte. Es kann dabei auch das Gehäuse selbst versteinert worden sein, indem mineralhaltige Flüssigkeiten einsickerten und versteinerten.

Eine zweite Art von Fossilien sind die Abdrucke: Im verfestigten Sediment lösen sich die ursprünglichen oder schon mineralisierten Körper auf, und es bleibt nur die Hohlform (Negativform) zurück. Oft zeigen sie sehr feine Strukturen wie Blätter von Pflanzen oder Insektenflügel.

Besonders viel Information liefern Fossilien, bei denen Kieselsäure in die Zellen eingesickert und dort erstarrt ist. Sie zeigen auch noch in versteinertem Zustand die Zellstrukturen und liefern Aufschluß über den Feinbau der Urpflanzen. Sogar Mikrofossilien wie die Versteinerungen, wie Blütenpollen oder $1/100$ Millimeter kleine Algen geben noch Hinweise auf das Leben vor vielen Millionen Jahren.

Wie gelangte man zu den Kenntnissen über das geologische Geschehen?

Als die Geologen anfingen, den Aufbau der Erdkruste aus den verschiedenen Schichten zu studieren, benannten sie die verschiedenen Gesteinsformationen nach den ersten Fundorten; als sich allmählich herausstellte, daß gleichartige Gesteinsschichten etwa gleichzeitig entstanden sein mußten, benannten sie die Entstehungsperiode gleich wie die entsprechenden Schichten. So entstanden Bezeichnungen wie Jura, Perm, Silurium, Kambrium usw. Aus der Lage der verschiedenen Schichten konnte man eine Zeitskala aufstellen, wie die geologischen Schichten und damit die gleichbenannten Zeiträume aufeinander folgten. Dabei halfen ganz entscheidend die Fossilienfunde; einmal, weil durch sogenannte Leitfossilien zusammengehörende Zeiträume bestimmt werden konnten, zum andern, weil man aus der Entwicklung des Lebens die zeitliche Aufeinanderfolge erkennen konnte. Das ergab nur eine relative Abfolge der verschiedenen geologischen

Zeitalter, über ihre tatsächliche Dauer konnte man keine oder zumindest nur recht ungenaue Angaben machen. Das änderte sich mit der Entdeckung der *Radioaktivität*. Das ist die Eigenschaft mancher chemischer Elemente, sich im Laufe der Zeit unter Aussendung energiereicher Strahlung in andere Elemente umzuwandeln.

Als Beispiel sei die Argon-Kalium-Methode besprochen. Kalium kommt in der Natur in mehreren Isotopen vor; die Isotope eines Elements haben in ihrem Atomkern die gleiche Anzahl von Protonen und damit gleiche chemische Eigenschaften, in der Zahl der Neutronen und damit in ihrer Masse unterscheiden sie sich jedoch. Für die Altersbestimmung ist das Kaliumisotop mit der Massenzahl 40 interessant, da es radioaktiv ist, d. h., es ist nicht beständig und wandelt sich unter Abgabe eines Elektrons in das Edelgas Argon um. Für diese Umwandlung gilt das Zerfallsgesetz: In einer bestimmten Zeit, für Kalium 40 sind es 1,28 Milliarden Jahre, zerfällt jeweils die Hälfte der vorhandenen Atome. Nach der gleichen Zeit von der Hälfte wieder die Hälfte – und so fort. Im natürlichen Kalium kommt Kalium 40 zwar nur zu 0,018 Prozent vor, aber das reicht aus, um z. B. das Alter von Ergußgestein aus dem Verhältnis von Argon 40 zu Kalium 40 zu bestimmen. Je mehr Ar 40 im Verhältnis zu K 40 in einem Gestein vorhanden ist, umso älter ist es (Abb. 114). Die Zeitspanne, innerhalb der diese Altersbestimmung möglich ist, reicht von 500 000 bis 10 Milliarden Jahren. Andere Verfahren, z. B. die Kohlenstoff-Methode, decken den Zeitraum von einigen Hundert bis 500 000 Jahre ab. So ist man also über die Zeiträume, in denen sich die Erdoberfläche so geformt hat, wie wir sie heute sehen, sehr gut informiert, und Fachleute können ziemlich genau angeben, vor wie vielen Jahren das von uns gefundene Fossil gelebt hat.

Sehr wichtige Ergebnisse haben die Geophysiker aus Messungen des Erdmagnetismus gewonnen. Wenn magmatisches Gestein erkaltet und erstarrt, speichert sich in ihm der Erdmagnetismus und dieser kann noch nach Millionen von Jahren nachgewiesen werden. Daraus ergeben sich Erkenntnisse, wie die tektonischen Platten einstmals zusammenhingen und wann sie sich trennten.

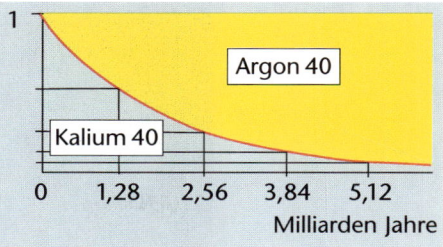

Abb. 114: Der radioaktive Zerfall von Kalium 40; das Verhältnis des im Gestein vorhandenen Gehalts von Kalium 40 zu Argon 40 gibt an, vor wie vielen Jahren sich das Gestein gebildet hat.
Alle 1,28 Milliarden Jahre zerfällt die Hälfte des vorhandenen Kalium 40.

Abb. 114

Die Luft, die wir atmen; woher kommt sie?

Woher der Luftsauerstoff kam

„Wir gehen einmal an die frische Luft" heißt es oft, wenn wir unseren Streifzug durch Wald und Flur beginnen. Und dabei denken wir meist nicht darüber nach, was wir unter der „frischen Luft" meinen. Sicher, es ist uns bewußt, daß wir etwas für unsere Gesundheit tun, wenn wir uns in der freien Natur bewegen, aber die Luft, die ist einfach da, und wir brauchen sie zum Atmen. Ohne sie wäre ein höheres Leben auf der Erde nicht möglich.

Einige Bestandteile der Luft sind uns wahrscheinlich geläufig: Die Lufthülle unserer Erde besteht zum größten Teil, nämlich zu 78,08 Prozent aus Stickstoff; 20,49 Prozent sind Sauerstoff, 1,00 Prozent Wasserdampf und 0,03 Prozent Kohlendioxid. In die restlichen 0,40 Prozent teilen sich die Edelgase Argon, Krypton, Neon und Xenon sowie Ozon und Kohlenmonoxid.

Aber es ist nicht selbstverständlich, daß die Erde eine Lufthülle mit der gegebenen Zusammensetzung hat; die Nachbarplaneten der Erde, Venus und Mars, die möglicherweise auch für die Entstehung von Leben geeignet wären, haben eine völlig lebensfeindliche Atmosphäre; die Atmosphäre der Venus wie die des Mars bestehen zu ungefähr 97 Prozent aus Kohlendioxid, dazu geringe Mengen anderer Gase, aber kaum Sauerstoff. Dabei herrscht in der Venusatmosphäre ein neunzigmal so großer Druck wie in der Erdatmosphäre; auf dem Mars ist er nur 0,006 Atmosphären (hPa). Die mittlere Temperatur auf der Venus beträgt 470°C, auf dem Mars aber –60°C. Auf den anderen Planeten sind die Bedingungen für ein Leben noch schlechter.

Da fragen wir uns natürlich, wie die Erde zu einer Atmosphäre gekommen ist, in der sich Leben entwickeln konnte und weiterhin existiert.

Nach allem, was wir wissen, war es nicht immer so; ja, die Erde hat sich ursprünglich in Bezug auf Lebensfeindlichkeit kaum von den Planeten Venus und Mars unterschieden. Aus dem Erdinnern waren Gase an die Oberfläche getreten (Ausgasung), und es bildete sich nach und nach eine Gashülle um die Erde, eine Atmosphäre. Diese bestand fast ausschließlich aus Kohlendioxid (CO_2), daneben eine geringe Menge anderer Gase, hauptsächlich Wasserdampf und Stickstoff.

Sauerstoff war zu dieser Zeit nicht in der Atmosphäre vorhanden, wie Geologen beweisen konnten, die 3,5 Milliarden Jahre alte Ablagerungen untersuchten. Aus solchen Ablagerungen konnte sogar geschlossen werden, daß damals freier Sauerstoff gar nicht hätte bestehen können; er hätte sich sofort mit Eisen verbunden. Kurz gesagt, das in der Erdkruste vorhandene Eisen wäre gerostet und hätte dabei der Luft den gesamten vorhandenen Sauerstoff entzogen.

Die Verhältnisse waren also auf der Erde vor drei bis vier Milliarden Jahren ähnlich, wie sie heute auf der Venus herrschen, mit einer Ausnahme: Wegen der größeren Entfernung der Erde von der Sonne war die Temperatur der Erdatmosphäre nicht ganz so hoch wie auf der Venus! Zwar hatte sie sich wegen des verhältnismäßig hohen Wasserdampfgehalts von einem Prozent ebenfalls aufgeheizt (Treibhauseffekt), jedoch gerade so, daß sich die ersten Lebenskeime, wahrscheinlich an den kälteren Polen, bilden konnten. Dies aber war ausschlaggebend für die weitere Zukunft der Erde.

Man hat verschiedene Möglichkeiten untersucht, wie der Sauerstoff in die Erdatmosphäre gekommen sein könnte: Zerlegen der Wassermoleküle in Wasserstoff und Sauerstoff durch das Sonnenlicht, wobei der leichte Wasserstoff ins Weltall entweicht, oder eine ebensolche Zerlegung von Kohlendioxid in Kohlenstoff und Sauerstoff; aber eine entsprechende Berechnung hat ergeben, daß dabei nur geringe Mengen an Sauerstoff (ein Zehnbillionstel des heutigen Wertes) entstanden wären.

Betrachtet man die Entwicklung des Lebens auf der Erde, so fällt auf, daß sie Hand in Hand ging mit der Zunahme des Luftsauerstoffs. Die Vermutung liegt deshalb nahe, daß sich nicht nur das Leben wegen des zunehmenden Sauerstoffs entwickelt hat, sondern umgekehrt der Sauerstoff auch durch das beginnende Leben freigesetzt wurde: Das Leben hat sich also auf der Erde seinen Sauerstoff selbst bereitet.

Wie sich die ersten Lebewesen gebildet haben, wissen wir nicht; wir können aber vermuten, daß sich zunächst Aminosäuren bildeten, die nur in einer sauerstoffreien Umgebung beständig sind. Daraus entstanden die ersten Eiweißstoffe (Proteine) und die ersten Lebenskeime. Diese benötigten zu ihrem Aufbau (Vermehrung) Energie, die sie durch die Anlagerung von anorganischen Stoffen gewannen, die sie zunächst (über viele Millionen Jahre) in ihrem Lebensraum vorfanden. Nachdem sie sich stark vermehrt hatten und ihr „Energievorrat" aufgebraucht war, mußten sie eine andere Energiequelle „erfinden": Sie lernten die Energie des Sonnenlichtes zu nutzen.

Lebewesen, die dies konnten, waren z. B. die Cyanobakterien (Blaualgen) und dann die allmählich aufkeimenden Grünpflanzen. Mit Hilfe des Sonnenlichts erzeugten sie aus Kohlendioxid und Wasser Kohlenhydrate, wobei Sauerstoff frei wurde. Das ist genau die Photosynthese, mit der auch heute noch unsere Grünpflanzen Energie gewinnen.

Aus Sedimenten hat man gefunden, daß trotz dieser dauernden Sauerstofferzeugung der Luftsauerstoff über zwei Milliarden Jahre kaum zugenommen hat. Der erzeugte Sauerstoff wurde in Eisen- und Schwefelverbindungen in Sedimenten abgelagert und steckt heute in der Erdkruste. Erst vor etwa 1,5 Milliarden Jahren begann die Erdatmosphäre sich mit Sauerstoff anzureichern und hat nun (seit dem Oberkarbon vor 320 Millionen Jahren) einen konstanten Wert angenommen. Nur etwa vier Prozent des durch Photosynthese erzeugten Sauerstoffs sind in unserer Lufthülle, neunzig Prozent sind in der Erde abgelagert.

Die Lufthülle der Erde

Betrachten wir die Lufthülle der Erde, wie wir sie heute vorfinden. Sie stellt kein einheitliches Gemisch von Gasen dar, sondern ist in verschiedenen Höhen unterschiedlich zusammengesetzt. Am besten bekannt ist uns dies durch die ständige Diskussion in den Medien um das „Ozonloch". Das sagt uns, daß in einer gewissen Höhe Ozon in größerer Konzentration vorkommt als in den übrigen Bereichen der Atmosphäre. Wir wollen also den Aufbau der Lufthülle, von unten ➔Abb.1˙ beginnend, durchforsten; man hat sie entsprechend der unterschiedlichen Temperaturen in verschiedene Zonen eingeteilt. Die unterste Schicht, die etwa bis in eine Höhe von 12 000 Metern reicht und in der sich das Wettergeschehen abspielt, nennt man die *Troposphäre,* ihre obere Grenze die Tropopause.

Darüber erstreckt sich bis in etwa 50 000 Meter Höhe die *Stratosphäre;* das ist die Schicht, in der unter dem Einfluß der ultravioletten Sonnenstrahlen Ozon gebildet wird. Um dies besser erklären zu können, machen wir einen gewaltigen Sprung in eine Höhe von etwa 120 000 Metern. Dort existiert der Sauerstoff nicht in der uns bekannten Form von Molekülen aus je zwei Sauerstoffatomen (O_2), sondern hier sind

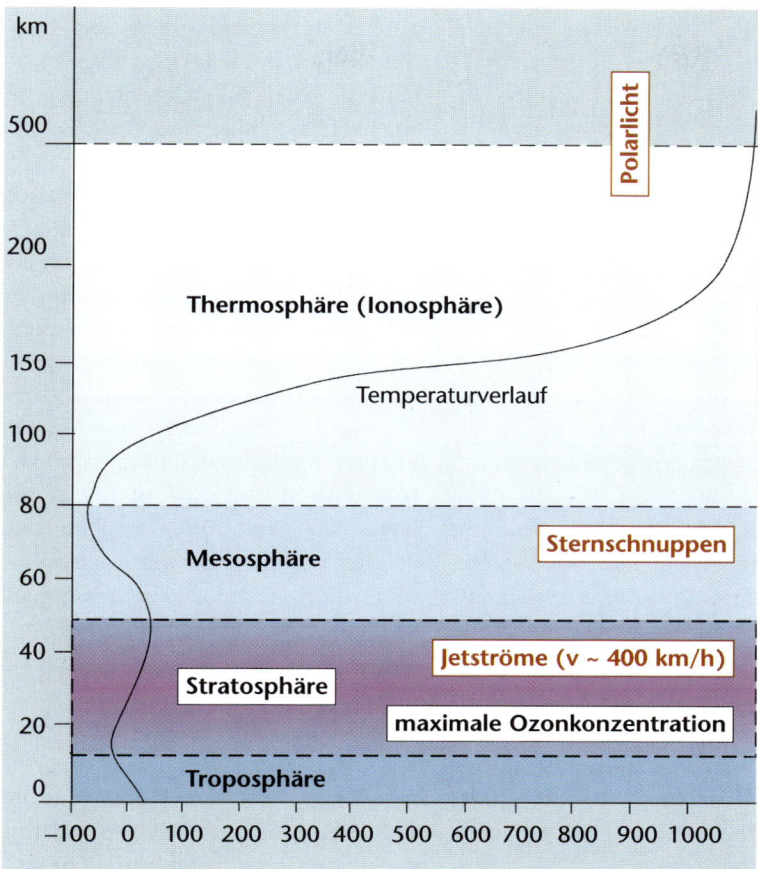

Abb. 115: Diese Graphik zeigt die prinzipielle Gliederung der Atmosphäre entsprechend dem Temperaturverlauf: Die Troposphäre, in der sich das Wettergeschehen abspielt bis in 20 Kilometer Höhe; darüber bis 50 Kilometer die Stratosphäre mit der Ozonschicht, deren Maximum bei etwa 30 Kilometer liegt. Die Mesosphäre und die Thermosphäre bilden den Übergang zum interplanetarischen Raum; die hohe Temperatur in der Thermosphäre wirkt sich nicht mehr als Hitze aus, da die Luft (fast ausschließlich Wasserstoff) extrem dünn ist, etwa $1/10\,000\,000\,000$ hPa. Das entspricht etwa dem besten Vakuum, das man im Labor herstellen kann.

161

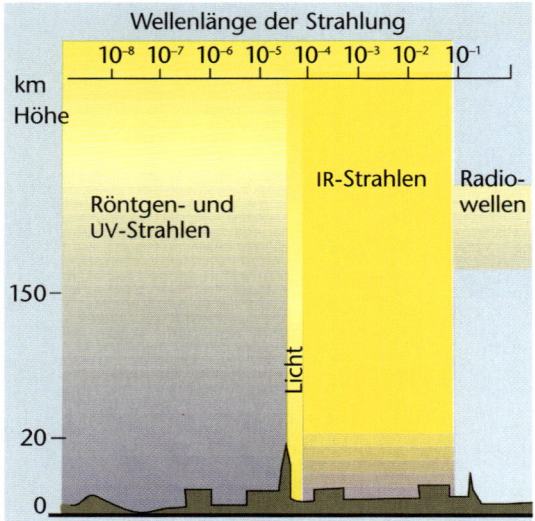

Wellenlänge der Strahlung

10^{-8} 10^{-7} 10^{-6} 10^{-5} 10^{-4} 10^{-3} 10^{-2} 10^{-1}

km Höhe

Röntgen- und UV-Strahlen

Licht

IR-Strahlen

Radio-wellen

150 —

20 —

0 —

Abb. 116: Strahlungen, die auf die Erde eindringen: Gamma- und Röntgenstrahlen, ultraviolettes Licht, sichtbares Licht, infrarotes Licht und Radiowellen.

Nur für zwei davon hat die Atmosphäre ein „Fenster": sichtbares Licht und Radiowellen; alle anderen Wellen werden von der Atmosphäre absorbiert und erreichen die Erdoberfläche nicht.

fast alle diese Moleküle durch die starke UV-Strahlung dissoziiert: Jedes Sauerstoffmolekül besteht nur aus einem Atom (O) oder Ion. Weiter unten treffen wir beide Formen des Sauerstoffes an, und in der Stratosphäre, also in einer Höhe von zehn bis fünfzig Kilometern, bilden sich auch dreiatomige Sauerstoffmoleküle, also Ozon (O_3).

Die Ozonmoleküle zerfallen zwar nach der Bildung bald wieder, aber ein so freiwerdendes O-Atom verbindet sich ebenso schnell wieder mit einem anderen O_2-Molekül — wenn es nicht von einem *Chlor-* oder einem *Stickstoffoxid*molekül weggeschnappt wird. Erstere entstehen hauptsächlich aus den als Ozonkiller bezeichneten Fluorchlorkohlenwasserstoffen, letztere entstehen zum größten Teil in der Natur bei Gewittern durch Blitze oder werden durch bestimmte Bodenbakterien erzeugt und gelangen von dort in die Atmosphäre (siehe Kasten). → S. 163

Die Schicht mit der maximalen Ozonkonzentration finden wir in Höhen zwischen 20 000 und 30 000 Metern. Diese Höhe schwankt jedoch mit den Jahreszeiten und mit der Stärke der Sonnenstrahlung.

Ozon spielt eine bedeutende Rolle für das Leben auf der Erde, da es die energiereiche und damit stark ionisierende ultraviolette Strahlung der Sonne abfängt. Bei normalen Wetterbedingungen nimmt die Lufttemperatur mit steigender Höhe ab. Das gilt aber nicht mehr für die Stratosphäre: Hier steigt die Temperatur plötzlich wieder an. Daran trägt Ozon die Schuld, da es die von der Sonne kommende Strahlung nicht einfach durchläßt, sondern einen großen Teil der UV-Strahlen absorbiert und ihre Energie in Wärme umwandelt. Ohne diese Ozonschicht würde die Strahlung auf die Erdoberfläche treffen und das Leben schwer schädigen, wenn nicht gar unmöglich machen.

Die Ozonkonzentration in den Höhen zwischen zehn und fünfundfünfzig Kilometern wird laufend gemessen; dies geschieht jedoch nicht mit Sonden, die man hochsteigen läßt, sondern kann von dem

Boden aus erfolgen. Mit Hilfe eines Lasers, der mit einem Gasgemisch aus Xenon und Chlor arbeitet, sendet man Lichtimpulse von 20 Milliardstel Sekunden Dauer in die Stratosphäre. Das Licht hat eine Wellenlänge von 308 Nanometern, liegt also im Ultraviolettbereich. Gerade dieses Licht wird von Ozon stark absorbiert. Von den übrigen Gasmolekülen wird es dagegen reflektiert und gestreut. Dieses reflektierte Licht wird auf der Erde wieder empfangen (wie bei Radar); je mehr aber vom Ozon absorbiert worden ist, um so geringer werden die empfangenen Lichtimpulse. Da das Licht in verschiedenen Höhen reflektiert wird, werden die empfangenen Impulse zeitlich auseinandergezogen. Es läßt sich so die Ozonkonzentration in den verschiedenen Höhen innerhalb einer Versuchszeit von nur zehn Minuten messen.

In 50 Kilometern Höhe schließt sich an die Stratosphäre die *Mesosphäre*, in der die Temperatur wieder auf nahe – 100 °C fällt, um dann ab 80 Kilometern Höhe, in der *Thermospäre*, wieder stark anzusteigen bis auf Werte um über 1 000 °C. Hier ist aber die Luft (fast nur noch Wasserstoff) schon so dünn, daß man sich an ihr nicht verbrennen würde, wenn ein Aufenthalt dort möglich wäre. Dies hängt nämlich nicht so sehr von der Temperatur ab, als vielmehr von der Wärmeenergie, die ein Körper abgibt bzw. aufnimmt. Diese Wärmeenergie ist aber auch von der Masse des Körpers abhängig, und die ist wegen der geringen Luftdichte in dieser Höhe so klein, daß die Wärmeenergie der Luft dort trotz der hohen Temperatur nur sehr gering ist. Die Atmosphäre über 500 Kilometern (die angegebenen Höhen und Temperaturen schwanken im Tagesverlauf sehr stark und sind auch von der geographischen Breite abhängig) nennt man die *Exosphäre*; hier kann die Temperatur bis auf mehrere Tausend Grad steigen. Der Name Exosphäre deutet schon darauf hin, daß sie ein Übergang zum interplanetarischen Raum ist, in den Wasserstoff-Ionen und -Moleküle entweichen können, wenn ihre Geschwindigkeit genügend groß ist.

So wird das Ozon in der Stratosphäre durch Chlor und Stickstoffoxid abgebaut:

1) $Cl + O_3 \rightarrow ClO + O_2$
2) $O_3 + Licht \rightarrow O + O_2$
3) $\qquad\qquad ClO + O \rightarrow Cl + O_2$

Nach diesen Reaktionen steht das Chlor wieder zur Spaltung des nächsten Ozonmoleküls bereit, das Chlor wird also nicht verbraucht, sondern reichert sich in der Stratosphäre immer mehr an. Entsprechend kann auch Stickstoffoxid zur Verminderung von Ozon beitragen:

1) $NO + O_3 \rightarrow NO_2 + O_2$
2) $O_3 + Licht \rightarrow O + O_2$
3) $NO_2 + O \rightarrow NO + O_2$

Die Atmosphäre ist nicht nur für das Leben auf der Erde so wichtig, weil sie uns den dafür notwendigen Sauerstoff gerade in der richtigen Verdünnung bereitstellt, sie schützt uns auch vor lebensfeindlichen Strahlen, die die Sonne auf die Erde sendet. Die Frequenzen dieser elektromagnetischen Wellen reichen über 14 Zehnerpotenzen von $3 \cdot 10^{18}$ Hz (Gammastrahlen) bis 10^4 Hz (Radio-Langwellen). Von diesen Strahlen werden die meisten von der Erdatmosphäre absorbiert, so daß sie die Erde nicht erreichen (siehe Abb. 116). Es gibt nur →Abb.11◖ zwei „Fenster" in diesem Wellenbereich und zwar für das sichtbare Licht und für Radiowellen. Die schädlichen kurzwelligen Strahlen, Gamma-, Röntgen- und UV-Strahlen sowie die für den „Treibhauseffekt" verantwortlichen Infrarotstrahlen erreichen die Erdoberfläche nicht oder nur sehr geschwächt.

Für die Absorption der Infrarotstrahlen (man bezeichnet sie auch als Wärmestrahlen, da wir sie nur als Wärme empfinden) sind Wasserdampf, Kohlendioxid und einige andere Gase, z. B. Methan, verantwortlich, die auch schon die Hauptbestandteile der Uratmosphäre waren. Diese beiden Gase absorbieren nicht nur die auf die Erde einfallenden Wärmestrahlen, sondern verhindern auch die Abstrahlung von Wärme von der Erdoberfläche. Für letztere Erscheinung ist das Schlagwort Treibhauseffekt geläufig, was besagt, daß die Wärme in der Troposphäre wie in einem Treibhaus zurückgehalten wird.

Die Produktion von Kohlendioxid durch Verbrennung von den fossilen Brennstoffen Kohle und Erdöl hat in den letzten Jahrzehnten so sehr zugenommen, daß vielfach befürchtet wird, das Erdklima könnte sich durch diesen Treibhauseffekt dramatisch verändern. Das Abschmelzen von Gletschern im Hochgebirge nimmt man als ein untrügliches Anzeichen dafür.

Ob allerdings die Zunahme von Kohlendioxid dafür verantwortlich ist, ist nicht nachgewiesen. Es ist vielmehr anzunehmen, daß die Natur in der Lage ist, solche „Pendelausschläge" abzufangen und auszugleichen. Schließlich bestand die Uratmosphäre, wie wir gesehen haben, fast ausschließlich aus Kohlendioxid, und es ist der Erde gelungen, seinen Anteil auf 0,033 Prozent zu reduzieren. Zu verdanken war dies der Tätigkeit von Algen und Grünpflanzen, und auch heute sind die Meeresalgen die größten CO_2-Verbraucher. Je mehr ihnen davon zur Verfügung steht, umso größer ist ihr Wachstum,

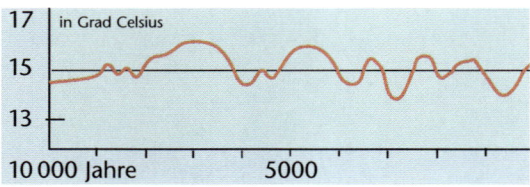

Abb. 117: Durchschnittstemperatur der Erde in den letzten 10 000 Jahren.
Seit etwa 400 Jahren steigt die Temperatur an.

so daß die Zunahme von Kohlendioxid besonders von ihnen, mit
einer gewissen zeitlichen Verzögerung, ausgeglichen werden kann.
Auch bei der Verwitterung der Gebirge wird der Luft Kohlendioxid
entzogen, wahrscheinlich sogar
mehr als bei allen anderen Vorgängen zusammen. Kohlendioxid
bildet zusammen mit Wasser Koh-
lensäure, und diese kann mit vielen Gesteinen reagieren und sie ab-
bauen. Die Abbauprodukte werden
in Meere geschwemmt und bilden
dort Ablagerungen, die vielleicht in

Die Geröllfelder in den Alpen und anderen Gebirgen
geben einen Begriff, in welchem Maße die Gebirge
durch Verwitterung abgebaut werden.

Hunderten von Millionen Jahren wieder an die Oberfläche gedrückt
werden, und der Kreislauf beginnt von vorne.

Aber die Klimaänderung zu höheren Temperaturen ist doch ein Fak-
tum!? Das ist richtig, aber diese Temperaturzunahme gibt es schon
seit fast 400 Jahren. Auf der Erde haben sich in mehr oder weniger
langen Zeiträumen Eiszeiten und Warmzeiten abgewechselt. Die letzte große Eiszeit war vor etwa 50 000 Jahren. Seither hat es mehr oder
weniger starke Schwankungen des Erdklimas gegeben, so war vor
4 000 Jahren der Höhepunkt einer Warmzeit, die vor 2 500 Jahren von
einer Kaltzeit abgelöst wurde. An die nächste Warmzeit, die vor 700
Jahren zu Ende ging, erinnern uns noch manche Ortsnamen „Wein-
berg" oder „Weingarten" in Gegenden, wo an Weinbau heute nicht
mehr zu denken ist. Vor 400 Jahren war wieder ein Klimatief und seither steigt die Temperatur kontinuierlich an.

Abb. 117

Die Unterschiede der Durchschnittstemperaturen zwischen Kaltzeit
und Warmzeit waren zwar nur wenige Grad, doch hatte dies schon
erhebliche Auswirkungen auf das Leben auf der Erde. So hat sicher die
Kaltzeit vor 2 500 Jahren mit mehr Niederschlägen die Entwicklung
der Hochkulturen im Mittelmeerraum begünstigt. Im vorderen Orient
wurden Städte gegründet, da die Nomaden durch ergiebiges Weide-
land seßhaft wurden.

Man kann die Zunahme des CO_2-Gehalts der Atmosphäre nicht iso-
liert betrachten. Er ist in den letzten 50 Jahren um ungefähr zehn Prozent gestiegen; trotzdem hat die Durchschnittstemperatur in den mittleren geographischen Breiten während dieses Zeitraums um $1/2$ Grad
abgenommen. Es sind also noch andere Einflüsse zu berücksichtigen

wie etwa Vorgänge auf der Sonne, die z. B. die Sonnenflecken auf der Sonnenoberfläche hervorrufen. Diese beeinflussen, wie nachgewiesen werden konnte, ebenfalls das Klima auf der Erde. Die Kohlendioxid-Glocke hält nicht nur die Wärme auf der Erde zurück, sie absorbiert nicht nur die von der Erdoberfläche, sondern ebenso die von der Sonne kommende Wärmestrahlung. Die Atmosphäre erwärmt sich dadurch und sendet ihrerseits wieder Wärmestrahlung aus, aber nur etwa die Hälfte zur Erde zurück, die andere Hälfte ins Weltall hinaus.

Wenn die Durchrechnung trotzdem eine Erwärmung ergibt, so ist jetzt noch zu berücksichtigen, daß durch sie die Wasserverdunstung auf der Erdoberfläche zunimmt. Wasserdampf in der Atmosphäre wirkt ch aber ebenso als aus wie Kohlendioxid; dazu kommt auch noch die vermehrte Wolkenbildung, die wiederum die Sonneneinstrahlung auf die Erdoberfläche vermindert. Auch feinste Staubteilchen (Aerosole) in der Atmosphäre, die von Luftströmungen von Wüsten und Steppen, aber auch von Industrieanlagen hochgewirbelt werden, streuen Wärmestrahlung. Zusammen mit dem Abbau von Kohlendioxid ergibt sich, daß es sehr zweifelhaft ist, daß das Leben auf der Erde durch eine Zunahme des Treibhauseffektes gefährdet ist.

Kristalle

Ein Stein am Wege – wir heben ihn auf, lassen ihn ein wenig in der Hand spielen und wollen ihn schon wieder wegwerfen, da entdecken wir doch einen eigenartigen Glanz an einer Seitenfläche und betrachten ihn genauer. Ein kleiner Kristall ist in den unscheinbaren Stein eingeschlossen, ein kleines Körnchen nur, aber von vollkommen glatten, glänzenden Flächen begrenzt, soweit diese sichtbar sind.

Das gibt uns Anlaß, etwas besser nach solchen Steinen Umschau zu halten, und tatsächlich finden wir bald ein noch schöneres Exemplar. Die Frage taucht in uns auf, wie dieser ebenmäßige Kristall in den unscheinbaren Steinbrocken hineingekommen, vor allem aber, wie er entstanden ist. Die letzte Frage ist recht einfach zu beantworten: Die einzelnen Atome oder Moleküle finden ganz von selbst zueinander, wenn man sie läßt! Wenn also keine anderen Kräfte dagegenwirken. Das ist aber leider selten der Fall, und so ist es ein Glücksfall, wenn wir einen schönen, großen Kristall finden. Einen Fall kennen wir, wo sich große Kristalle bilden können: Die Eiskristalle und Schneeflocken. Die Wassermoleküle haben sich ganz von selbst zusammengeschlossen; bei großer Kälte sind kaum Kräfte vorhanden, die das verhindern könnten; die Wärmebewegung ist so weit herabgesetzt, daß sie gerade ausreicht, die Moleküle zueinander zu bringen. Am Beispiel der Wassermoleküle haben wir gesehen, wie sie durch elektrische Kräfte – hier die „Wasserstoffbrückenbindung" – zusammengehalten werden. Es gibt aber auch noch andere Bindungsarten; die bei Kristallen häufigste ist die sogenannte *Ionenbindung*. Am Beispiel des Kochsalzes ist das am einfachsten zu erklären: Ein Kochsalzmolekül besteht aus einem Chlor- und einem Natriumatom. Das Natriumatom hat in seiner Außenschale ein einzelnes Elektron; dies sitzt deshalb sehr locker, und es bedarf nur einer geringen Energie, um es dem Atom zu entreißen. Dem Chlor fehlt ein Elektron zur vollständigen Schale von acht Elektronen. Was liegt da näher, als daß es versucht, diese Lücke aufzufüllen, was leicht möglich ist, wenn ihm ein Chloratom zu nahe kommt.

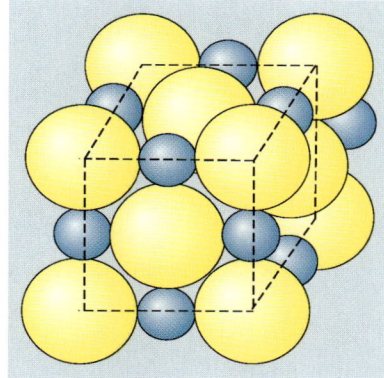

Abb. 118: Elementarzelle des Kochsalzkristalls (NaCl); Chlorionen gelb, Natriumionen blau. Der eingezeichnete Würfel zeigt, daß diese Elementarzelle einen Würfel ausfüllt: An jeder Ecke und in der Mitte jeder Seitenfläche sitzt ein Chlorion.
Kochsalz bildet somit ein kubisch-flächenzentriertes Gitter.

Was ist also das Ergebnis? Ein Natriumatom, dem ein Elektron fehlt und ein Chloratom mit einem Elektron zuviel. Die Atome sind also zu *Ionen*, zu elektrisch geladenen Teilchen geworden. Da die Natriumionen und die Chlorionen entgegengesetzt geladen sind, ziehen sie einander an und bilden des Kochsalzmolekül NaCl. In Wasser gelöstes Kochsalz (wässrige Lösung) finden auf diese Weise nur wenige Ionen zueinander, die meisten schwirren ungebunden im Lösungsmittel umher. Verdunstet aber allmählich das Wasser, so (be)drängen sich die Ionen gegenseitig immer mehr, und jetzt beginnt die Kristallbildung.

Daß sich aus einer Lösung Kristalle ausscheiden, ist eine von vielen Möglichkeiten der Kristallbildung. Häufig sind dazu große Drucke und / oder hohe Temperaturen notwendig.

Es hängt nun weitgehend vom Größenverhältnis der beiden Ionenarten ab, welche Kristallform entsteht. In unserem Beispiel des Kochsalzes ist es so, daß das Na-Ion wesentlich kleiner ist als das Cl-Ion, da ihm ja das einzige Elektron der äußeren Schale und damit diese Schale fehlt. Man muß nur einmal versuchen, eine Anzahl von Mark- und die gleiche Anzahl von Pfennigstücken so nebeneinander in der Ebene anzuordnen, daß sie die kleinstmögliche Fläche einnehmen. Man sieht dann, wie sich die Ionen des Kochsalzes in einer Kristallebene anordnen (Abb. 118).

→ Abb.1

Andere Kristalle haben meist einen ganz anderen Aufbau, das hängt ganz von der Größe und Anzahl der Ionen ab. Ist z. B. die Zahl der positiven Ionen (Kationen) doppelt so groß wie die der negativen Ionen (Anionen), wie das beim Wasser der Fall ist, so kann sich die sechseckige Form bilden, die wir von den Schnee- und Eiskristallen her kennen.

Neben der Ionenbindung können noch andere Bindungsarten zur Bildung von Kristallen führen. Sind die Bausteine eines Kristalls ungeladene Atome, so spricht man von einem Atomgitter, und die Bindungsart ist die *Atombindung*. Elektronen haben das Bestreben, immer paarweise aufzutreten, wobei die beiden Elektronen entgegengesetzten Spin* haben. Treten nun zwei solche Single-Elektronen, die verschiedenen Atomen angehören, zusammen, so bilden sie ein Paar und gehören beiden Atomen gleichzeitig an. Dies aber bindet die beiden Atome aneinander. Eine dritte Bindungsart ist die *metallische Bindung*,

---

* Unter „Spin" versteht man eine Eigenschaft von Elementarteilchen, die man sich modellmäßig als eine Kreiseldrehung vorstellt, die man gewöhnlich durch einen Pfeil symbolisiert.

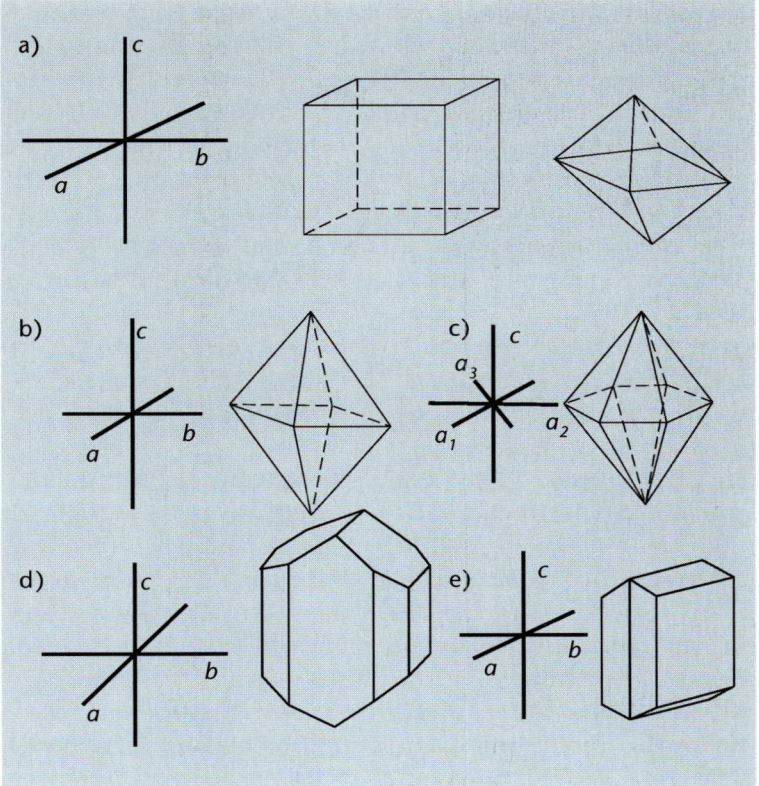

Abb. 119: Fünf der sieben Kristallsysteme: a) kubisch, b) tetragonal,
c) hexagonal, d) monoklin, e) rhombisch

bei der sich alle Außenelektronen von ihren Atomen lösen und dadurch allen Atomen des Kristalls gemeinsam angehören. Da sie sich
frei zwischen den Atomen bewegen können, bezeichnet man sie oft
als Elektronengas. Diese Elektronen gehören allen Atomen gemeinsam an und wirken für diese wie ein Mörtel, der sie zusammenhält.
Auf diesen frei im Kristall beweglichen Elektronen beruht es, daß die
meisten Metalle gute Leiter für den elektrischen Strom sind.
Um eine gewisse Systematik in die Vielfalt der möglichen Kristalle
zu bringen, untersucht man die Elementarzellen der Kristalle, das ist
die kleinste Einheit, die sich in einem Kristall immer wiederholt, auf
Symmetrieeigenschaften. Diese zeigt dann meistens auch der ganze
Kristall. Einen Würfel, wie den Kochsalzwürfel, kann man z. B. um
eine senkrecht durch die Mitte einer Seitenfläche gedachte Achse um
90 Grad drehen, und er geht wieder in einen gleichen Würfel über.

169

Das *kubische* Kristallsystem hat drei solche senkrecht aufeinander stehende Achsen. Man nennt diese Achsen vierzählig, da man den Kristall viermal um eine solche Achse um jeweils 90 Grad drehen kann und jedesmal den gleichen Würfel erhält. Eine Achse durch einen Eiskristall (Schneeflocke) wäre z. B. sechszählig.

Alle Kristalle lassen sich in sieben Kristallsysteme einordnen, die aufgrund ihrer Symmetrieachsen festgelegt sind. Abb. 119 zeigt einige davon; neben dem *kubischen Kristallsystem* (a) sind das *tetragonale* (b), das *hexagonale* (c), das *monokline* (d) und das *rhombische* (e) System aufgeführt.

→ Abb.1

Neben den Symmetrieachsen haben diese Kristallsysteme noch eine oder mehrere Symmetrieebenen (sie teilen die Kristalle in zwei spiegelbildliche Hälften) und jeweils ein Symmetriezentrum, den Schnittpunkt der Symmetrieachsen.

Betrachtet man alle diese Symmetrieeigenschaften, so kann man insgesamt 32 Symmetrieklassen unterscheiden. So gibt es Kristalle, die einer Klasse mit dreizehn Symmetrieachsen und neun Symmetrieebenen angehören; auch Kristalle ohne Symmetrieelemente bilden eine Klasse. Wir wollen aber diese Systematik nicht weiter verfolgen, sondern einige Beispiele der Entstehung von Kristallen betrachten.

Es wurde schon erwähnt, daß sich Kristalle unter verschiedenen äußeren Bedingungen bilden können. Den Fall, daß sie aus einer Lösung auskristallisieren, haben wir eingangs schon besprochen. Voraussetzung ist, daß sich geeignete Stoffe als Sedimente abscheiden, aus denen

---

Die sieben Kristallsysteme

→ Das oben beschriebene *kubische Kristallsystem*. → Das *tetragonale Kristallsystem* hat zwei gleichwertige Achsen und eine darauf senkrecht stehende ungleichwertige (also größere oder kleinere) Achse. In Abb. 119 ist die senkrechte Achse vierwertig, die beiden horizontalen Achsen sind zweiwertig. → Das *hexagonale Kristallsystem* hat drei in einer Ebene liegende gleichwertige Achsen, die gegeneinander einen Winkel von je 120 Grad bilden und eine dazu senkrecht sechszählige Hauptachse. → Die gleiche Achsenanordnung wie das *hexagonale* hat das *trigonale Kristallsystem*. Wie der Name schon sagt, ist bei ihm die Hauptachse aber nur dreizählig. → Die drei ungleichwertigen Achsen des *monoklinen Kristallsystems* sind unter zwei 90-Grad-Winkeln und einem von 90 Grad verschiedenen Winkel gegeneinander geneigt. → Beim *rhombischen Kristallsystem* stehen alle drei ungleichwertigen Achsen senkrecht aufeinander. → Sind alle drei Winkel von 90 Grad verschieden, so spricht man vom *triklinen Kristallsystem*.

→ Abb.1

dann bei Entzug des Lösungsmittels (meist Wasser, das verdunstet) die Kristallbildung einsetzt.
Auf diese Weise sind außer Steinsalz z. B. auch
Gipskristalle, Anhydrit und Cölestin oder das
grobkörnig kristallisierte Calcit des Marmor entstanden. Kristalle, die in magmatischem Gestein
gefunden werden, haben sich bei hohen Temperaturen zwischen 700 und 1 200 °C im Erdinnern
gebildet. Sie sind jedoch gewöhnlich recht klein
und unscheinbar. Zu größeren Kristallen wachsen

Bleiglanzkristalle

sie heran, wenn sie anschließend bei einer Temperatur von 300 bis
700 °C unter hohen Druck geraten, z. T. durch „fraktionierte" Kristal-
lisation, bei der nur bestimmte Bestandteile des Gemenges für den Kri-
stallaufbau verwendet, die einzelnen Elemente also teilweise getrennt,
andere vereinigt werden.

In höheren Erdschichten konnten sich Kristalle auf dem hydrother-
malen Weg bilden. Drang Wasser mit den darin gelösten Mineralien
in vorhandene Hohlräume des magmatischen Gesteins ein, so bildeten sich aus der heißen Lösung bei Temperaturen zwischen 100
und 350 °C in diesen Hohlräumen meist schöne und große Kristalle
aus den Metallsalzen von Calcium, Magnesium, Kupfer, Eisen … .
Die Kristalle, die sich auf diese Weise gebildet haben sind z. B. Bleiglanz, Flußspat und Kupferkies, um nur wenige Beispiele zu nennen.
Kristalle müssen nicht immer in der gleichen Art bestehen bleiben.
Geraten bereits gebildete Kristalle oder Gemenge von verschiedenen
Kristallen unter hohen Druck und hohe Temperatur, so können sie
sich in andere Minerale umwandeln. Diese als *Metamorphose* bezeichnete Umwandlung erfolgt bei Temperaturen um 500 °C. Die so gebildeten Kristalle sind gewöhnlich im festen Gestein verwachsen.

Das Wachstum eines Kristalls beginnt meist damit, daß sich wenige
Kristallbausteine zu einem „Keim" zusammenlagern. Dieser Keim hat
schon die Struktur des Kristalls und zieht nun weitere Kristallbausteine an sich. Diese können nur an „günstigen" Stellen an den Keim
anwachsen derart, daß unter Beibehaltung der Struktur der Keim
immer mehr anwächst. Die Wachstumsgeschwindigkeit muß dabei
nicht in allen Richtungen gleich sein, so daß auch unsymmetrische
Formen entstehen können (Abb. 120). Die Winkel zwischen den Ebenen und Kanten bleiben jedoch erhalten.

Nicht immer läßt sich aus dem Aussehen eines Kristalls (Form und
Farbe) erkennen, von welcher Art er ist. Es gibt aber noch andere Eigenschaften, die einem Hinweise für Bestimmung eines Minerals ge-

Abb.120

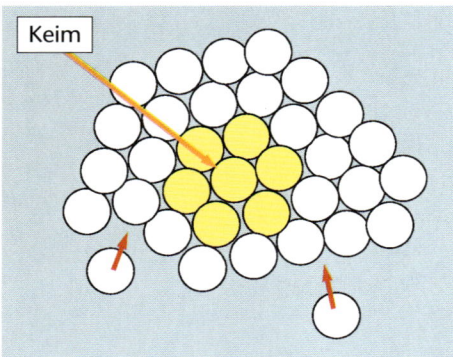

Abb. 120: Anwachsen eines Keims zu einem größeren Kristall. Die Wachstumsgeschwindigkeit ist in den verschiedenen Richtungen unterschiedlich.

Wie sich die Schaumperlen einer Seifenlösung von selbst ordnen, so haben sich auch die Atome im Kristall geordnet.

ben. Die zwei wichtigsten sind die *Dichte* und die *Härte*. Die Dichte läßt sich am einfachsten nach dem archimedischen Prinzip bestimmen: Die Masse (Gewicht) bestimmt man mit einer Waage in Gramm, das Volumen ebenfalls, indem man das Mineral an die Waage hängt und in ein Gefäß mit Wasser taucht. Der Gewichtsverlust ist dann gleich dem Gewicht der verdrängten Wassermenge, was zahlenmäßig dem Volumen in Kubikzentimetern entspricht. Der Quotient aus Masse (Gewicht) und Volumen ergibt die Dichte.

Auch die Härte ist ein wichtiges Indiz für die Art des Minerals; sie ist für die einzelnen Minerale in einer *Härteskala* festgelegt, die von 1 bis 10 reicht. Die Härte 1 hat z. B. Graphit, die größte Härte 10 hat Diamant.

Dazwischen liegen z. B. Steinsalz mit der Härte 2, Flußspat mit der Härte 4, Türkis mit der Härte 5 bis 6, Quarz mit der Härte 7 und Korund mit der Härte 9. Es ist interessant, daß gerade die Minerale, die an der ersten und letzten Stelle dieser Skala liegen, nämlich Graphit und Diamant, aus den gleichen Bausteinen, den Kohlenstoffatomen, bestehen.

Die Härte eines Minerals bestimmt man durch Vergleich: Mit dem härteren Mineral kann man immer das weichere ritzen. Hat man einige Vergleichskristalle, so ist es auf diese Weise nicht schwer, die Härte eines unbekannten Kristalls zumindest einzugrenzen.

Kristalle haben in der Geschichte der Physik eine wichtige Rolle gespielt, da sie viel zur Erforschung physikalischer Erkenntnisse beigetragen haben. Denken wir z. B. an den Kalkspat; mit ihm hat *E. L. Malus* 1808 die Polarisierbarkeit des Lichtes entdeckt, was zu der Erkenntnis führte, daß Licht eine Transversalwelle ist. *Max von Laue* hat 1912 aufgrund von Interferenzerscheinungen von Röntgenstrahlen beim Durchstrahlen von Kristallen zweierlei bewiesen: Erstens, daß Röntgenstrahlen eine Wellenstrahlung ist, und zweitens, daß die Materie aus Atomen aufgebaut ist, was damals noch von manchen Physikern angezweifelt wurde.

Ohne Kristalle wäre auch die moderne Mikroelektronik nicht denkbar. Angefangen hat das Ganze mit einem kleinen Körnchen Bleiglanz. Auch der Verfasser hat in jungen Jahren seine ersten funktechnischen Erfahrungen mit Hilfe eines solchen Bleiglanzkriställchens gemacht. Im „Detektor" mußte man mit einer feinen Drahtspitze den Kristall abtasten, bis der richtige Kontakt hergestellt war und die von der Antenne kommenden hochfrequenten Ströme damit gleichgerichtet wurden. So konnte man mit viel Geduld aus dem angeschlossenen Kopfhörer schwache Töne von Musik hören. Germanium- und Siliziumkristalle haben den Bleiglanz abgelöst.

➜ S. 171

Eine ungewöhnliche Windturbine

Eine Bergwanderung macht man eigentlich, um die Natur zu genießen, und nicht um technische Objekte zu bestaunen. Aber zu bestaunen war sie auf jeden Fall, die Windturbine auf der Rotwand. Sie ist die eine Komponente des Verbundkraftwerkes zur Stromversorgung des Rotwandhauses, einem Berg-Rasthaus des Deutschen Alpenvereins. Die andere Komponente ist eine Solaranlage, die vor allem im Sommer den Strom liefert, während die Windturbine hauptsächlich in den Wintermonaten im Einsatz ist.

Was so ungewöhnlich an der Windturbine ist, kann man auf dem Foto erkennen: Die Rotorachse steht senkrecht und drei Windmühlflügel wirken wie senkrechte Flugzeugflügel. Ganz stimmt dies jedoch nicht; sie haben nicht das Profil einer Tragfläche (auf einer Seite nach außen, auf der anderen nach innen gewölbt), sondern ihre Querschnittfläche ist symmetrisch, also ein langgezogenes Tropfenprofil. Zudem sind diese Flügel starr mit dem Rotor verbunden.

All das gibt natürlich einem physikalisch interessierten Beobachter zu denken, da auf Anhieb nicht zu erklären ist, wie dieses Windrad Energie liefern, ja, wie es überhaupt in Rotation kommen sollte.

Die stromlinienförmigen Flügel deuten darauf hin, daß es auf einem anderen Prinzip beruhen muß als die bekannten Windgeschwindigkeitsmesser mit den Halbkugelschalen (Anemometer). Vielmehr muß auf die Flügelflächen, wie bei jedem Windrad, eine Kraft ausgeübt werden. Dazu muß die Luft schräg von vorne auf die Flügel strömen, so daß eine Art „Auftrieb" entsteht, der hier aber zum Antrieb der Windturbine „umgelenkt" wird. Man kann sich nun sehr leicht überlegen, daß dieses Windrad nicht von selbst anlaufen wird, auch wenn der Wind noch so stark weht. Der Unterschied im Strömungswiderstand der von vorne und von hinten angeströmten Flügel reicht hierfür nicht aus.

Das Windrad funktioniert nach dem 1925 von *Darrieus* erfundenen Prinzip. Es läuft nicht von selbst an, sondern muß erst einmal in Drehung versetzt werden und zwar auf eine Umfangsgeschwindigkeit, die größer als die Windgeschwindigkeit ist. Dann nämlich durchschneiden die Flügel entsprechend ihrem stromlinienförmigen Profil die Luft und es kann Energie liefern. Für den Start muß bei diesem

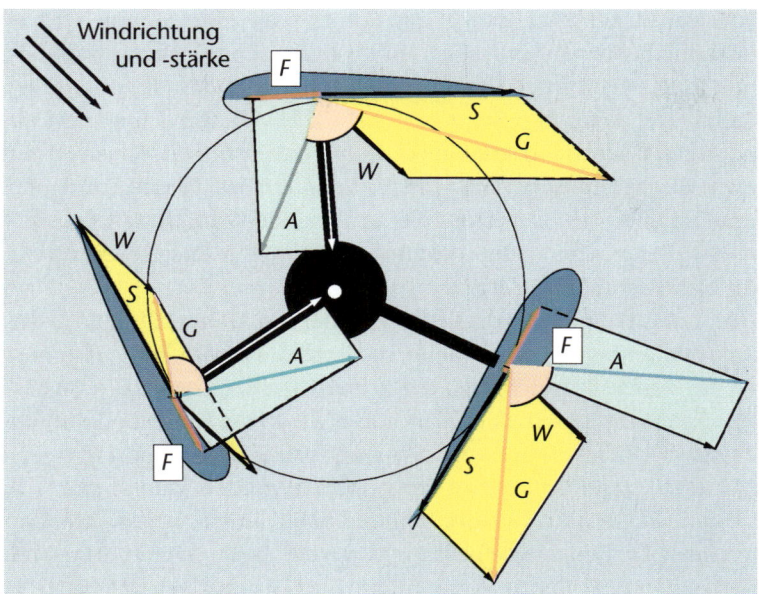

Abb. 121: Strömungen und Kräfte an der Windturbine.
Es sind für drei verschiedene Bewegungsrichtungen der Rotorblätter
die auftretenden Luftströmungen und Kräfte durch Pfeile dargestellt.
Der Wind weht von schräg links oben; diese Strömung *W* addiert sich
zu der von vorne aufgrund seiner Eigenbewegung auf den Flügel
treffende Strömung *S*.
Die resultierende Strömung *G* trifft also den Flügel von schräg vorne
und erzeugt damit einen „Auftrieb" *A*. Eine Komponente dieser Kraft *F*
zeigt nach vorne und treibt den Flügel an (rot); die dazu senkrechte
Komponente ist radial, also senkrecht zur Bewegungsrichtung gerichtet und daher ohne Wirkung.

Prinzip Energie in Akkumulatoren oder Druckluftspeichern gespeichert werden.

Abb. 121 Die Anströmrichtung der Flügel ergibt sich durch Überlagerung von
zwei Luftströmungen: Dem Wind *(W)* und der Strömung entgegen
der Eigenbewegung der Flügel *(S)*. Die Resultierende *G* daraus trifft
den Flügel im allgemeinen von schräg vorne, so daß eine Kraft *A* rechtwinkelig zu dieser resultierenden *G* auftritt, die Kraft, die dem Auftrieb eines Flugzeug- oder Vogelflügels entspricht. Nur in zwei Fällen
tritt eine solche Kraft nicht auf; dann nämlich, wenn sich der Flügel
genau in Windrichtung oder gegen sie bewegt. In den anderen Fällen
läßt sich diese Kraft in zwei Komponenten zerlegen, von denen die

175

eine genau zum Drehpunkt des Rotors zeigt und deswegen ohne
Wirkung bleibt; die andere ist senkrecht dazu und zeigt deshalb immer in Bewegungsrichtung des Flügels, treibt ihn also an und liefert
damit Energie für den Generator (Abb. 121). Allerdings muß von ihr   → Abb.12
noch die Widerstandskraft abgezogen werden, die der Flügel durch
seine Bewegung gegen die Luftströmung erfährt. Diese hemmende
Kraft ist aber stets kleiner als die antreibende Kraft, so daß sich immer, außer in den beiden genannten Fällen, ein Energiegewinn für
die elektrische Anlage ergibt.

Nun noch einige technische Daten über die Anlage: Die Länge der
Rotorblätter beträgt sechs Meter, der Rotordurchmesser ist zehn Meter, die wirksame durchströmte Fläche ist also sechzig Quadratmeter.
Bei einer Windgeschwindigkeit von etwa 40 km/h ist die Leistung
20 kW, bei 30 km/h nur noch 5 kW. Die Anlage hält Windstärken bis
270 km/h stand, ist also auf Berggipfeln besonders gut geeignet.

Der mit der Windturbine im Verbund arbeitende Solargenerator liefert bei voller Sonne eine Leistung von 5 kW. Beide, Windturbine und
Solargenerator, laden abwechselnd (je nach Wetterlage) eine Batterie-
anlage mit einem Fassungsvermögen von 65 kWh auf.

Natürlich ist eine derartige Anlage nur dann sinnvoll, wenn eine andere Art der Stromversorgung zu teuer wäre, wie es hier auf dem Berg
der Fall ist.

176

Das Brockengespenst

Das Brockengespenst erscheint nicht nur auf dem Brocken; man kann ihm vielmehr auf jedem Berg begegnen, wenn man dem nebelverhangenen Tiefland entflieht und der Sonne entgegen auf den Berg steigt.

Diese Wetterlage tritt auf, wenn kalte Luft im Tal sich festgesetzt hat und darüber eine warme Luftschicht lagert. Man nennt das eine Inversionswetterlage, die sehr stabil ist, da die warme leichte Luft auf der schweren kalten „schwimmt". Die normale Wetterlage ist umgekehrt und deshalb meistens sehr instabil, weshalb das Wetter dann recht wechselhaft ist.

Bei einer Inversionswetterlage bildet sich an der Grenze zwischen kalter und warmer Luft eine Hochnebelschicht; unter ihr ist trübes Wetter, über ihr ist strahlender Sonnenschein, der das Nebelmeer von oben beleuchtet. Hier kann man nun das Brockengespenst beobachten, wenn man, die Sonne hinter sich, in das Nebelmeer blicke: Man sieht seinen eigenen Schatten im Nebel. Das wäre eigentlich noch nichts Besonderes; das Überraschende ist, daß der eigene Kopf von einem hellen Strahlenkranz, wie von einem Heiligenschein, umgeben ist.

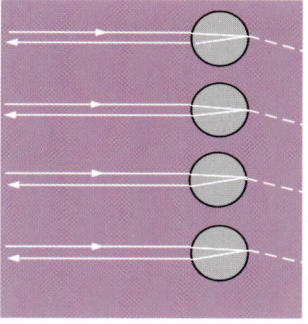

▸Abb. 122 Es handelt sich hier um eine „Rückstreuung" des Lichtes an den Nebeltröpfchen. Die Intensität der Erscheinung hängt deshalb stark von der Größe dieser Tröpfchen ab; im optimalen Fall ist der Strahlenkranz auch noch farbig und wirkt dann besonders eindrucksvoll.

Abb. 122: Die Lichtstrahlen treten in das Nebeltröpfchen ein und werden dabei etwas gebrochen. An der Rückseite des Tröpfchens erfolgt eine teilweise Reflexion (ein Teil des Lichtes tritt auch an der Rückseite aus), so daß das Licht, bei einer geringen Streuung, wieder in die Richtung zurückfällt, aus der es gekommen ist.

Einen ähnlichen Effekt erzeugen auch in den frühen Morgenstunden die Tautröpfchen auf den Gräsern eines Rasens. Er ist deutlich zu beobachten, wenn die Tautröpfchen noch sehr klein sind. Im Laufe des anbrechenden Tages werden sie größer und die Rückstrahlung wird geringer.

Auch im Morgentau ist der eigene Schatten von einem Strahlenkranz umgeben.

177

9. Kapitel

Wenn es Abend wird

179

Die Sonne

Die Sonne hat sich dem Horizont genähert und ist etwas verblaßt, so daß wir direkt gegen sie blicken können, ohne unsere Augen zu schädigen. Eine gute Gelegenheit, uns über sie, unseren Lebenspender, Gedanken zu machen.

Seit Milliarden von Jahren strahlt die Sonne unvermindert Licht und Wärme zur Erde, ein fast unglaubliches Geschehen! Als um die Mitte des vorigen Jahrhunderts der Arzt *Julius Robert Mayer* und die Physiker *Joule* und *v. Helmholtz* den Energiesatz fanden, nämlich daß Energie nur von Energie kommen kann, war das Rätsel noch größer, denn unmöglich konnte mit chemischer Energie viele Millionen oder Milliarden Jahre ungeschwächt strahlen und Energie aussenden, die allein in jeder Sekunde $4 \cdot 10^{26}$ Joule beträgt. Man versuchte verschiedene Lösungen, z. B. die Verbrennung von Wasserstoff und Sauerstoff oder ständige Meteoriteneinschläge in die Sonne (2 Billionen Tonnen Meteoritenmaterial pro Sekunde wären nötig, um den Energiehaushalt der Sonne zu decken), aber keiner der Lösungsvorschläge schien befriedigend.

Erst die Entdeckung der Radioaktivität und der Möglichkeit der Umwandlung von Atomkernen hat Licht ins „Dunkel" der Sonnenstrahlung gebracht. Inzwischen war es auch möglich geworden, mit Hilfe der Spektrallinie die Materie der Sonne zu analysieren, und man wußte, daß sie zu 57 Prozent aus Wasserstoff, 40 Prozent aus Helium und drei Prozent der restlichen Elemente besteht. Die Verschmelzung von Wasserstoffatomen zu Helium konnte diese Energie liefern. Ehe wir näher darauf eingehen, müssen wir noch einige Grundtatsachen wissen, einmal über die Sonne und dann über die Atome. Als *Newton* das Gravitationsgesetz entdeckte, wußte er, daß die Anziehungskraft zwischen zwei Körpern zum Produkt ihrer Massen proportional ist, den

Proportionalitätsfaktor, die Gravitationskonstante *f* konnte er aber nicht aus der Theorie herleiten. Ohne ihre Kenntnis kann man aber die Masse der Himmelskörper nicht berechnen. Mit Hilfe einer sehr diffizilen Versuchsanordnung, einer sogenannten Drehwaage, gelang es *Cavendish* diese Konstante zu bestimmen; er konnte die Kraft messen, mit der sich zwei Bleikugeln gegenseitig anziehen, und daraus die Gravitationskonstante berechnen. Sie besagt, daß sich zwei Massen von je einem Kilogramm im Abstand von einem Meter mit einer Kraft von $6{,}67 \cdot 10^{-11}$ Newton anziehen.

Indem man die Zentrifugalkraft, die auf einen Planeten beim Umkreisen der Sonne wirkt, gleichsetzt der Anziehungskraft, die die Sonne auf ihm ausübt, läßt sich die Masse der Sonne berechnen. Die Masse des Planeten braucht dabei nicht bekannt zu sein. Man kann sie auf gleiche Art aus der Umkreisung eines Mondes berechnen.

Man wußte jetzt, daß die Masse der Sonne etwa 10^{27} Tonnen (das ist 330 000 mal die Masse der Erde) beträgt. Ein ganz anderes Gebiet der Physik, die Thermodynamik, erlaubte es auch über den Aufbau der Sonne Angaben zu machen. Aus der Farbe des von der Sonnenoberfläche ausgehenden Lichtes ließ sich die Temperatur der Sonnenoberfläche berechnen, sie beträgt 5 800 K; da von der Oberfläche dauernd Energie abgestrahlt wird, muß diese aus dem Innern der Sonne nachgeliefert werden. Die Temperatur muß also nach innen zunehmen. Man kann berechnen, welche Temperatur im Mittelpunkt der Sonne herrschen muß, damit sich die beobachtete Oberflächentemperatur ergibt. Sie hat den unvorstellbar großen Wert von mehr als 16 Millionen K (Grad Celsius).

Um die weiteren Vorgänge der Energieerzeugung in der Sonne zu verstehen, sind einige Kenntnisse aus der Kernphysik notwendig. Der einfachste Atomkern ist der des Wasserstoffs, er besteht aus einem einzigen Teilchen, dem Proton. Seine Masse ist fast 2 000mal so groß wie die des Elektrons; es besitzt eine elektrische Ladung, die gleich der Elektronenladung, aber ihr entgegengesetzt (also positiv) ist. Die Kerne anderer Atome enthalten außer den Protonen noch Neutronen. Beide bezeichnet man mit dem Sammelbegriff „Nukleonen". Die Neutronen haben, wie der Name zum Ausdruck bringt, keine elektrische Ladung, ihre Masse ist etwas größer als die der Protonen. Beim Aufbau von schwereren Kernen sind zwei Kräfte wirksam, die einander entgegenwirken: Die Abstoßungskraft der Protonen aufgrund ihrer elektrischen Ladung (gleichartige Ladungen stoßen sich ab) und eine anziehende Kraft, die zwischen Nukleonen wirksam ist. Man nennt sie die *Kernkraft* oder *starke Wechselwirkung*. Ihre Reichweite

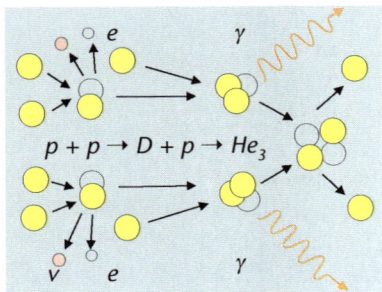

Abb. 123: Proton-Proton-Reaktion bei der Kernfusion

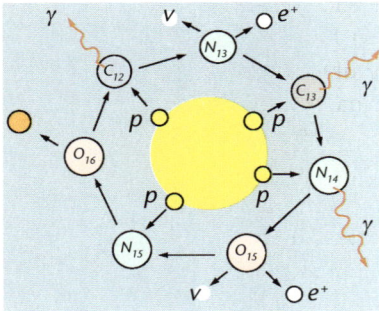

Abb. 124: Beim Bethe-Weizsäcker-Zyklus wirkt der Kohlenstoffkern als eine Art „Katalysator".
Der Zyklus beginnt links oben mit dem Kohlenstoff 12.

ist im Gegensatz zur elektrischen Kraft sehr gering; sie wirkt aber in in unmittelbarer Nähe zu den Nukleonen umso stärker. Nähert sich ein Proton einem Kern, so wird es zunächst abgestoßen, bei weiterem Annähern überwiegt die Kernkraft, und es wird angezogen. Gleiches gilt natürlich für zwei Atomkerne. Ein vollständiges Atom besteht aus dem Kern und der Elektronenhülle; die Zahl der Elektronen ist gleich der Zahl der Protonen, so daß das Atom nach außen elektrisch neutral ist.

Wir haben bei der Betrachtung der Erde schon festgestellt, daß mit der Tiefe nicht nur die Temperatur, sondern auch der Druck und die Dichte durch die Gravitationswirkung zunehmen. Der Druck ist im Mittelpunkt der Sonne so groß, daß dort Materie, wie wir sie kennen, nicht mehr existiert. Dort existieren nur noch „nackte" Atomkerne, d. h. sie haben ihre Elektronenhülle verloren, die Elektronen haben sich selbständig gemacht.

Da kommen sich natürlich die Atomkerne des Wasserstoffs, die Protonen, sehr viel näher, als dies bei Atomen der Fall ist, wo die Kerne ja von den Elektronen umgeben sind. Wenn sie so heftig aufeinander prallen, daß sie die elektrische Abstoßung überwinden, können sie in den gegenseitigen Wirkungsbereich der Kernkraft kommen. Dies geschieht tatsächlich oft; die elektrische Abstoßung ist jedoch so groß, daß diese Vereinigung meist nur sehr kurze Zeit besteht. In seltenen Fällen zerfällt aber eines der Protonen in ein Neutron und ein positives Elektron (Positron). Da zwischen Proton und Neutron die elektrische Abstoßung jetzt entfällt, bilden sie zusammen einen stabilen Kern, den des schweren Wasserstoffes, des *Deuteriums*. →Abb.12

Dieser Deuteriumkern kann nun wiederum ein Proton aufnehmen und bildet dann einen ^{3}He-Kern; zwei solche ^{3}He-Kerne können nun unter Abgabe von zwei Protonen zu einem ^{4}He-Kern verschmelzen. Im Endeffekt haben sich somit vier Protonen in einen Heliumkern (α-Teilchen) und zwei Positronen verwandelt. Außerdem wurden γ-Strahlen und zwei Neutrinos ausgestrahlt. Diese *Proton-Proton-Reaktion* ist wohl der wichtigste Fusionsvorgang, aber es gibt noch andere mögliche Reaktionen, z. B. den *Bethe-Weizsäcker-Zyklus*, bei dem sich ein

Proton zunächst mit einem schwereren Kern, hier dem des Kohlenstoff (C12), verbindet, durch weitere Aufnahme von Protonen diesen in Stickstoff (N13 und N14) – und dann Sauerstoffkerne (O15) umwandeln, zuletzt wieder in einen Stickstoffkern (N15), der ein α-Teilchen abspaltet und damit wieder in den anfänglichen Kohlenstoffkern übergeht (Abb. 124). Insgesamt wurden dabei vier Protonen in einen Heliumkern umgewandelt. Der Kohlenstoffkern ist letztlich unverändert geblieben. Obwohl dieser Zyklus etwa im Durchschnitt 50 Millionen Jahre dauert, ist er trotzdem zu etwa einem Prozent an der Energieerzeugung der Sonne beteiligt, da gleichzeitig eine ungeheure Zahl dieser Zyklen ablaufen.

Wie kommt es eigentlich, daß einerseits bei der Kernspaltung in Kernreaktoren, anderseits aber auch bei der Kernfusion Energie frei wird? Das hängt damit zusammen, daß die Reichweite der Kernkraft nur sehr gering ist. Diese Anziehungskraft, mit der ein Nukleon andere anzieht, wirkt praktisch nur auf die unmittelbar benachbarten und auf diese umso stärker. In größerem Abstand überwiegt die abstoßende elektrische Kraft der positiv geladenen Protonen. Daraus folgt, daß Atomkerne aus nur wenigen Nukleonen, wie die von Wasserstoff, Helium und Lithium, sehr stark zusammenhalten: Sie haben eine große Bindungsenergie, d. h. man braucht viel Energie, um sie wieder zu trennen.

Bei der Kernfusion, wenn diese Nukleonen sich vereinigen, wird entsprechend diese Energie frei.

Umgekehrt ist es bei der Kernspaltung von schweren Kernen, wie z. B. dem Urankern. Diese sind verhältnismäßig labil aufgebaut, da einzelne Nukleonen so weit voneinander entfernt sind, daß sie ihre Kernkraft nicht mehr erreicht. Es wird jedes Nukleon jeweils nur von den unmittelbar benachbarten gehalten, während die elektrische Abstoßung zwischen allen Protonen wirksam ist. Um ein zusätzliches Proton in diesen Kern einzubauen, muß man deshalb Energie aufwenden, und umgekehrt wird Energie frei, wenn der Kern in zwei Teile zerfällt, wie dies in Kernreaktoren durch Neutronen ausgelöst wird (Abb. 125). In beiden vorher besprochenen Fällen haben sich insgesamt vier Protonen in einen Heliumkern umgewandelt, wobei zwei Positronen, zwei Neutrinos sowie γ-Strahlen mit einer Gesamtenergie von 26,6 MeV frei wurden. Alle diese und möglicherweise weitere Fusionsprozesse in der Sonne liefern zusammen eine Leistung von $3,86 \cdot 10^{23}$ kW (Solarkonstante).

Die bei beiden Reaktionen frei werdenden zwei Neutrinos bereiten den Physikern großen Kummer. Man hat ausgerechnet, wie viele von

→ Abb.124

Abb.125

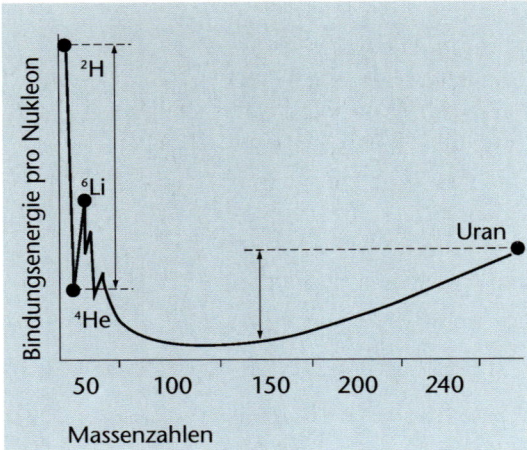

Abb. 125: Die Bindungsenergie pro Nukleon ist bei leichten Atomkernen groß und nimmt mit wachsender Masse ab, um ab einer Nukleonenzahl von etwa 60 wieder anzusteigen.
Die entsprechende Energie wird bei der Fusion von Wasserstoff zu Helium bzw. bei der Spaltung von Uran frei.

diesen Neutrinos in einer gewissen Zeit auf die Erde treffen müßten; alle Experimente, bei denen sie gemessen wurden, ergeben aber nur einen geringen Bruchteil davon.

Man hat abgeschätzt, daß die Sonne seit etwa 4,6 Milliarden Jahren unvermindert mit dieser Leistung strahlt und noch Brennstoff für weitere 10 Milliarden Jahre hat. Alle diese Kernreaktionen geschehen in einem Kern der Sonne, dessen Durchmesser nur etwa ¼ des Sonnendurchmessers ist und dessen Volumen entsprechend ¹⁄₆₄ gleich 1,6 Prozent des Sonnenvolumens ausmacht.

Trotzdem enthält dieser Kern 60 Prozent der Sonnenmasse.

Die Stabilität der Sonne

Warum explodiert eigentlich die Sonne nicht wie eine gigantische Wasserstoffbombe, sondern „brennt" so langsam vor sich hin, daß sie uns Erdbewohnern genau die richtige Energie zum Leben liefert?

Zwei wichtige physikalische Gesetzmäßigkeiten, die man auf der Erde gefunden hat und die auch auf der Sonne gültig sind, wirken hier zusammen.

Im Sonnenkern herrscht eine Temperatur von 15 Millionen K (Grad); das bedeutet, daß die Wasserstoffkerne im Durchschnitt eine Energie von 1 keV haben (1 keV ist die (Bewegungs-) Energie, die ein Teilchen mit einer Elementarladung aufnimmt, wenn es eine Spannung von 1 000 Volt durchläuft). Für die H- und He-Kerne im Sonnenkern gilt das gleiche wie für ein Gas auf der Erde: Nicht alle Kerne haben die gleiche Energie, sondern es gibt sehr viel langsamere, aber auch sehr viel schnellere. 1 keV ist die durchschnittliche Energie aller Kerne. Diese Energie würde aber nicht für die Fusion zweier Wasserstoffkerne ausreichen; dafür ist gut die zehnfache Energie notwendig. Entsprechend der *Maxwell*schen Geschwindigkeitsverteilung (Abb. 126) gibt es aber davon nur verhältnismäßig wenig Wasserstoffkerne. Wir können uns die Zahl der in einem Kubikdezimeter des Sonnenkerns pro

→ Abb. 1

Sekunde stattfindenen Fusionsprozesse ausrechnen, wenn wir die Solarkonstante durch das Kernvolumen dividieren. Wir erhalten so: $3{,}86 \cdot 10^{26}$ Watt$: 3{,}4 \cdot 10^{28}$ dm$^3 = 0{,}011$ W/dm^3 (zum Vergleich: In unserem Körper wird pro Kubikdezimeter eine Leistung von etwa einem Watt umgesetzt). Da bei jeder Verschmelzung von vier Protonen zu einem α-Teilchen eine Energie von $3{,}9 \cdot 10^{-12}$ Ws frei wird, können wir berechnen, daß in einem Kubikdezimeter pro Sekunde rund drei Milliarden solcher Reaktionen stattfinden. Damit ist aber nicht gesagt, daß eine solche Reaktion sehr rasch abläuft. Da die Protonen sehr klein sind (der Wasserstoffkern hat einen Radius von $1{,}4 \cdot 10^{-15}$ Metern), kann es sehr lange dauern, bis genügend schnelle Protonen ihre gegenseitige Abstoßung überwinden und aufeinander treffen.

Könnte es aber nicht trotzdem sein, daß im Kern eine Überhitzung auftritt, mehr Protonen reagieren und alles außer Kontrolle gerät? Stellen wir uns vor, es würden kurzfristig mehr Kernverschmelzungen stattfinden. Die Folge wäre eine stärkere Erhitzung, und mehr Protonen würden die für die Kernverschmelzung notwendige Energie erreichen. Daraus ergäbe sich eine noch höhere Temperatur, eine Kettenreaktion entstünde, die die Sonne zum Explodieren brächte.

Wie wir sehen, ist es nicht so; ein anderer Effekt wirkt dem entgegen: Durch die Temperaturzunahme dehnt sich die Sonne natürlich aus, der Abstand der Atomkerne wird größer, aber nicht gleichmäßig (linear) mit der Temperaturerhöhung, sondern stärker. Hier tritt ein Effekt auf, den wir schon im ersten Kapitel dieses Buches am Beispiel des Wassertropfens (und der Luftballons) kennengelernt haben: Auch der Druck wird kleiner! Das bewirkt eine zusätzliche Ausdehnung der Sonne, der Abstand der Atomkerne wird noch größer, die Fusionsrate kleiner. Also zurück marsch, marsch! Alles pendelt sich wieder auf den ursprünglichen Wert ein.

Umgekehrt würde es verlaufen, wenn sich die Zahl der Kernreaktionen vermindern würde. Wir können also beruhigt sein, die Sonne

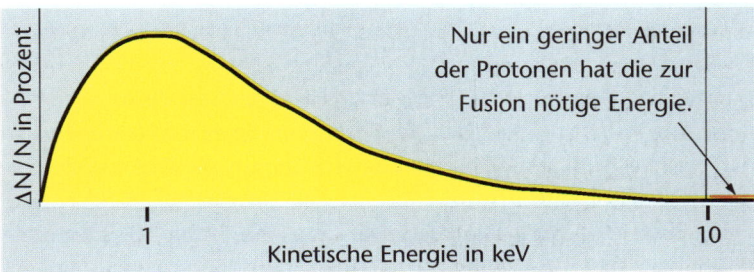

Abb. 126: Energieverteilung der Protonen im Kern der Sonne

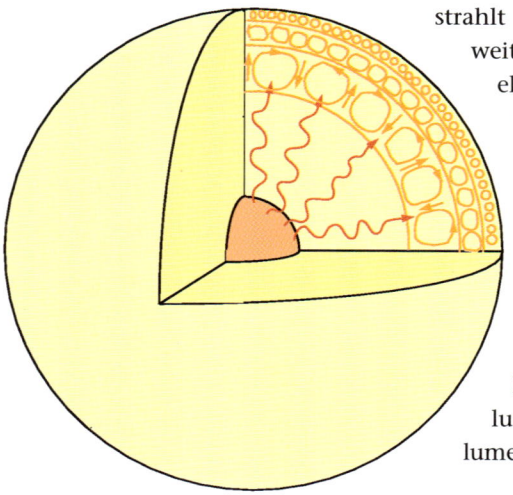

Abb. 127: Die durch Kernfusion im Sonnen-innern erzeugte Energie wird zunächst als Strahlung, dann in Konvektionszellen an die Oberfläche transportiert.

strahlt noch fünf Milliarden Jahre so weiter. Ein weiteres Sicherheitspolster ist noch, daß die elektromagnetische Energie etwa eine Million Jahre braucht, bis sie aus dem Kern die Sonnenoberfläche erreicht.

Wie gelangt nun die in diesem Kern erzeugte Energie an die Sonnenoberfläche? ➜Abb. 12

Die bei der Kernfusion erzeugte Energie wird in der Hauptsache in Form von Strahlung frei: als Gammastrahlen in der Hauptsache, aber auch als Korpuskularstrahlung. Durch den größten Teil des Sonnenvolumens erfolgt der Energietransport durch Strahlung; weiter außen bilden sich mehrere Schichten von Konvektionszellen (Benardzellen), wie wir sie schon im Erdinnern und in der Erdatmosphäre kennengelernt haben.

Die Zellen werden immer kleiner, je näher sie an der Sonnenoberfläche sind. An der Sonnenoberfläche kann man sie, bei Verwendung geeigneter Filter, als sogenannte Granulation sehen. Das sind Strukturen in der Sonnenoberfläche, ähnlich wie sie das Foto Seite 152 zeigt. ➜ S. 152

Sonnenflecken

Wenn wir auch nicht direkt in die pralle Sonne blicken können, so gibt es doch eine Möglichkeit, uns die Sonnenoberfläche etwas anzusehen: Mit Hilfe eines Feldstechers können wir die Sonnenflecken beobachten. Natürlich dürfen wir mit den Fernglas nicht in die Sonne schauen, die sofortige Erblindung wäre die Folge, aber wir können es verwenden, um die Sonne auf einen weißen Karton vergrößert abzubilden.

Das geht so: Ein optisches System des Feldstechers decken wir ab, ➜Abb. 1. denn wir wollen nur ein Bild der Sonne erzeugen. Dann stellen wir das Fernglas auf große Entfernung ein, damit das Bild der Sonne möglichst groß wird. Nun richten wir das Fernglas gegen die Sonne und halten hinter das Okular im Abstand von 50 bis 100 Zentimetern ein weißes Blatt Papier. Wir werden dann einen verwaschenen hellen Fleck sehen, der aber zu einem Bild der Sonne wird, wenn wir

den Abstand Blatt-Okular oder die Ent-
fernungseinstellung des Fernglases etwas
ändern. Je nach Art des Fernglases hat
das Sonnenbildchen einen Durchmesser
von fünf bis acht Zentimetern, groß genug, um darauf die Sonnenflecken zu
erkennen, dunkle Flecken meist im mittleren Bereich der Sonne.

Diese Sonnenflecken treten nicht immer auf, sondern in einem Zyklus von
elf Jahren, in denen jeweils nach einem
Sonnenfleckenmaximum ein Minimum
folgt. Man erkennt, wenn man die Sonnenflecken mehrere Tage hintereinander beobachtet, daß die Sonnenoberfläche rotiert. Diese Rotation ist aber nicht

Abb. 128: Eine einfache Methode, Sonnenflecken zu beobachten.
Es ist zweckmäßig, die Hand mit dem Fernglas
an einem festen Gegenstand aufzustützen.

überall gleich schnell: Am Sonnenäquator dauert eine volle Umdre-
hung 25 Erdtage, den Polen zu wird sie langsamer und in der Nähe
der Pole dauert sie 35 Tage.

Es ist besonders erstaunlich, daß die Sonnenflecken fast immer als
Pärchen auftreten. Als man nun feststellte, daß in den Sonnenflecken
magnetische Pole vorhanden sind, und zwar jeweils ein Nord- und
ein Südpol bei einem Fleckenpaar, hatte man bald eine Erklärung dafür. Ein Rätsel ist aber noch, daß, wenn z. B. auf der Nordhalbkugel
jeweils ein Nordpol dem Südpol folgt, es auf der Südhalbkugel gerade umgekehrt ist und ein Südpol dem Nordpol folgt. Nach elf Jahren
dreht sich die Abfolge um, und auf der *Süd*hälfte läuft der Südpol und
auf der *Nord*hälfte der Nordpol voraus. Der vollständige Zyklus dauert
also nicht elf, sondern eigentlich zweiundzwanzig Jahre.

Nun aber eine Antwort auf die Frage: Woher weiß man überhaupt
etwas über den Magnetismus auf der Sonne und wie kann man die
Magnetpole unterscheiden?

Auch darüber gibt uns das Licht Auskunft. Zerlegt man das von der
Sonne kommende Licht in seine Spektralfarben mit Hilfe eines Pris-
mas oder besser eines Beugungsgitters, so findet man das Spektrum
von feinen dunklen Linien durchzogen, den *Fraunhofer*schen Linien.
Ihnen kann man entnehmen, welche Gase in der Sonnenatmosphäre
vorhanden sind (das Helium wurde zuerst auf der Sonne nachgewiesen, ehe man es auf der Erde fand; daher der Name). Befinden sich
die Gase in einem Magnetfeld, so spalten die Spektrallinien in mehrere Linien auf (anomaler *Zeeman*-Effekt). Das rührt daher, daß die

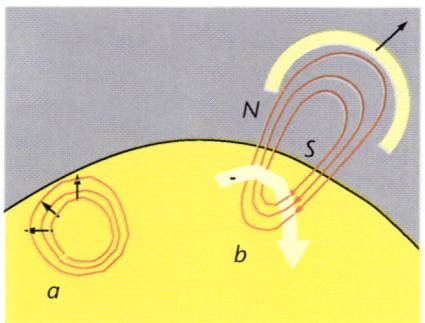

Abb. 129: Durch die Strömung ionisierter Materie in den Konvektionszellen entstehen starke magnetische Felder, die gegen das Plasma der Sonnenoberfläche drücken (a). Wird dieser Druck zu groß, so brechen die Felder aus und reißen das Plasma mit sich (b). So entstehen die gewaltigen Eruptionen und je zwei Sonnenflecken mit entgegengesetzten magnetischen Polen.

Elektronen aufgrund ihres Spins in einem Magnetfeld ihre Energie geringfügung ändern, wodurch sich auch die Wellenlänge des ausgestrahlten oder absorbierten Lichtes ändert.

Untersucht man also die Oberfläche der Sonne Punkt für Punkt, so kann man erkennen, wo magnetische Felder vorhanden sind, und sogar ihre Stärke und Richtung bestimmen. So wurde gefunden, daß das Magnetfeld der Sonne bis zu 1000mal stärker ist als das Erdmagnetfeld.

Diese Magnetfelder an der Sonnenoberfläche können ihre Ursache nur in starken elektrischen Strömen haben, wie sie etwa durch die Strömung von ionisierter Materie in den Konvektionszellen auftreten. Diese Magnetfelder können manchmal aus der Sonnenoberfläche ausbrechen und reißen dann gewaltige Mengen von ionisierter Materie (Plasma) mit sich.

Das Plasma verhält sich nämlich ähnlich wie ein supraleitender Körper, in den ein Magnetfeld nicht eindringen kann, da sofort in ihm Ströme induziert werden, die ein Gegenfeld aufbauen. Zwischen den magnetischen Feldern einerseits und den durch Gravitation festgehaltenem Sonnenplasma entstehen dadurch enorme Kräfte; gewinnt das Magnetfeld diesen Zweikampf, so können die ausbrechenden magnetischen Felder das Plasma so beschleunigen, daß es bis in eine Höhe, die dem 50fachen Erdradius entspricht, hochgeschleudert wird. Diese Gasausbrüche, die Protuberanzen, kann man wegen der Helligkeit der Sonne gewöhnlich nicht sehen; sie werden aber sichtbar, wenn sich bei einer totalen Sonnenfinsternis der Mond vor die Sonne schiebt.

Sonnenflecken sind die Stellen, an denen die magnetischen Feldlinien aus der Sonnenoberfläche austreten. Dort ist die Temperatur um durchschnittlich 2000 K niedriger als an der übrigen Photosphäre, da die Gase in den Protuberanzen hochgeschleudert und dadurch entspannt werden.

→Abb. 12

Das Nordlicht

Das Nordlicht ist heute nur noch selten zu sehen, weil die künstliche Beleuchtung, die „Lichtverschmutzung" unserer Umwelt, es nur noch an abgelegenen Orten möglich macht, dieses Naturschauspiel zu beobachten. Aber wenn man es zu sehen bekommt, macht es einen unvergeßlichen Eindruck auf den Beobachter.

Unter günstigen Bedingungen ist es bis in den Mittelmeerraum sichtbar; gewöhnlich beschränkt es sich aber auf die Gegend um den Polarkreis bis zur Südküste von Irland. In Mitteleuropa treten nur etwa zwei Prozent der maximalen Häufigkeit auf. Schwankungen des Erdmagnetfeldes sind meistens die Ursache dafür, daß das Nordlicht noch weit im Süden sichtbar wird.

Das Nordlicht (da es auch am Südpol auftritt, ist die offizielle Bezeichnung „Polarlicht") tritt in den Jahren besonders häufig auf, in denen auf der Sonnenoberfläche ein Sonnenfleckenmaximum herrscht und dies ist periodisch alle elf Jahre der Fall. Daraus hat man schon früh den Schluß gezogen, daß das Nordlicht etwas mit Vorgängen auf der Sonne zu tun haben muß.

Die Sonne sendet nicht nur Licht und Wärme zu uns, es geht auch eine Teilchenstrahlung von ihr aus, der *Sonnenwind*. Dieser besteht aus Elektronen, Protonen und Alphateilchen, also elektrisch geladenen Partikeln, die mit einer Geschwindigkeit von 400 km/s die Sonnenoberfläche verlassen. Obwohl die Teilchendichte zehn Millionen Teilchen pro Kubikmeter beträgt, ist der Masseverlust, den die Sonne dadurch erleidet, vernachlässigbar gering. Kommen nun diese Teilchen in die Nähe der Erde, so werden sie zuerst vom Magnetfeld der Erde in Empfang genommen: Es tritt eine Wechselwirkung zwischen den Teilchen des Sonnenwindes und dem gemeinsamen Magnetfeld von Erde und Sonne auf. In einer Höhe von etwa zehn Erdradien ist das Magnetfeld der Erde etwa gleich stark wie das der Sonne. Man nennt diese Zone die *Magnetopause*.

Da die Teilchen des Sonnenwindes elektrisch (positiv oder negativ) geladen sind, wirkt beim Eintritt in das Erdmagnetfeld eine Kraft auf sie, die *Lorentzkraft*, die rechtwinkelig zur Bewegungsrichtung und zur Richtung der magnetischen Feldlinien gerichtet ist (Abb. 131). Diese Kraft wirkt einerseits auf die elektrisch geladenen Teilchen des Sonnenwindes, anderseits aber auch auf das Magnetfeld zurück, da zu jeder Kraft eine entsprechende Gegenkraft auftritt. Das Magnetfeld der Erde wird dadurch stark verformt und nimmt auf der der Sonne abgewandten Seite der Erde die Form eines Kometenschweifes an (Abb. 130).

Abb. 131

Abb. 130

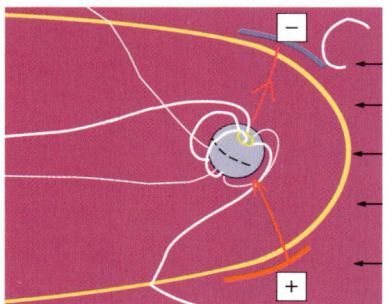

Abb. 130: Das Magnetfeld der Erde wird in großer Entfernung von der Erde durch den Sonnenwind verzerrt. Diese Bewegung der magnetischen Feldlinien gegenüber dem Plasma in der Magnetosphäre wirkt wie ein gigantischer Dynamo, sie trennt die positiven und negativen Ladungen und erzeugt dadurch ein elektrisches Feld.
Dieses beschleunigt die Elektronen und Ionen des Plasmas auf die Magnetpole der Erde zu.

Die Teilchen des Sonnenwindes werden, je nach ihrer Ladung, seitlich abgelenkt. Blicken wir in Richtung zum Nordpol, so werden die positiv geladenen Teilchen (Protonen und Alphateilchen) nach rechts und die negativ geladenen Teilchen (Elektronen) nach links abgelenkt.

Es bilden sich dadurch in Höhe der Magnetopause zwei entgegengesetzt geladene elektrische Zonen aus; und zwar ein positiver rechts auf der „Morgenseite" und ein negativer links auf der „Abendseite".

Diese Ladungsverteilung bildet die Grundlage für den „Polarlichtgenerator". In der Höhe der Magnetopause ist die Lufthülle der Erde noch nicht zu Ende, wenn sie auch extrem verdünnt ist. Sie existiert hier als Plasma, das heißt, die Atome sind durch die UV-Strahlung der Sonne in Ionen und Elektronen gespalten. Im elektrischen Feld dieses Generators wirkt nun auf die Plasmateilchen eine Kraft, jeweils

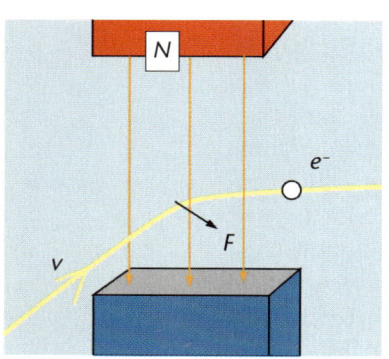

Abb. 131: Durchqueren elektrisch geladene Teilchen ein Magnetfeld, so werden sie von einer Kraft abgelenkt, die rechtwinklig sowohl zur Bewegungsrichtung als auch zu den magnetischen Feldlinien wirkt.

zum entgegengesetzten Pol. Doch sie gelangen dabei in das Magnetfeld der Erde und dieses zwingt speziell die *Elektronen* auf Spiralbahnen entlang der magnetischen Feldlinien, die sie zu den magnetischen Polen der Erde führen.

Da das Magnetfeld zu den Polen hin immer stärker wird, wird auch die ablenkende Kraft mit Annäherung an die Pole immer stärker, und die Spiralen werden immer enger; auch die Elektronendichte wird immer größer.

Schließlich ist das Magnetfeld so stark, daß die Elektronen „gespiegelt" werden, und es entstehen „sekundäre Ströme" wieder nach oben zur Magnetosphäre.

In einem Gürtel zwischen dem 60. und dem 75. Breitengrad rund um die Magnetpole gelangen die Elektronen in Höhen zwischen 100 und 1000 Kilometer in dichtere Luftschichten. Nur in dieser Ringzone (Auraoval) (Abb. 132) treten Polarlichter auf; den Bereich im Innern dieses Ovals erreichen die Elektronen nicht. →Abb. 1

Wie kommt nun die Leuchterscheinung mit den vielen unterschiedlichen Farben zustande? Sie entsteht beim Zusammenstoß der Elektronen mit den Luftmolekülen der Erdatmosphäre.

Die Farbe des Polarlichtes kann sehr schnell wechseln; es reicht von rot über weißlich-blau bis grün und erscheint in Büscheln oder Strahlenbögen, die sich wie Vorhänge herniederzusenken scheinen. Die Untersuchung des Spektrums dieser Lichterscheinungen hat ergeben, daß hauptsächlich die Linien des Sauerstoffs, aber auch solche von Wasserstoff, Stickstoff, Natrium und einigen anderen Elementen vorkommen. Diese Gase kommen hier fast ausschließlich in atomarer Form vor, da die UV-Strahlung der Sonne die Moleküle in ihre Bestandteile zerlegt. Die

Abb. 132: Dringen die elektrisch geladenen Teilchen in das Erdmagnetfeld ein, so werden sie aufgrund der Lorentzkraft abgelenkt und bewegen sich in Spiralbahnen, durch die magnetischen Feldlinien geleitet, in Richtung der Erdpole.

Atome werden in einer Höhe von 80 bis 120 Kilometern von den mit einer Energie von 10 000 Elektronenvolt ankommenden Elektronen angeregt und senden beim Übergang in den Grundzustand das charakteristische Licht aus. Die Farbe des ausgestrahlten Lichtes hängt einerseits von der Anregungsenergie, also der Energie der Elektronen ab, anderseits von der unterschiedlichen Zusammensetzung der Atmosphäre in verschiedenen Höhen.

Neben dem sichtbaren Licht entsteht dabei auch noch infrarote, ultraviolette und Röntgenstrahlung.

Von der Energie, die bei einem Polarlicht im Spiele sind, macht man sich kaum eine Vorstellung. Ein großes Kraftwerk erzeugt etwa eine Leistung von 1 000 Megawatt. Die Leistung eines Polarlichts kann die Leistung von 1 000 bis 10 000 solchen Kraftwerken haben.

Blauer Himmel und Abendrot

Das Himmelblau ist nicht überall gleich intensiv; man sieht es am dunkelsten, wenn man im rechten Winkel zum Sonnenstand zum Himmel schaut.

Blauer Himmel über uns! Wenn die Sonne hoch am Himmel steht. Neigt sie sich aber abends dem Horizont zu, so färbt sich der Himmel dort rötlich, und selbst die Sonne wird zu einer roten Scheibe, die langsam unter dem Horizont verschwindet und einen leuchtend roten Himmel zurück läßt: das Abendrot.

Auch andere Farben des Himmels treten auf, von Orange über Gelb zu einem fahlen Grau. Nimmt die Luft diese Farben an, oder wie kommen sie sonst zustande?

Betrachten wir doch zunächst nur das Himmelsblau, das auch am Tag nicht über den ganzen Himmel einheitlich ist. Zunächst die Intensität dieser Bläue! Es fällt auf, daß sie senkrecht zum Sonnenstand viel dunkler ist als in den übrigen Bereichen. Das Foto zeigt dies deutlich. Das ist aber keine optische Täuschung, sondern läßt sich physikalisch erklären. Dazu muß man zuerst einmal wissen, warum der Himmel überhaupt blau ist. Aber was bedeutet diese Aussage? Was bedeutet es allgemein, wenn wir sagen, ein Gegenstand hat eine bestimmte Farbe? Warum ist z. B. eine Tomate rot? Oder das Gras grün? Auf die Tomate fällt das normale, weiße Licht. Der Farbstoff in der Tomate hat nun die Eigenschaft, daß er einige Farben des Spektrums

192

absorbiert (wie das geschieht, ist ein quantenmechanischer Effekt und wurde schon im Zusammenhang mit der Photosynthese im Prinzip erklärt) und einen Teil zurückstreut. Bei der reifen Tomate sind es vor allem die kurzwelligen, also die blauen und grünen Anteile des weißen Lichtes, die absorbiert werden, für die Rückstreuung bleiben das langwellige Rot und das Gelb. Bestrahlt man eine Tomate mit Licht, dem diese Farben fehlen, so ist sie schwarz.

Auf etwas andere Weise entsteht das Blau des Himmels. Da die Luftmoleküle sehr klein sind, wesentlich kleiner als die Wellenlängen des Lichtes, wird das Sonnenlicht von ihnen kaum gestreut, sondern es geht einfach durch die Luft hindurch. Aber eine geringe Streuung tritt doch auf und hier sind vor allem die kürzesten Wellenlängen des Sonnenlichtes betroffen, und das sind Blau und Violett. Entsprechend dem *Rayleigh*schen Streungsgesetz ist diese Streuung umgekehrt proportional zur vierten Potenz der Lichtwellenlänge. Das sagt zwar nicht viel, man kann sich aber die Wirkung an einem Zahlenbeispiel klar machen: Setzen wir beispielsweise den Anteil des roten Lichts (Wellenlänge 800 Nanometer), das von der durchstrahlten Luft gestreut wird, gleich 1, so ist der entsprechende Anteil des gelben Lichtes (600 Nanometer) gleich 5 und der des violetten Lichtes (400 Nanometer) gleich 16. Was wir also als blauen Himmel sehen, ist das von den Luftmolekülen gestreute Sonnenlicht, ein Gemisch aus allen Farben, wobei aber Blau und Violett weit überwiegen.

Das von der Sonne ausgestrahlte Licht ist eigentlich weiß, trotzdem scheint uns die Sonne, oder, da wir nicht direkt in die Sonne schauen können, ihre Umgebung gelb. Das ist jetzt leicht einzusehen, da durch die Streuung an den Luftmolekülen ein Teil des blauen Lichtes fehlt; Gelb ist ja die Komplementärfarbe von Blau.

Aber damit ist noch nicht erklärt, warum z. B. bei tiefstehender Sonne das Blau um den Zenit dunkler ist und dem Horizont zu immer heller wird. Eine der Ursachen finden wir, wenn wir den Himmel durch eine Polarisations-Sonnenbrille betrachten und sie dabei drehen. Blicken wir damit senkrecht zum Sonnenstand gegen den Himmel, so können wir erkennen, daß das von dort kommende Licht polarisiert ist, und zwar fehlt die Polarisationsrichtung, die zur Sonne weist. Damit ist klar, daß der beobachtete Bereich dunkler sein muß als die

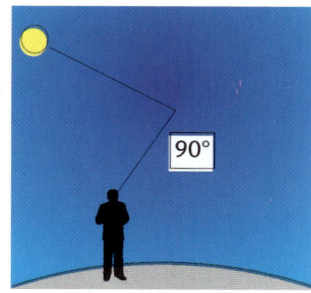

Abb. 133: Im rechten Winkel zum Sonnenstand ist das vom blauen Himmel kommende Licht polarisiert.

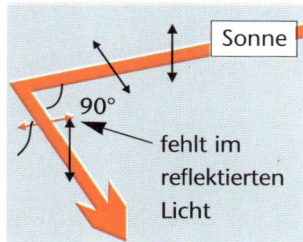

Abb. 134: Licht ist eine Transversalwelle, d. h., die Schwingungsrichtungen sind senkrecht zur Ausbreitungsrichtung. Nach einer Streuung um 90 Grad fehlt also die zur vorherigen Ausbreitungsrichtung parallele Komponente.

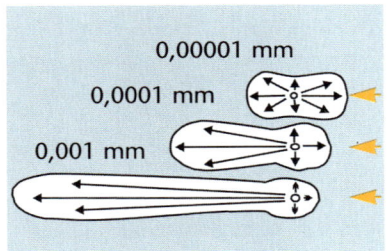

Abb. 135: Je nach Größe der Aerosolteilchen wird das Licht unterschiedlich gestreut; umso weniger,
je größer die Teilchen sind.

Bereiche, in denen diese Polarisationsrichtung nicht
fehlt (Abb. 133 und 134).

Die Polarisation ist nicht die alleinige Ursache der
Helligkeitsverteilung am blauen Tageshimmel. Bei
der Entstehung der Wolken wurde darauf hinge-
wiesen, daß zur Kondensation des Wasserdampfes
Kondensationskerne notwendig sind. Diese gibt es
in Form von Plankton, Staub, Verbrennungsrückstän-
den in großer Zahl in der Atmosphäre. Sie sind wesentlich größer als die Luftmoleküle und streuen das
Sonnenlicht ebenfalls. Wegen ihrer Größe gilt aber
hier das *Rayleigh*sche Gesetz nicht mehr, vielmehr
werden durch diese Teilchen alle Farben des Sonnen-

→ Abb. 13
und 134

lichtes unter sehr kleinem Winkel nahezu gleichmäßig gestreut. Deshalb nimmt die Helligkeit des Himmels in der Umgebung der Sonne
stark zu, wie man leicht erkennen kann, wenn man in Richtung der
Sonne schaut und die Sonne dabei mit der Hand abdeckt.

Steht die Sonne sehr hoch, so müßte die dunkelste Stelle des Himmels
nahe am Horizont sein, wenn unsere bisherigen Überlegungen stim-
men. Aber jeder weiß, daß dies nicht der Fall ist: Zum Horizont hin
wird der Himmel wieder heller. Die Ursache dafür sind wieder die
Schwebeteilchen, die nahe der Erdoberfläche zahlreicher sind als in
großen Höhen, aber auch die größere Dicke der Luftschicht, durch
mehr Licht gestreut wird. Am dunkelsten ist der Himmel in diesem
Fall zwischen Sonne und Horizont, meist näher am Horizont als an
der Sonne.

Morgen- und Abendrot!

Nicht nur im Volksmund, sondern auch in der Literatur nehmen
diese Erscheinungen einen breiten Raum ein. Bei *Homer* wird fast jeder Tagesanbruch mit den Worten: „Als die dämmernde Frühe mit
Rosenfingern erwachte ..." und ähnlichen poetischen Hinweisen
auf das Morgenrot beschrieben. Diese Himmelserscheinungen sind
es also schon wert, daß wir ihre physikalischen Ursachen beleuchten.

Abb. 136 zeigt, natürlich stark überhöht, die Lufthülle der Erde und
das horizontal einfallende Sonnenlicht. Befinden wir uns im Punkt
A, so sehen wir gestreutes Licht von verschiedenen Bereichen der
Atmosphäre: Direkt über uns sehen wir den Himmel so, wie wir es
schon beschrieben haben, das Blau des Himmels stark polarisiert.

→ Abb. 1

Schräg vor uns, Richtung Sonne, sehen wir das von Staubteilchen und Wassertröpfchen in einer Höhe von über zehn Kilometern gestreute Licht, das durch den langen Weg durch die Lufthülle schon einen großen Anteil des kurzwelligen Lichtes durch Streuung an den Luftmolekülen verloren hat. Da also Violett, Blau und auch Grün stark geschwächt sind, enthält dieses Streulicht vor allem Rot und Gelb: Das Abendrot.

Wir sehen das Abendrot nicht in einer einheitlichen Farbe; diese reicht vielmehr von Purpur über Rosa, Orange bis zu Gelb und einem fahlen Weiß. Die unterschiedlichen Farben lassen sich mit einer Theorie von *Mie* erklären, die die Streuung des Lichtes an Partikeln untersucht, die wesentlich größer sind als die Lichtwellenlänge. Ein Ergebnis dieser Theorie ist in Abb. 135 dargestellt: Die Streuung des Lichtes läßt sich als Interferenzerscheinung erklären; sie ist deshalb sowohl von der Lichtwellenlänge als auch von der Teilchengröße abhängig. Man sieht, daß bei kleinen Teilchen (und großer Wellenlänge) eine Streuung nach vorne und nach hinten auftritt, die aber umso mehr in eine reine Vorwärtsstreuung übergeht, je größer die Teilchen sind. Natürlich spielt die Anzahl der Teilchen, die Teilchendichte, noch eine wesentliche Rolle.

➔Abb. 135

Die Aerosolteilchen sind also die Ursache des Abendrots. Wir können aber jetzt auch die unterschiedliche Intensität der Rotfärbung in Abhängigkeit von der Wetterlage deuten. Und wir können versuchen, die alte Bauernregel: Abendrot – Schönwetterbot, Morgenrot bringt Regen, zu deuten.

Ein besonders intensives Abendrot tritt auf, wenn viele Aerosolteilchen in der Atmosphäre schweben. Diese, vielfach von den Menschen verursachte Luftverschmutzung, haben sich im Laufe des Tages am

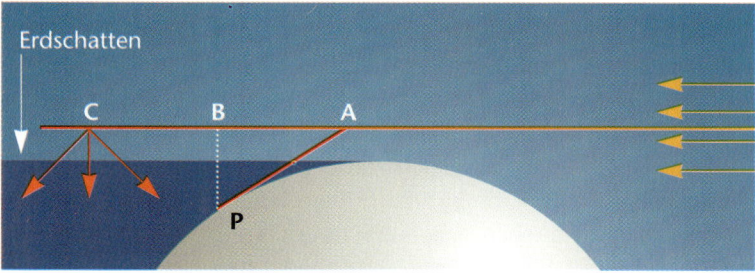

Abb. 136: Bei tiefstehender Sonne legen die Sonnenstrahlen einen langen Weg in der Atmosphäre zurück, ehe sie den Beobachter erreichen. Vom blauen Licht wurde bis dahin ein erheblicher Teil weggestreut, es fehlt deshalb in den ankommenden Strahlen.

unteren Rand der Stratosphäre angesammelt. Von dieser „Staubwolke" wird das Licht, dessen Blauanteil durch den langen Weg durch die Luft schon sehr vermindert ist, vorwiegend nach vorwärts, also zum Beobachter gestreut.

Von der Wetterlage hängt diese Streuung insoweit ab, als von ihr die Mächtigkeit der Staubschicht bedingt wird. Bei einer ruhigen Hochdruckwetterlage, bei der sich die Erde stark erwärmt und die aufsteigende Warmluft die Staubteilchen in die Höhe trägt, kann sich diese im Laufe des Tages ungestört ausbilden: Schönwetterbot!

Nachts sinken diese Aerosolteilchen wieder nach unten; Ursache des Morgenrotes muß also etwas anderes sein: Es sind die Nebeltröpfchen in der kühlen Morgenluft, die auf große Luftfeuchtigkeit hinweisen: Deshalb gilt das Morgenrot als Vorbote von Regen.

Weitere Dämmerungserscheinungen

Wenn wir dem Abendrot einmal den Rücken zukehren und den Himmel im Osten betrachten, fällt uns auf, daß auch der rötlich gefärbt ist. Abendrot also auch am Osthimmel?

Wir könnten es so nennen, denn die Ursache ist kaum von dem westlichen Abendrot verschieden. Das Sonnenlicht, das schon einen großen Teil des Blaus beim Durchgang durch die Atmosphäre durch Streuung an den Luftmolekülen verloren hat, wird auch im weiteren Verlauf von den Aerosolteilchen gestreut (Abb.136). Und so kommt es auch in Punkt C zu einer Rückstreuung des roten und gelben Anteils: Wir (P) sehen den rötlichen Schein im Osten, auch wenn die Sonne schon unter dem Horizont verschwunden ist. Nach oben (B) ist die Strecke wesentlich kürzer als nach A und C, deshalb ist das Rot über uns nicht zu sehen. Dieser rötliche Streifen reicht jedoch nicht bis zum Horizont; dort sehen wir vielmehr einen dunklen, blauvioletten Streifen, den Erdschatten. Das ist der Bereich, in dem die Sonne die Atmosphäre nicht mehr erreicht, da sie unter der Erdkrümmung verschwunden ist. Das Blaugrau ist das Streulicht von der darüber liegenden Luftschicht, die noch von der Sonne bestrahlt wird. Man kann die Farben des Erdschattens nur dann gut erkennen, wenn keine anderen Lichtquellen, z. B. Straßenbeleuchtungen, diesen matten Schimmer überstrahlen. Dann wird manchmal eine Wirkung der Ozonschicht direkt sichtbar: Das Violett im Erdschatten rührt daher, daß der gelbe und orangefarbige Spektralbereich etwas geschwächt gestreut wird. Schuld daran ist das Ozon in der Stratosphäre, das bevorzugt diesen Spektralbereich absorbiert.

→Abb.13

Was leuchtet da aus dem Dunkel?

Wie mit einem Laternchen ist er unterwegs auf der Suche nach einer Partnerin, der Leuchtkäfer, und hat er seine Auserwählte, die sein Leuchtsignal am Boden erwidert, gefunden, dann vollführt er einen ►Abb.137 Hochzeitstanz: In kapriziösen Schleifen nähert er sich ihr und zeigt ihr, der am Boden Gefesselten, seine Flugkünste.

Abb. 137: Computergrafik

Uns interessiert vor allem das Licht, das er (und sie) aussendet; wie kann Licht ohne Wärme entstehen, wie kann der Käfer dieses Licht ein- und ausschalten, was leuchtet da eigentlich?

Sowohl die männlichen als auch die weiblichen Glühwürmchen haben ihre Leuchtorgane am Hinterleib; das Licht, das sie mit ihnen erzeugen, entsteht durch einen Oxidationsvorgang, der aber wesentlich ökonomischer verläuft als z. B. der Verbrennungsvorgang, der das Licht einer Kerze oder Öllampe liefert.

Der Substanz, die dabei Licht aussendet, hat man den Namen Luziferin (Lichtträger) gegeben. Wird dieses Luziferin mit einem Enzym, der Luziferase, in Kontakt gebracht, so wirkt diese Luziferase als Oxidationsmittel, d. h. sie gibt an das Luziferin Sauerstoff ab, dieses wird oxidiert.

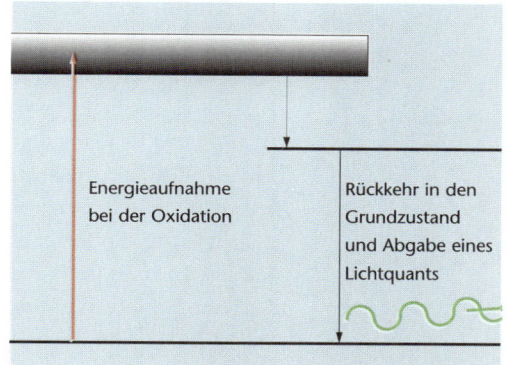

Energieaufnahme bei der Oxidation

Rückkehr in den Grundzustand und Abgabe eines Lichtquants

Abb. 138: Bei der Oxidation des Luziferin wird Energie frei, ein Elektron wird in einen höheren Energiezustand „gehoben".
Über einen Zwischenzustand kehrt es wieder in den Grundzustand zurück, die Energie wird als Lichtquant ausgestrahlt, das wir als grünes Licht empfinden.

Wie bei jeder Verbrennung wird dabei Energie frei, bzw. sie wird zunächst im Molekül gespeichert, indem ein Elektron diese Energie auf-Abb.138 nimmt; man sagt, es wird in eine höhere Energiestufe gehoben (Abb. 138). Dieser Energiezustand bleibt aber nur sehr kurze Zeit bestehen; über einen Zwischenzustand fällt das Elektron in seinen Grundzustand zurück und sendet die Energie in Form eines Lichtquants aus. Die Energie eines Lichtquants entspricht der Farbe Grün.

Das Glühwürmchen kann, wie wir beobachten, das Licht ein- und ausschalten; dies geschieht dadurch, daß das Enzym Luziferase freigesetzt oder diese Freisetzung gestoppt wird.

Der Mond

Über den Mond wurde im Laufe der Menschheitsgeschichte viel nachgedacht, geschrieben, gedichtet, gesungen und auch geforscht. Man sagt dem Mond verschiedene Einflüsse auf das Leben auf der Erde nach; was wir wirklich wissen und physikalisch nachweisen können, sind nur zwei: Er erhellt unsere Nächte und er ist verantwortlich für Ebbe und Flut.

Der Mond, ein ständiger Begleiter der Erde auf ihrem Weg um die Sonne. Zwar weiß man nicht sicher, auf welche Weise die Erde zu ihrem Trabanten gekommen ist, aber die wahrscheinlichste Annahme ist, daß er gleichzeitig mit der Erde sich aus Sternenstaub gebildet hat. In diesem Sinne ist der Mond also eigentlich auch ein Planet, und Erde und Mond zusammen bilden ein Doppelplanetensystem.

Für diese Annahme sprechen mehrere Gründe: Seine Größe, seine Kugelform und die Tatsache, daß er uns stets die gleiche Seite zuwendet. Vergleicht man im Sonnensystem die Größe der Monde mit der Größe ihrer Planeten, so findet man, daß die Erde mit Abstand den größten Mond besitzt. Sein Durchmesser ist weniger als ein Drittel des Erddurchmessers; im Vergleich dazu ist der größte Mond des Jupiters, der Ganymed, zwar größer als der Erdmond, hat aber nur $1/27$ des Jupiterdurchmessers. Ebenso ist der Durchmesser des größten Saturnmondes Titan nur $1/20$ des Saturndurchmessers.

Die Kugelform des Mondes weist darauf hin, daß er nicht etwa, wie manche Theorien aussagen, aus der Erde „herausgerissen" worden ist, sondern daß er nach seiner Entstehung flüssig gewesen sein muß. Auf dieses Flüssigstadium ist es auch zurückzuführen, daß uns der Mond nur eine Seite zeigt: Die Gezeitenkräfte, die von der Erde aus auf den anfangs rotierenden Mond wirkten, haben diese Rotation noch vor seiner Erkaltung auf Null abgebremst.

Solche Gezeitenkräfte wirken auch vom Mond auf die Erde; sie erzeugen hier Ebbe und Flut. Eigenartigerweise wiederholen sich diese nicht, wie man aufgrund der Erdrotation annehmen sollte, im 24stündigen Wechsel, sondern alle zwölf Stunden.

Um das zu verstehen, muß man sich das System Erde-Mond als eine Einheit denken. Es ist ja nicht so, daß sich nur der Mond um die Erde dreht, sondern beide zusammen rotieren um den gemeinsamen Schwerpunkt. Wo dieser Schwerpunkt liegt, kann man sich leicht ausrechnen, wenn man die Massen von Erde und Mond sowie verschiedene Entfernungen kennt. Eigentlich braucht man nur die Verhältniszahlen zu wissen: Die Masse der Erde ist rund 81mal so groß wie die des Mondes; die Entfernung des Mondes von der Erde (ihrer Schwerpunkte) ist gleich dem 61fachen Erdradius.

Mit diesen Daten kann man die Lage des gemeinsamen Schwerpunktes berechnen, wenn man das Produkt Masse mal Schwerpunktabstand für Erde und Mond gleichsetzt, also:

$$\text{Masse}_{\text{Erde}} \cdot \text{Schwerpunktabstand}_{\text{Erde}} =$$
$$\text{Masse}_{\text{Mond}} \cdot \text{Schwerpunktabstand}_{\text{Mond}}.$$

Abb. 139

Daraus folgt, daß sich die Schwerpunksabstände umgekehrt wie die Massen verhalten (Abb. 139):

$$a : b = \text{Masse}_{\text{Erde}} : \text{Masse}_{\text{Mond}} = 81.$$

Die Entfernung Erde – Mond muß also im Verhältnis 1 : 81 geteilt werden. Da dieser Abstand gleich dem 61fachen Erdradius ist, liegt der gemeinsame Schwerpunkt noch im Innern der Erde.

Dies ist der Grund für den zwölfstündigen Rhythmus der Gezeiten! Um diesen Punkt dreht sich nun das ganze System aus Erde und Mond.

In diesem System Erde – Mond wirken nun auf jeden Punkt der Erde zwei Kräfte: Die Anziehungskraft durch den Mond und die Zentrifugalkraft durch die Drehung um den gemeinsamen Schwerpunkt. Diese beiden Kräfte wirken im allgemeinen nicht in die gleiche Richtung, es gibt vielmehr einen Punkt, in dem die beiden Kräfte gleich groß und entgegengesetzt gerichtet sind, sich gegenseitig also aufheben: den Erdmittelpunkt. Auf der vom Erdmittelpunkt aus dem Mond abgewandten Seite überwiegt die Zentrifugalkraft; auf der mondzugewandten Seite überwiegt die Anziehungskraft des Mondes. Diese wird jenseits des Schwerpunktes *S* sogar noch verstärkt durch die in Rich-

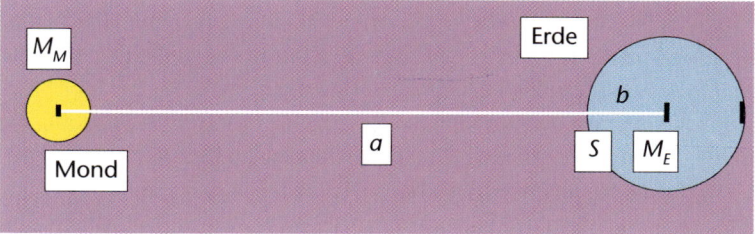

Abb. 139: Das System Erde-Mond rotiert um den gemeinsamen Schwerpunkt S, der noch im Innern der Erde sitzt.

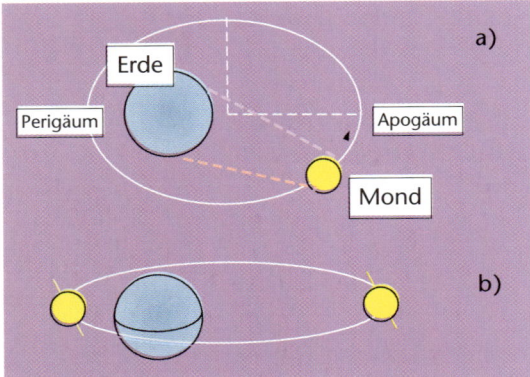

Abb. 140: Je nachdem der Mond im Osten oder im Westen steht, sieht man ihn etwas von der einen oder von der anderen Seite (a).
Da die Umlaufbahn des Mondes eine Ellipse ist (in der Abbildung stark überzeichnet), stimmt seine Eigenrotation zeitlich nicht ganz mit dem Bahnumlauf überein. Wegen der Schrägstellung der Mondachse ist einmal der Nord- und einmal der Südpol besser zu sehen (b).

tung des Mondes wirkende Zentrifugalkraft, die hier wegen des geringeren Abstandes von *S* kleiner ist als auf der Gegenseite.

Damit ist nun klar, wie gleichzeitig auf der dem Mond zugewandten Seite und auf der dem Mond abgewandten Seite der Erdkugel Flut auftreten kann und warum sich dies alle zwölf Stunden wiederholt.

Auch die Sonne trägt zur Flut bei, und zwar dann am auffälligsten, wenn Sonne, Erde und Mond in einer Linie stehen. Dann nämlich wirkt zusätzlich zum Einfluß des Mondes auch noch die Anziehungskraft der Sonne und verstärkt die Flut zur „Springflut". Dabei ist es gleichgültig, ob der Mond zwischen Sonne und Erde oder die Erde zwischen Sonne und Mond steht.

Der Mond zeigt zwar der Erde immer die gleiche Seite, trotzdem können wir von der Erde aus auch einen Teil seiner Rückseite sehen. Das hat drei Gründe, die in Abb. 140 a) und b) verdeutlicht werden sollen. →Abb. 1

Der einfachste dieser Gründe ist die Größe der Erde: Je nachdem der Mond im Osten oder im Westen steht, sehen wir ihn etwas mehr von rechts oder von links, das heißt wir können etwas über seinen Rand schauen.

Die zweite Ursache ist die Bahn, in der der Mond die Erde um „kreist": Es ist keine exakte Kreisbahn, sondern eine schwach ausgeprägte Ellipse; die Exzentrizität, d. h. das Verhältnis des Abstandes des Brennpunkts zur großen Achse ist nur 0,055; dies reicht jedoch aus, daß der Mond zusätzlich ein wenig von seiner Rückseite preisgibt. Dazu muß man sich noch überlegen, daß sich der Mond im Laufe eines Monats einmal um seine Achse dreht, obwohl – oder gerade weil er der Erde stets die gleiche Seite zuwendet. Diese Drehung erfolgt völlig gleichmäßig, während durch die Ellipsenbahn eine kleine Verzögerung im Umlauf um die Erde eintritt, wenn der Mond den erdfernsten Punkt (Apogäum) ansteuert. Er ist dann mit seiner Rotation ein klein wenig voraus, und wir können hinter seinen Rand blicken.

Der dritte Grund ist die Schrägstellung seiner Rotationsachse.

Die Schrägstellung der Erdachse gegen die Bahnebene beschert uns die
Jahreszeiten. Und wie hier einmal der
Nordpol und einmal der Südpol besser von der Sonne bestrahlt wird, so
neigt uns auch der Mond einmal seinen Nordpol und zwei Wochen später seinen Südpol zu.

Die Neigung beträgt zwar gegenüber
der Mondbahnebene nur 6°41", aber
auch dadurch blicken wir über die
Pole des Mondes hinweg etwas auf
seine Rückseite. Insgesamt können wir
dadurch von der Erde aus rund zehn
Prozent der rückwärtigen Mondhälfte
sehen.

Wir brauchen also kein Raumschiff,
um hinter den Mond zu schauen, wenn uns auch noch neunzig Prozent der Rückseite dabei verborgen bleiben.

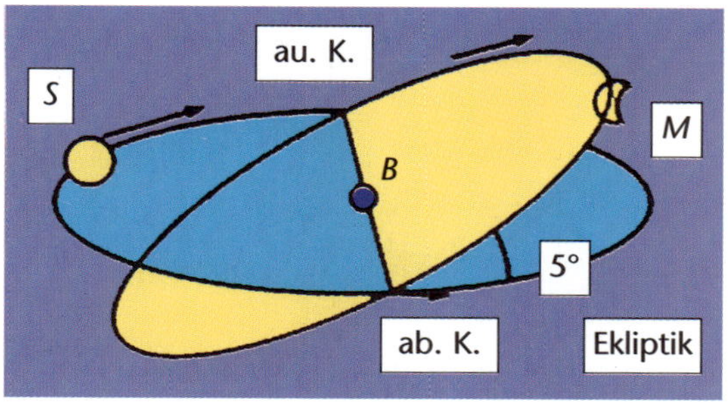

Abb. 141: Die vom Beobachter B aus scheinbaren
Bahnen von Sonne und Mond schneiden sich in
den beiden Knoten (au. K.: aufsteigender Knoten,
ab. K.: absteigender Knoten). Nur wenn Sonne
und Mond in solchen Knoten stehen, tritt eine
Finsternis auf. Die Knoten durchlaufen die Ekliptik einmal in 18,6 Jahren.

Mond- und Sonnenfinsternis

Eine Mondfinsternis ist verhältnismäßig oft zu beobachten, während eine totale Sonnenfinsternis sehr selten auftritt, kaum einmal
während eines Menschenlebens, außer man nimmt eine meist weite
Reise auf sich in eine Gegend, in der gerade eine vorausgesagt ist.
Eine Finsternis voraussagen, wie ist das möglich?
Diese Voraussagen waren schon möglich, als man noch glaubte, die
Erde sei der Mittelpunkt der Welt und Sonne, Mond und Sterne kreis-
ten um sie. Es ist am einfachsten, man nimmt dieses Bild, das geo-
zentrische Weltbild, um die Verhältnisse zu erklären. Danach kreisen
also sowohl Sonne als auch Mond um die Erde, ihre Bahnen liegen
aber nicht in in einer Ebene, sondern sind etwas gegeneinander geneigt. Die Neigung der Mondbahn gegen die scheinbare Sonnenbahn,
die Ekliptik, beträgt 5° (Abb. 141).

Abb. 141

Wie aus der Abbildung zu ersehen ist, schneiden sich die beiden
Bahnen in zwei Punkten, den Knoten. Diese Knoten liegen nicht fest,
sondern umlaufen die Ekliptik von Westen nach Osten innerhalb
von 18,6 Jahren.
Steht nun der Mond zur Zeit des Vollmonds in einem Knoten (die
Sonne steht dann auf der Ekliptik gegenüber), so muß er in den Erd-

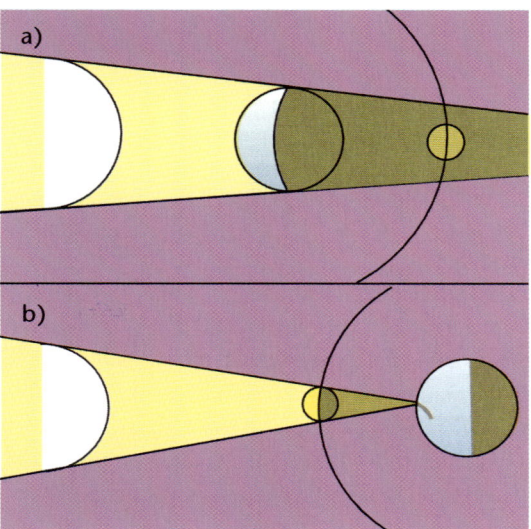

Abb. 142: Mondfinsternis: Der Mond taucht in den Erdschatten ein (a).
Sonnenfinsternis: Der Mondschatten beschreibt auf der Erdoberfläche ein schmales Band, nur dort ist die Sonnenfinsternis zu sehen.

schatten treten: Es gibt eine Mondfinsternis.

→Abb.142

Aus der Umlaufzeit des Mondes um die Erde (27,32 Tage) und den oben genannten 18,6 Jahren, sowie der Länge eines Jahres, läßt sich leicht ausrechnen, wann eine Mondfinsternis stattfindet. Maximal können in einem Jahr drei Mondfinsternisse eintreten, im Durchschnitt sind es eineinhalb.

Da der Erdschatten, in den der Mond eintreten muß, wesentlich größer ist als der Mond, gibt es für das Eintreffen einer Mondfinsternis eine gewisse Toleranz: Ist der Abstand des Mondes vom Knoten bei Vollmond kleiner als $9,5°$, so tritt stets eine totale Mondfinsternis ein; ist er dagegen größer als $12,25°$, so ist eine totale Verfinsterung nicht möglich.

Der Mond wird bei einer Mondfinsternis nicht völlig unsichtbar; er erscheint vielmehr in einem schwachen rötlichen Licht. Dies rührt daher, daß an der Erde vorbeigehendes Licht durch die Erdatmosphäre muß und in ihr gestreut und zum Mond hin gebrochen wird; dies trifft im besonderen Maße für das langwellige, also rote Licht zu.

Bei einer Sonnenfinsternis stehen Sonne und Mond im gleichen Knoten, sie tritt also bei Neumond auf. Die Berechnung geht ähnlich wie bei der Mondfinsternis; da der Mondschatten auf der Erde jedoch klein ist, ist die Toleranz für das Zustandekommen einer Sonnenfinsternis sehr viel enger. Der Kernschatten des Mondes trifft deshalb auch nur eine schmale Zone der Erdoberfläche; meistens sieht man nur eine partielle Finsternis. Auch die ist oft sehr beeindruckend (siehe Seite 27).

→Abb.14

→ S. 27

Der Mond in der Physikgeschichte

In der Geschichte der Physik spielte der Mond eine wesentliche Rolle. *Newton* fand das Gravitationsgesetz mit Hilfe des Mondes, indem er die Zentralkraft, mit der er von der Erde festgehalten wird, mit der Kraft in Beziehung setzte, mit der ein Körper auf der Erdoberfläche von der Erde angezogen wird. Um die Masse der Körper außer Acht lassen zu können, berechnete er die Zentripetalbeschleunigung des Mondes und setzte sie mit der Erdbeschleunigung $g = 9{,}81\ m/s^2$ in Beziehung.

Für die Zentripetalbeschleunigung gilt die Formel $a_z = \omega^2 \cdot r$; dabei ist ω die Winkelgeschwindigkeit und r der Radius der Kreisbahn. In diesem Fall waren das die Winkelgeschwindigkeit des Mondumlaufes um die Erde und der Abstand des Mondes von ihr. Der Mond umkreist die Erde in $t_M = 27{,}322$ Tagen, das sind 2 360 621 Sekunden. Damit ist $\omega = 2\pi/t_M = 14{,}8 \cdot 10^7\ s^{-1}$.

Für den Abstand des Mondes von der Erde hatte man durch Dreiecksmessungen von zwei verschiedenen Punkten der Erdoberfläche aus Werte zwischen 59 und 61 Erdradien, das sind etwa 380 000 Kilometer, berechnet.

Mit diesen Werten ergibt sich für die Zentralbeschleunigung des Mondes $a_z = 2{,}7567 \cdot 10^{-3}\ m/s^2$, ein Wert, welcher ungefähr der 3600. Teil der Erdbeschleunigung g an der Erdoberfläche ist. *Newton* hat den Mondabstand von der Erde so korrigiert, daß das Verhältnis genau 1 : 3600 wurde und hat damit gezeigt, daß sich die Anziehungskraft im 60fachen Abstand vom Erdmittelpunkt zur Anziehungskraft im einfachen Abstand verhält wie $1 : 60^2$, also umgekehrt proportional zum Quadrat der Entfernung ist.

Welche Rolle dabei der berühmte Apfel spielte, ist nicht bekannt.

Die Planeten

Nicht jede Nacht können wir, auch bei sternklarem Himmel, Planeten beobachten. Aber wenn sie am Himmel stehen, können wir sie leicht als solche erkennen. Sterne zeigen im allgemeinen ein Flimmern, ein Szintillieren, das auf Dichteschwankungen der Luft beruht, durch die das Licht fortwährend leicht abgelenkt wird. Da uns die Sterne wegen ihrer großen Entfernung als punktförmig erscheinen, flimmern diese Lichtpunkte in rascher Folge hin und her. Die Planeten sind uns wesentlich näher; auch wenn sie viel kleiner sind, macht sich doch bemerkbar, daß sie nicht mehr punktförmig erscheinen, sondern als kleine Scheibchen, auch wenn wir das nicht bewußt wahrnehmen. Was wir wahrnehmen ist, daß sie nicht flimmern, da die Ablenkung des Lichtes innerhalb des Scheibchens bleibt.

Es soll hier kein kurzer Abriß der Astronomie gegeben werden, sondern wir wollen aufzeigen, wie die Astronomie auf die Entwicklung der Physik Einfluß gewonnen hat. Und hier ist ein erster Linie der Jupiter zu nennen, auf dessen Beobachtung manche physikalische Entdeckung zurückgeht.

Der *Jupiter* ist am Nachthimmel am leichtesten zu identifizieren, wegen seiner Helligkeit. Auch wenn er seinen maximalen Abstand zur Erde erreicht hat, scheint er noch heller als alle anderen Sterne. Er ist eben der Riese im Sonnensystem, sein Durchmesser ist rund elfmal und seine Masse mehr als 300mal so groß wie die der Erde.

Auf die Geschichte der Physik hat er erstmals Einfluß genommen, als *Galilei* mit seinem selbst entwickelten Fernrohr die Jupitermonde, vier an der Zahl, entdeckte. Er sah da eine verkleinerte Ausgabe des von *Kopernikus* entwickelten Sonnensystems, in dem nicht mehr die Erde, sondern die Sonne im Mittelpunkt stand. Wie die Planeten die Sonne umkreisen, so sah er die Jupitermonde den Jupiter umkreisen. Er versuchte daher dieses Koper-

Jupiter, der dunkle Punkt ist der Schatten des Mondes Io, der rechts außerhalb des Bildes steht. Aufgenommen von Pioneer 10 der NASA.

nikanische System publik zu machen; da er es aber nicht beweisen konnte, erlitt er damit Schiffbruch. Aber seine Nachfolger, besonders *Kepler* und *Newton*, bauten dieses Himmelsmodell weiter aus, und besonders *Newton* hat dabei die Physik um ein großes Stück weitergebracht. Die Gravitationstheorie und die Bewegungsgesetze sind eine Folge dieser Entwicklung.

Eine zweite wichtige Erkenntnis, die der Beobachtung des Jupiters und seiner Monde zuzuschreiben ist, ist die Bestimmung der Lichtgeschwindigkeit. Zur Zeit *Galilei*s war man sich völlig im Unklaren, wie schnell sich das Licht ausbreitet.

Das zeigt sich z. B. daran, wie *Galilei* die Ausbreitungsgeschwindigkeit des Lichtes zu bestimmen versuchte: Er stellte zwei Personen mit Laternen in einigen Kilometern Entfernung auf. Der Erste sollte seine abgedunkelte Laterne aufblenden, und sobald der Zweite diese aufleuchten sah, sollte er seine Laterne aufblenden. Es wurde nun die Zeit gemessen, die zwischen dem Aufblenden der ersten und dem Sichtbarwerden der zweiten Laterne verging. Es trat tatsächlich eine Zeitdifferenz auf, aber die war unabhängig davon, wie weit die Laternen von einander aufgestellt waren; d. h. man maß nur die Reaktionszeit des zweiten La-

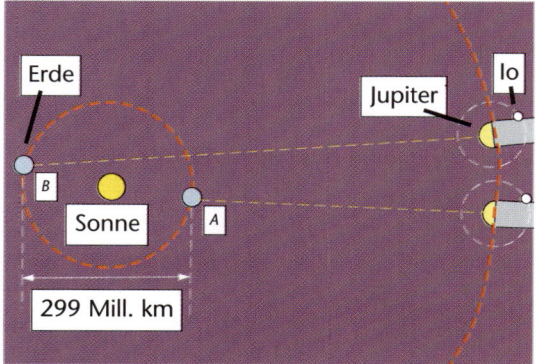

Abb. 143: Bestimmung der Lichtgeschwindigkeit nach Römer. Das Licht des aus dem Jupiterschatten auftauchenden Mondes Io kam in B gegenüber A um 17 Minuten verspätet an. Diese Zeit brauchte es, um den Erdbahndurchmesser AB zurückzulegen.

ternenmannes. *Galilei* schloß daraus, daß sich das Licht unendlich schnell ausbreiten müsse. Auch andere Physiker kamen mit ihren Experimenten auf keine andere Ergebnisse.

Abhilfe brachte der Jupitermond Io!

Der dänische Astronom *Olaf Römer* hatte die Jupitermonde genau studiert und über sie Aufzeichnungen gemacht. Sein Ziel war, einer Idee folgend, die schon *Galilei* entwickelt hatte, den Seefahreren eine genaugehende Uhr an die Hand zu geben, die notwendig ist, um die geographische Länge des Standortes zu bestimmen. Als Uhrzeiger wollte er den Jupitermond Io verwenden, von dem er annahm, daß er den Jupiter gleichmäßig umrundet. Der Zeitpunkt, an dem der Mond aus dem Jupiterschatten austrat, konnte sehr genau bestimmt werden; 42 Stunden dauert ein Umlauf.

Jedoch mußte er feststellen, daß der Umlauf dieses Mondes Unregelmäßigkeiten aufweist: In einem halben Jahr, in dem sich die Erde vom Jupiter entfernt, trat bei jedem Umlauf eine durchschnittliche Verzögerung von $\frac{1}{6}$ Sekunde auf, was sich aber in diesem halben Jahr auf 17 Minuten summierte; diese wurden aber im darauffolgenden Jahr wieder aufgeholt. Abb. 143 zeigt, wie diese Schwankungen entstan- →Abb. 1◄ den: Die Erde beschreibt in einem halben Jahr von Punkt A aus die halbe Umlaufbahn um die Sonne und ist am Ende (Punkt B) um den Erdbahndurchmesser weiter vom Jupiter entfernt. Nach einem weiteren halben Jahr ist die ursprüngliche Entfernung wiederhergestellt. Die Verzögerung des Io war also nur eine scheinbare; diese Zeit brauchte das Licht, um der sich entfernenden Erde nachzulaufen. Um den Erdbahndurchmesser zu bewältigen, braucht es also 17 Minuten.

Diesen Schluß hat zwar *Römer* noch nicht gezogen, aber nach seiner Veröffentlichung wurde aufgrund seiner Daten sofort berechnet, daß die Lichtgeschwindigkeit ungefähr 227 000 km/s betragen müsse.

Dieser Wert ist deshalb ungenau ausgefallen, weil der Jupiter vom fernsten Punkt der Erde aus, an der Sonne vorbei, also in der Abend- oder Morgendämmerung, schlecht zu beobachten war und weil außerdem der Erdbahndurchmesser noch nicht sehr genau bestimmt war. Mit den heutigen Werten, nämlich einer Zeitdifferenz von 16,7 Minuten und einem Erdbahndurchmesser von 299 Millionen Kilometern ergibt sich eine Lichtgeschwindigkeit von 300 000 km/s.

Eine solche ruhmvolle physikalische Vergangenheit wie der Jupiter mit seinem Mond hat der *Mars* nicht. Er wird als der „rote Planet" bezeichnet; tatsächlich erkennt man ihn am ehesten an seiner rötlichen Farbe, auch wenn unser Auge nachts Farben schlecht erkennen kann. Er ist kleiner als die Erde; sein Durchmesser hat etwa die

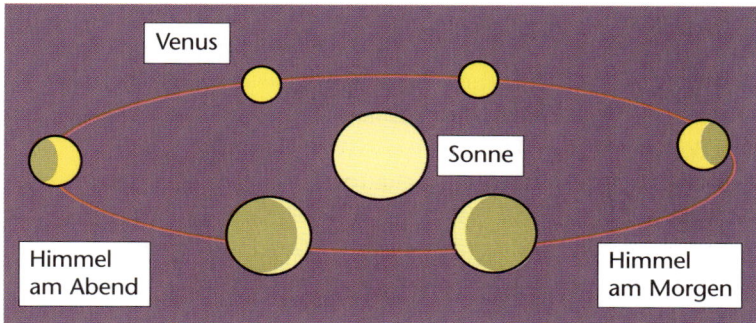

Abb. 144: Die Venus zeigt sich uns meist als Sichel; voll zeigt sie sich nur in Erdferne.

Hälfte, seine Masse nur ein Zehntel von denen der Erde. Die rote Färbung kommt von Staub, der oft durch Stürme in der dünnen Marsatmosphäre hochgewirbelt wird. Eine Besonderheit hat der Mars doch; er wird von zwei Monden (Phobos und Deimos) umkreist, von denen der innere, Phobos, ihn schneller umrundet, als der Mars sich dreht. Vom Mars aus gesehen, rotieren die beiden Monde dadurch in entgegengesetzter Richtung. Beide Monde sind mit zehn Kilometern Durchmesser sehr klein, und wegen ihrer unregelmäßigen Form scheinen sie eingefangene Planetoiden zu sein.

Die Venus zeigt solche Eigenheiten nicht. Sie gilt als Morgen- und Abendstern, weil sie immer in der Nähe der Sonne zu finden ist und deshalb am Morgen- oder Abendhimmel auftritt. Meist sehen wir sie in der Form des Halbmondes; mit freiem Auge ist das kaum zu erkennen, aber mit einem Feldstecher kann man sich leicht davon überzeugen. Wenn die Venus uns am nächsten ist, ist die Sichel am schmalsten; die ganze Venus sehen wir, wenn sie am weitesten von uns entfernt ist (Abb. 144).

Abb. 144

Der Merkur ist ein Planet, den man mit freiem Auge nicht zu Gesicht bekommt; selbst mit einem Fernrohr hat man Schwierigkeiten, ihn zu finden. Dafür verantwortlich ist vor allem seine Sonnennähe, aber auch seine geringe Größe: Er ist nicht viel größer als unser Mond. Aber er hat eine Eigenschaft, die ihm in der Geschichte der Physik eine gewisse Bedeutung gab: Die Ellipsenbahnen, die er um die Sonne beschreibt, schließen sich nicht. Jede Ellipse verfehlt die vorhergehende ein klein wenig, und der Merkur beschreibt deshalb eine Ro-

Abb. 145

settenbahn um die Sonne (Abb. 145). Man nennt diese Erscheinung „Periheldrehung". Perihel ist der sonnennächste Punkt der Umlaufbahn, und dieser Punkt wandert langsam um die Sonne.

Diese Drehung beträgt bei jedem Umlauf nur etwas mehr als eine Bogensekunde; in 100 Jahren sind es knapp acht Bogenminuten.

Man kann diese Periheldrehung mit der *Newton*schen Gravitationstheorie erklären, aber die Berechnung ergibt nur etwas mehr als sieben Bogenminuten. 43 Bogensekunden fehlen noch.

Wir wollen hier ein wenig innehalten, um die Leistungen der Astronomen zu bewundern: Das Perihel der Merkurbahn ist kein fester Punkt am Firmament; man muß es aus den Bahnelementen des Merkur jedesmal berechnen. Wenn man dann bedenkt, daß es hier um Bruchteile von Bogensekunden ($\frac{1}{3600}$ Grad) geht, dann erkennt man, mit welcher Präzision die Astronomen ihre Messungen vornehmen.

43 Bogensekunden fehlen also in 100 Jahren, die nicht mit der *Newton*schen Idee erklärt werden können. Wer sie dennoch erklären konnte, war *Einstein*. In seiner allgemeinen Relativitätstheorie postulierte er die Krümmung des Raumes durch Massenansammlungen, wie sie z. B. die Sonne darstellt.

Dieser Krümmung des Raumes kann sich nicht einmal das Licht entziehen, das dieser Raumkrümmung folgen muß. Bei totalen Sonnenfinsternissen konnte man diesen Effekt beobachten, als hier Sterne sichtbar wurden, die eigentlich hinter der Sonne versteckt waren. Das von ihnen kommende Licht hat sich um die Sonne herum gekrümmt. Diese Krümmung des Raumes wirkt sich natürlich am stärksten in der Nähe der Sonne aus, und da der Merkur von allen Planeten der Sonne am nächsten ist, beeinflußt sie seinen Lauf auch am stärksten. Die von *Einstein* errechnete zusätzliche Periheldrehung ergab genau die fehlenden 43 Bogensekunden in hundert Jahren.

Der Saturn ist ist der zweitgrößte Planet im Sonnensysten und besonders durch seinen Ring, der ihn umgibt, bekannt. Eigentlich sind es viele voneinander getrennte Ringe, von denen besonders die Zwischenräume interessant sind, weil sie sich mit Hilfe der Chaos-Theorie deuten lassen. Die Ringe bestehen aus Staub und Gesteinsbrocken, sogar kleine Monde kreisen mit ihnen um den Planeten. Man vermutet, daß solche Minimonde sogar dafür verantwortlich sind, daß die Ringmaterie zusammengehalten wird und die Ringe sich nicht auflösen oder zusammenfallen.

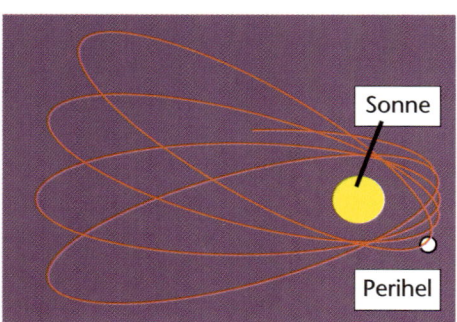

Sonne

Perihel

Abb. 145: Die Ellipsenbahnen des Merkur (in der Abbildung stark überzeichnet) schließen sich nicht; bei jedem Umlauf um die Sonne beschreibt er eine neue Ellipse. Dadurch entsteht die Rosettenbahn.

Die noch ferneren Planeten sind mit freiem Auge nicht zu sehen; es soll nur der *Neptun* erwähnt werden, weil an ihm die Leistungsfähigkeit physikalischer Theorien deutlich wird.

Nachdem der englische Astronom *Herschel* 1781 den Planeten *Uranus* entdeckt hatte, stellte der französische Astronom *Bouvard* noch im gleichen Jahr Abweichungen von der Ellipsenbahn dieses Planeten fest. Dies wurde, da andere Erklärungsversuche mißlangen, auf die Einwirkung eines weiteren, noch unbekannten Planeten zurückgeführt. 1846 wurde dieser unbekannte Planet von dem Berliner Astronomen *Johann Galle* aufgrund der Berechnungen entdeckt: Der Neptun.

Zur Berechnung der Lichtgeschwindigkeit aus den Umlaufdaten des Jupitermondes Io gibt es noch eine interessante Hintergrundgeschichte. Im 16. und 17. Jahrhundert war für die seefahrenden Nationen die Bestimmung der geographischen Länge, auf der sich ein Schiff befand, ein dringendes Bedürfnis. Zu viele Schiffskatastrophen hatte es schon gegeben, bei denen die Ursache die Unkenntnis der geographischen Länge war.

Die geographische Breite ließ sich aus der Kulminationshöhe eines Gestirns mit Hilfe von Sternkarten und eines Sextanten verhältnismäßig leicht bestimmen.

Der Sextant hatte um 1650 den Jakobsstab abgelöst, bei dessen Benutzung man direkt in die Sonne schauen mußte. Dies tat natürlich dem Auge nicht gut, und die meisten Kapitäne waren deshalb an einem Auge erblindet. (Daher die Augenklappe der Piratenkapitäne in vielen Seeräubergeschichten und Filmen.)

Eine Methode der geographischen Längenbestimmung war für viele Wissenschaftler eine Herausforderung, zumal 1714 vom britischen Parlament eine Prämie von 20 000 £ (nach heutigen Begriffen mehrere Millionen Dollar) für den ausgeschrieben worden war, der als Erster eine praktikable Methode zur Ermittlung der geographischen Länge eines Schiffes auf hoher See, bei einer Abweichung von höchstens $\frac{1}{2}$ Grad, angibt.

Pendeluhren, mit denen es an Land möglich gewesen wäre, gab es zwar, aber auf dem Schiff waren sie nicht zu gebrauchen, da die Bewegungen des Schiffes sie aus dem Takt brachten.

Besonders die Astronomen fühlten sich herausgefordert. Schon früher hatte sich *Galilei* mit dem Problem beschäftigt und glaubte mit dem Jupitermond Io die Lösung gefunden zu haben. Aber die Beobachtung dieses Jupitermondes war mit dem von ihm konstruierten Fernrohr vom schwankenden Schiff aus unmöglich, so daß er, nach ersten Versuchen im Hafen von Livorno, das Projekt aufgab.

Eine Lösung suchte man auch in der Bewegung des Mondes vor der Kulisse des Fixsternhimmels, bzw. bei Tag gegenüber der Sonne. Diese Bewegung beträgt ungefähr einen Monddurchmesser pro Stunde. Um den Mond als „Uhrzeiger" verwenden zu können, mußten die genauen Positionen von Mond und ausgewählten Sternen genau vorausberechnet werden. Zeitweise wurde dies auch praktiziert, aber durchgesetzt hat sich denn doch eine andere Methode.

Dem Engländer *Harrison* war es gelungen, eine Uhr zu konstruieren, welche durch Verwendung eines Schwingankers und andere besondere Einrichtungen gegen Schiffsbewegungen und Temperaturänderungen unempfindlich war und damit die geforderten Bedingungen erfüllte. So konnte mit der genauen Uhrzeit und mit Hilfe von Sternkarten und Tabellen die geographische Länge vom Schiff aus bestimmt werden.

Sternschnuppen

„Du kannst dir was wünschen!", sagt man gewöhnlich, wenn man eine Sternschnuppe am Himmel sieht. Natürlich kann man sich etwas wünschen, das kann man immer; ob es dann in Erfüllung geht, ist eine andere Sache.

Aber ein Wunsch kann uns jetzt in Erfüllung gehen, nämlich zu erfahren, was es mit den Sternschnuppen – ihr offizieller Name ist *„Meteore"* – auf sich hat.

Im Sonnensystem gibt es nicht nur die Planeten mit ihren Monden, die in Ellipsenbahnen um die Sonne kreisen; neben den Planetoiden, die wir mit freiem Auge nicht sehen können, zieht noch eine große Zahl kleiner Teilchen ihre Bahn mit einer durchschnittlichen Geschwindigkeit von 65 km/s um die Sonne. Da die Erde eine Geschwindigkeit von 30 km/s hat, dringen sie mit einer Geschwindigkeit, die zwischen 35 und 95 km/s liegt, in die Lufthülle der Erde ein. Ihre offizielle Bezeichnung ist *„Meteoroide"*.

Und da geschieht nun das, was sie uns sichtbar macht: Durch die Reibung mit der Luft entsteht eine so große Reibungswärme, daß sie aufglühen und meistens verdampfen. Dies geschieht in weniger als einer Sekunde, nur besonders große Partikel können die Erde erreichen, man nennt diese dann *„Meteoriten"*. Es gibt aber auch so feine Stäubchen, daß sie, ohne zu verglühen, von der Erdatmosphäre abgebremst werden und zu Boden sinken. Solche Mikrometeoroiden hat man z. B. in Sedimenten auf dem Meeresboden aufgespürt.

Das Auftreten von Meteoren ist jahreszeitlich recht unterschiedlich. Es können einzelne Sternschnuppen auftreten, aber auch Sternschnuppenschwärme, die periodisch jedes Jahr an bestimmten Tagen zu beobachten sind. Besonders bekannt sind die „Laurentiustränen", ein Sternschnuppenschwarm, der um den 10. August beobachtet wird. Die Astronomen nennen diesen Meteorschwarm die „Perseiden", da sie vom Sternbild Perseus auszugehen scheinen. Diese Perseiden sind nur einer von vielen Meteoroidenschwärmen, die im Laufe des Jahres auf die Erdatmosphäre treffen. Diese Meteoroiden sind Himmelskörper, →Abb. 146 die in langgestreckten Ellipsenbahnen die Sonne umkreisen (Abb. 146).

Man nimmt an, daß die Meteorströme aus Kometen entstanden sind, die sich unter dem Einfluß der Anziehungskräfte im Sonnensystem in eine Wolke einzelner Meteoroide aufgelöst und dann mehr oder weniger über die ganze Bahn verteilt haben. Die meisten dieser Meteore sind so klein, daß sie beim Eintritt in die Lufthülle der Erde verglühen, nur wenige durchdringen die Lufthülle und fallen als Me-

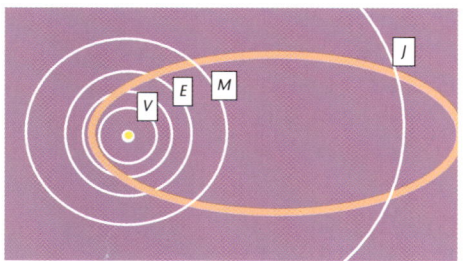

Abb. 146: Auf langgezogenen Ellipsenbahnen umrunden Meteore die Sonne.

teoriten auf die Erde. Eine grobe Schätzung hat ergeben, daß die täglich auf die Erde fallenden Meteoriten im Durchschnitt eine Gesamtmasse von 1000 Tonnen haben, in der Hauptsache in Form von Mikrometeoriten. Man kann die Höhe, in der die Sternschnuppen leuchten, auf verhältnismäßig einfache Weise bestimmen. Dazu wird mit zwei Fotoapparaten, die mindestens 30 Kilometer voneinander aufgestellt sind, eine Sternschnuppe fotografiert. Mit dem Fixsternhimmel im Hintergrund kann man dann berechnen, in welcher Höhe die Leuchterscheinung aufgetreten ist. Sie beträgt bei typischen Meteoriten ca. 100 Kilometer, die Bahnlänge in der Erdatmosphäre ist ist bis zum Verglühen etwa 20 Kilometer.

Die Helligkeit der Meteoriten hängt natürlich von ihrer Größe ab. Ein Meteorit, der so hell leuchtet wie der Sirius, hat etwa eine Masse von 1,6 Gramm. Ein Sandkörnchen von 0,1 Gramm bringt es nur auf die Helligkeit von Spica, die nur 1/9 der Helligkeit von Sirius hat; gerade noch mit freiem Auge sichtbar ist ein Körnchen von einem Milligramm.

Obwohl jährlich ungefähr 500 Meteoriten die Erdoberfläche erreichen, ist es sehr unwahrscheinlich, daß wir einmal mit einem solchen zu tun haben. Solche „Gesteinsbrocken" sind aber sehr interessant, weil sie uns Auskunft darüber geben, welche Stoffe außerhalb unserer Erde existieren. Man unterscheidet zwischen Eisen- und Steinmeteoriten. Man hat in den Meteoriten 60 Minerale gefunden, von denen aber die meisten nur in Spuren vorkommen. Es ist interessant, daß sie häufig Minerale enthalten, die auf der Erde kaum vorkommen. Die hauptsächlich in ihnen enthaltenen Elemente sind Eisen, Sauerstoff, Silizium und Magnesium. Die Zusammensetzung der einzelnen Meteorite ist jedoch sehr unterschiedlich, so daß man annehmen kann, daß sie keinen gemeinsamen Ursprung haben.

Unsere Milchstraße

Wenn wir in einer sternklaren und mondlosen Nacht den Himmel betrachten, dann fällt uns ein helles Band auf, wir nennen es die Milchstraße – auf griechisch „Galaxis" – das sich quer über den Himmel zieht und in dem wir einzelne Sterne erkennen können. In Wirklichkeit sind es lauter Sterne, die hier leuchten und dieses milchigweiße Band vortäuschen.

Alle Sterne, die wir mit freiem Auge am Himmel sehen, sind Sonnen, also selbstleuchtende Sterne, mit Ausnahme der Planeten und des Andromeda-Nebels. Sie gehören alle dieser Sternenfamilie, unserer Milchstraße an. Rund 100 Billionen Sonnen beherbergt sie; wir sehen nur einen geringen Bruchteil davon, da viele von dunklen Wolken aus kosmischem Staub verdeckt sind.

Es war eine große Leistung der Astronomen, dies zu erkennen und die Struktur der Milchstraße zu ermitteln. Wir sind mit unserer Sonne ziemliche „Außenseiter" in dieser großen Sternenfamilie, denn sie befindet sich (vielleicht zu unseren Glück) ganz am Rande der Galaxis. Sie ist ein ganz gewöhnlicher Stern und wäre nicht erwähnenswert, hätte sie nicht einen Begleiter, die Erde, mit uns Menschen darauf.

Unsere Heimatgalaxie gleicht einer der vielen Spiralgalaxien, die mit leistungsstarken Teleskopen weit außerhalb der Milchstraße entdeckt wurden. Sie hat also wie viele von diesen Spiralstruktur, das heißt, → S. 217 alle Sterne kreisen um ein gemeinsames Zentrum (siehe Simulation). Dieses liegt in Richtung des Sternbildes „Schütze", ist aber mit optischen Mitteln nicht nachzuweisen. Dennoch weiß man etwas darüber, denn mit großen Antennenanlagen, die danach ausgerichtet wurden, konnte man Radiosignale davon empfangen. Durch sie wissen wir auch einiges über die nicht sichtbaren Bereiche der Milchstraße. In ihrem Zentrum müssen sich unvorstellbar große Massen angehäuft haben, die die 100 Billionen Sterne durch ihre Gravitationswirkung auf Kreisbahnen um sich zwingen. Auch auf unsere Sonne mit ihren Planeten wirkt in einer Entfernung von 33 000 000 Lichtjahren diese Kraft noch; wir bewegen uns mit einer Geschwindigkeit von 200 km/s um dieses Zentrum und brauchen 7,4 Milliarden Jahre, um einmal den Umlauf zu vollenden.

Bei einem Blick zum Sternenhimmel mag uns gelegentlich der Gedanke kommen, welcher dieser Sterne uns am nächsten ist. Man könnte den *Sirius* dafür halten, dessen Helligkeit alle anderen Sterne übertrifft, wenn wir ihn im Südosten aufgehen sehen. Man kann ihn nicht übersehen, denn vor ihm erscheint das Sternbild des *Orion* über dem Horizont und seine drei „Gürtelsterne" weisen gerade auf den Sirius. Auch wenn der Sirius mit Abstand der hellste Fixstern ist, so ist er doch nicht der uns nächste. Es gibt fünf Sterne, die uns näher sind; vier davon leuchten jedoch so schwach, daß sie mit freiem Auge nicht zu sehen sind. Nur der Alpha Centauri, der in der Entfernungsskala an zweiter Stelle steht, ist sichtbar.

Sein Bruderstern Proxima Centauri ist der uns nächste Fixstern; mit 4,3 Lichtjahren ist er nur halb so weit entfernt wie der Sirius.

Daraus, daß Proxima Centauri so „nahe" und doch nicht sichtbar ist, erkennt man schon, daß er von anderer Art sein muß als der Sirius. Es gibt tatsächlich viele verschiedene „Klassen" von Sternen; sie unterscheiden sich nicht nur in ihrer Helligkeit; die Astronomen können noch viel mehr aus ihrem Licht herauslesen. Da ist die Farbe sehr aussagekräftig: Aus ihr kann man auf ihre Temperatur schließen, auf ihren Bewegungszustand und schließlich auf ihren Entwicklungszustand, damit auf ihr Alter.

Die Zahl der Sterne in der Milchstraße ist unvorstellbar groß in der Größenordnung von 10^{11}, also 100 Milliarden. Daß es da alle möglichen Arten von Sternen oder sternähnlichen Objekten gibt, ist nicht verwunderlich. Sterne, die gerade im Begriff sind, sich aus einer Gaswolke zu bilden, also uns die Geburt eines Sterns vorführen, bis hin zu den planetarischen Nebeln, sterbenden Sternen, die Gaswolken (hauptsächlich Wasserstoff) bei ihrem Aufblähen ausgestoßen haben und diese jetzt mit dem Rest ihres Lichtes beleuchten, nachdem sie in einem gewaltigen Aufleuchten als Supernova ihren Tod angezeigt haben. Alle Entwicklungsphasen eines Sternes werden uns hier vorgeführt – wenn man das Licht, das wir von ihnen empfangen, zu deuten versteht.

Andere Objekte sind die Kugelsternhaufen, Zusammenballungen von durchschnittlich einer Million Sternen (davon gibt es nicht weniger als 500) und offene Sternhaufen mit nur rund 100 Sternen.

Obwohl sie sich im Bereich der Milchstraße befinden, sind sie hier eigentlich nur Gäste, denn sie führen Eigenbewegungen aus und beteiligen sich nicht an dem Ringelreihen um das Zentrum der Milchstraße. Besonders interessant sind Sterne, die uns in gleichmäßigen Abständen von Sekunden bis einigen Millisekunden kurze Impulse von Radiowellen zusenden.

Der Abstand der einzelnen Sterne voneinander beträgt im Durchschnitt drei Lichtjahre. Gegen das Zentrum hin nimmt die Sterndichte zu, und man kann annehmen, daß das Zentrum selbst ein „Schwarzes Loch" ist, in dem durch Gravitationswirkung die Materie so verdichtet ist, daß nicht einmal das Licht daraus entweichen kann. Diese Annahme ist auch deshalb berechtigt, weil man herausgefunden hat, daß Sterne nahe dem Zentrum mit extrem großer Geschwindigkeit um dieses kreisen.

Leben im All?

Wenn es schon in unserer Milchstraße viele Milliarden von Sternen ähnlich unserer Sonne gibt, ist es dann nicht sehr wahrscheinlich, daß Tausende oder Millionen davon von einem Planeten ähnlich unserer Erde umkreist werden, auf dem sich wie auf unserer Erde Leben entwickelt hat, und daß auf einigen von ihnen die Evolution intelligente Bewohner hervorgebracht hat?

Diese Frage stellen nicht nur wir uns, sondern sie haben sich schon viele bedeutende Wissenschaftler gestellt, ohne darauf eine Antwort zu finden. Daß ein um das Zentralgestirn kreisender Planet keine Gewähr für die Entwicklung von höher entwickeltem Leben ist, sehen wir an unseren Nachbarplaneten Venus und Mars.

Es scheint vielmehr so zu sein, daß es ein sehr schmaler Grat ist, auf dem sich solches Leben entwickeln kann, und geringste Abweichungen dies nicht zulassen. Zwar vertreten die meisten Wissenschaftler die Auffassung, daß sich unter optimalen Bedingungen zwangsläufig lebende Organismen entwickeln, es kann aber durchaus sein, daß es einer sehr langwierigen Ereigniskette von komplexen chemischen Prozessen bedarf, an deren Ende ein sich teilendes und vervielfältigendes Molekül steht.

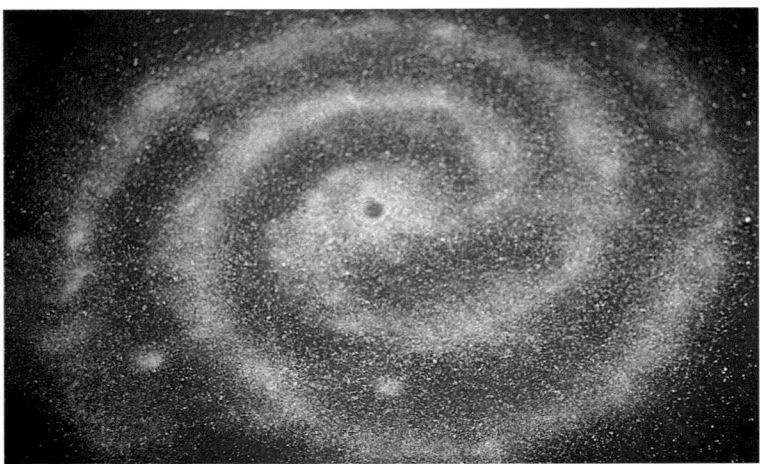

So wie diese Simulation müssen wir uns unser Milchstraßensystem vorstellen. Ganz rechts am Rand die Sonne.
Im Zentrum wird ein „Schwarzes Loch" vermutet.

Dann ist es sehr unwahrscheinlich, daß sich ein solcher Vorgang mehrmals wiederholt und das Leben auf der Erde wäre vielleicht einzig.

Wenn man die Sterne in einer gewissen Umgebung (etwa 20 Lichtjahre) um unser Sonnensystem durchforstet, so kommt man auf einige wenige, von denen man annimmt, daß sie Planeten als Begleiter haben. Es ist aber nicht zu erkennen, ob auf ihnen erdähnliche Bedingungen herrschen.

Sollte es noch Sonnensysteme mit bewohnten Planeten geben, dann ist nicht gesagt, daß sich dort das Leben in der gleichen Weise gebildet hat wie auf der Erde. Man kann zum Beispiel nicht ausschließen, daß sich Leben in kristalliner oder gasförmiger Form entwickelt hat, wenn wir uns dies auch schwer vorstellen können. Man hat versucht und versucht es vielleicht noch, mit außerirdischen intelligenten Lebewesen in Kontakt zu kommen; selbst wenn es diese gibt, ist kaum zu erwarten, daß man damit Erfolg hat, da ja Licht- oder Funksignale schon Jahre brauchen, um beim möglichen Empfänger anzukommen.

Und wie steht es nun mit Besuchen von oder zu anderen Sternen? Mindestens fünf Lichtjahre müßten wir zurücklegen, um einen solchen Stern zu erreichen – falls es überhaupt einen gibt! Da wir nicht mit Lichtgeschwindigkeit reisen können und auch unserem menschlichen Körper nur eine begrenzte Beschleunigung zumuten können, würde ein Menschenalter bei weitem für eine solche Reise nicht ausreichen.

216

Deshalb sei hier abgeschlossen mit einem Gedicht von *Franz Schmid*, das nicht nur hierüber etwas aussagt, sondern alles das zum Ausdruck bringt, was mit diesem Buch zu übermitteln meine Absicht war.

Stern des Lebens

Der Polarstern, die Plejaden,
Orion, der Große Bär,
Galaxien, Nebelschwaden
grüßen von der Höhe her.

Und im Blick auf diese Sterne
ein Gedanke mich bewegt:
Gibt es in der weiten Ferne
einen Ort, der Leben trägt?

Einen Stern mit blauen Seen,
wo das Leben ist erwacht,
grünen Wäldern auf den Höhen,
Vogelzwitschern, Blütenpracht?

Gibt es dort gar höh're Wesen,
selbstbewußte, die sich plagen,
Weltenrätsel aufzulösen,
letzte Wahrheit zu erfragen?

Die versuchen zu begreifen,
was das All zusammenhält —
und sich lassen tief ergreifen
von den Wundern dieser Welt.

Jenen Stern in meinem Traume,
den ich seh im Geist vor mir,
find ich ihn am Weltensaume?
Nein, den finde ich nur hier!

Insel in dem weiten All,
Stern des ew'gen Stirb und Werde,
voller Wunder überall,
Stern des Lebens bist du — Erde!

Sachregister

E

Literaturangaben

1. Kapitel

K. L. Wolf, Tropfen, Blasen und Lamellen; Springer

Ja. E. Geguzin, Eine unterhaltsame Physik des Tropfens; Verlag Harry Deutsch 1978

C. V. Boys, Seifenblasen und die Kräfte, die sie formen; Verlag Kurt Desch

Bernd Scheiba, Schwimmen Laufen Fliegen; Urania Verlag Leipzig 1978

Robert Burton, Vogelflug; Frankh-Kosmos

2. Kapitel

S. Wachtel / A. Jendrusch, Der Linksdrall in der Natur; dtv Sachbuch 1978

Chaos + Kreativität; Geo Wissen

4. Kapitel

K. S. Davis / J. A. Day, Das Wasser; Verlag Kurt Desch 1961

F. Franks, Water – A Comprehensive Treatise; New York 1972 – 1984

5. Kapitel

H. Fortak, Meteorologie; Deutsche Buch-Gemeinschaft Berlin

D. Pohlmann, Wetterkunde; Praxis-Schriftenreihe Bd. 31, Aulis Verlag

Louis J. Battan, Wetter und Stürme; Verlag Kurt Desch

Julius Bartels, Fischer Lexikon Geophysik; 1960

6. und 7. Kapitel

Kristian Schlegel, Vom Regenbogen zum Polarlicht; Spektrum akademischer Verlag 1995

Marcel Minnaert, Licht und Farbe in der Natur; Birkhäuser

8. Kapitel

Borchardt-Ott, Kristallographie; Springer 1987

J. Ladurner / F. Purtscheller, Das große Buch der Kristalle; Pinguin-Verlag Insbruck

Nikolai A. Jassamanow, Geologie; Spektrum akademischer Verlag Heidelberg 1995

R. Daber / J. Helms, Das große Fossilienbuch; Urania Leipzig 1978

H. Emons / H. Kaden, Luft – Nur zum Atmen?; Aulis Verlag Köln 1990

K. Bullrich, Atmosphäre und Mensch; Umschau Verlag

9. Kapitel

Kippenhahn, Der Stern, von dem wir leben; dtv München 1993

Cambridge Enzyklopädie der Astronomie; Orbis Verlag München 1993
Roman Smoluchowski, Das Sonnensystem; Spektrum

Allgemein

E. Lüscher, Physik; Moos Verlag München 1991
W. I. Grigorjew/G. J. Mjakischew, Die Kräfte der Natur; Aulis Verlag
E. Zeier, Kurzweil durch Physik; Aulis Verlag
H. Borucki, Physik zum Schmökern; Aulis Verlag
K. Luchner, Physik ist überall; Ehrenwirth Verlag München 1994

Fotonachweise und Zeichnungen

Seite 54: Leuchtmoos, *Johann Wittmann*
Seite 64: Wasserschießen, Fotostudio *Neuhauser,* Tamsweg, Österreich
Seite 85 oben: Rauhreif, *Jutta Wittmann*
Seite 117: Hagelkorn, ETH Zürich, Schweiz
Seite 125: Sonnenhalo, *Johann Wittmann*
Seite 137 oben: Circumzenitalbogen, *Hartmut Wittwer*
Seite 140: Untergehende Sonne, *Pekka Parviainen, Finnland*
Seite 171: Bleiglanz, Studio *Karl Hartmann*
Seite 205: Jupiter, NASA Pioneer 10, USA
Alle übrigen Fotos sowie alle Zeichnungen vom Verfasser